"十三五"普通高等教育本科规划教材

工程传热学学习指导与提高

黄晓明　许国良　王晓墨　编

中国电力出版社
CHINA ELECTRIC POWER PRESS

内 容 提 要

本书为《普通高等教育“十一五”国家级规划教材 工程传热学》的配套教材。各章内容与主教材教学内容一一对应，每章分为学习指导、要点归纳、典型例题、自学练习、自学练习解答五部分。

编写本书的目的在于帮助学生延伸学习内容、深入学习思考、提高专业素质。本书要点、重点、难点分析透彻；例题、习题选取适当；答案清晰明确，符合“工程传热学”课程教学大纲，可满足能源、动力、化工、机械专业及相关专业本科、专升本等学生远程教学的学习与指导需要，也可供学生研究生考试复习使用。

图书在版编目（CIP）数据

工程传热学学习指导与提高/黄晓明，许国良，王晓墨编．—北京：中国电力出版社，2018.12（2024.8 重印）

“十三五”普通高等教育本科规划教材

ISBN 978-7-5198-2382-5

Ⅰ.①工… Ⅱ.①黄…②许…③王… Ⅲ.①工程传热学－高等学校－教学参考资料 Ⅳ.①TK124

中国版本图书馆 CIP 数据核字（2018）第 204338 号

出版发行：中国电力出版社
地　　址：北京市东城区北京站西街 19 号（邮政编码 100005）
网　　址：http://www.cepp.sgcc.com.cn
责任编辑：吴玉贤（610173118@qq.com）
责任校对：黄　蓓　太兴华
装帧设计：郝晓燕　赵丽媛
责任印制：钱兴根

印　　刷：固安县铭成印刷有限公司
版　　次：2018 年 12 月第一版
印　　次：2024 年 8 月北京第二次印刷
开　　本：787 毫米×1092 毫米　16 开本
印　　张：12
字　　数：292 千字
定　　价：38.00 元

前　言

工程传热学是研究由温差所引起的热量传递规律的科学。由于自然界和生产技术中到处存在着促使热量传递的温差，所以传热学的理论在自然界及各个领域都有着非常广泛的应用。工程传热学已成为现代科学技术中最重要的基础学科之一，是能源、动力、化工、机械、电子和土木等学科的主干技术基础课。通过本课程的学习，可以使学生熟练掌握和运用传热学的基本理论和研究方法，具备分析和解决实际工程中热量传递问题的能力，为其后续课程的学习和今后从事热能合理利用、热工设备效能提高及换热设备设计等方面的工作打下必要的基础。

编写本书的目的在于帮助学生延伸学习内容、深入学习思考、提高专业素质。本书共分8章：第1章概述、第2章稳态导热、第3章非稳态导热、第4章对流换热原理、第5章对流换热计算、第6章热辐射基础、第7章辐射换热计算、第8章传热过程和换热器。各章讨论的内容与主教材（《普通高等教育“十一五”国家级规划教材　工程传热学》ISBN 978-7-5123-1227-2）教学内容一一对应，每章分为学习指导、要点归纳、典型例题、自学练习及自学练习解答五部分。主要特点如下：

（1）学习指导和要点归纳简明扼要地阐明本章基本内容、要点、重点、难点及易混淆之处，整个部分清晰实用，力求使读者一目了然，起到提纲挈领的作用。

（2）典型例题选取一些有代表性的习题进行解题示范，给出解题思路和技巧，以使学生能举一反三。通过题末的分析与思考，可以有效强化学生的工程意识，避免出现理论教学与工程应用严重脱节的现象。

（3）自学练习为选择题、简答题、分析题和计算题等类型。所选习题具有典型性、代表性、趣味性、实用性、启发性和科学性，力求帮助读者真正掌握课程教学内容的同时，引导学生进行创新性学习，在科学思维方式上有所突破。

本书在整个策划编写过程中得到华中科技大学能源与动力工程学院工程热物理系全体同仁的大力支持和帮助，在此表示衷心的感谢。

由于时间仓促，加之编者水平所限，书中的不当之处在所难免，恳请读者批评指正。

编者

2018年12月

目　录

前言
第1章　概述……1
1.1　学习指导……1
1.2　要点归纳……1
1.3　典型例题……2
1.4　自学练习……3
1.5　自学练习解答……5
第2章　稳态导热……7
2.1　学习指导……7
2.2　要点归纳……7
2.3　典型例题……12
2.4　自学练习……18
2.5　自学练习解答……22
第3章　非稳态导热……27
3.1　学习指导……27
3.2　要点归纳……27
3.3　典型例题……32
3.4　自学练习……37
3.5　自学练习解答……40
第4章　对流换热原理……46
4.1　学习指导……46
4.2　要点归纳……46
4.3　典型例题……54
4.4　自学练习……60
4.5　自学练习解答……63
第5章　对流换热计算……68
5.1　学习指导……68
5.2　要点归纳……68
5.3　典型例题……80
5.4　自学练习……87
5.5　自学练习解答……91
第6章　热辐射基础……100
6.1　学习指导……100

6.2 要点归纳 …… 100
6.3 典型例题 …… 106
6.4 自学练习 …… 111
6.5 自学练习解答 …… 115
第7章 辐射换热计算 …… 120
7.1 学习指导 …… 120
7.2 要点归纳 …… 120
7.3 典型例题 …… 126
7.4 自学练习 …… 131
7.5 自学练习解答 …… 134
第8章 传热过程和换热器 …… 138
8.1 学习指导 …… 138
8.2 要点归纳 …… 138
8.3 典型例题 …… 145
8.4 自学练习 …… 152
8.5 自学练习解答 …… 157
附录 模拟测试题 …… 170
模拟测试题一（32学时适用） …… 170
模拟测试题一（32学时适用）答案 …… 171
模拟测试题二（32学时适用） …… 174
模拟测试题二（32学时适用）答案 …… 176
模拟测试题三（64学时适用） …… 178
模拟测试题三（64学时适用）答案 …… 180
模拟测试题四（64学时适用） …… 182
模拟测试题四（64学时适用）答案 …… 183

第1章　概　　述

1.1　学　习　指　导

1.1.1　学习目标与要求

（1）了解传热学研究内容；

（2）掌握三种基本传热方式的机理和基本公式；

（3）掌握传热过程和传热系数的概念及计算。

1.1.2　学习重点

对热量传递的三种基本方式、传热过程及热阻的概念有所了解，并能进行简单的计算，能对工程实际中简单的传热问题进行分析。

1.2　要　点　归　纳

1. 传热学研究内容

传热学研究在有限温差作用下物体内部或者物体之间所发生的热量传递过程的基本规律及其工程应用。发生热量传递的必要条件是存在温度差。

2. 三种传热方式（见表1-1）

表1-1　三种传热方式及相应热流速率方程的总结

传热方式	传热机理	热流速率方程	相关系数
热传导	微观粒子随机热运动导致的热量扩散	$q=-\lambda \dfrac{dt}{dx}$	导热系数 λ，单位 W/(m·K)
热对流	温度不同的各部分流体间因宏观相对运动、掺混引起的热量传递（包含导热作用）	$q=h(t_w-t_f)$	对流换热表面传热系数 h，单位 W/(m^2·K)
热辐射	因物体温度导致的以电磁波形式进行的热量转移	$q=\varepsilon\sigma(T_w^4-T_{sur}^4)$	发射率（也称黑度）ε

注　1. 表中给出的热传导传热速率方程为简化公式，仅适用于一维导热。

2. 表中给出的热对流传热速率方程为简化公式，适用于表面对流换热现象。

3. 热辐射的传热速率计算公式为简化公式，仅适用于物体（灰体）与大环境之间的辐射换热。

3. 传热过程与传热系数

传热过程是热量在被壁面隔开的两种流体之间热量传递的过程。在传热过程中，三种传热方式常常联合起作用。传热过程的热流速率方程为

$$q=k(t_w-t_f) \tag{1-1}$$

式中　k——传热系数，是表征传热过程强弱的标尺，W/（m^2·K）。

1.3 典 型 例 题

【例 1-1】 有三块分别由纯铜、碳钢和硅藻土砖制成的大平板，它们的厚度都为 $\delta=50\text{mm}$，两侧表面的温差都维持为 $t_{w1}-t_{w2}=100℃$ 不变，试求通过每块平板的导热热流密度。纯铜、碳钢和硅藻土砖的导热系数分别为 $\lambda_1=398\text{W/(m·K)}$，$\lambda_2=40\text{W/(m·K)}$，$\lambda_3=0.242\text{W/(m·K)}$。

解：这是通过大平壁的一维稳态导热问题，应用一维导热傅里叶公式，对于纯铜板，热流密度为

$$q_1=\lambda_1\frac{t_{w1}-t_{w2}}{\delta}=398\times\frac{100}{0.05}=7.96\times10^5(\text{W/m}^2)$$

对于碳钢板，有

$$q_2=\lambda_2\frac{t_{w1}-t_{w2}}{\delta}=40\times\frac{100}{0.05}=0.8\times10^5(\text{W/m}^2)$$

对于硅藻土砖，有

$$q_3=\lambda_3\frac{t_{w1}-t_{w2}}{\delta}=0.242\times\frac{100}{0.05}=4.84\times10^2(\text{W/m}^2)$$

由计算可见，由于几种材料的导热系数各不相同，即使在相同的条件下，通过它们的热流密度也是不相同的。通过纯铜的热流密度大约是通过硅藻土砖的热流密度的 2000 倍。

【例 1-2】 一室内暖气片的散热面积为 $A=2.5\text{m}^2$，表面温度为 $t_w=50℃$，和温度为 20℃的室内空气之间自然对流换热的表面传热系数为 $h=5.5\text{W/(m}^2\text{·K)}$。试计算该暖气片的对流散热量。

解： 暖气片和室内空气之间是稳态的自然对流换热。根据牛顿冷却公式可得

$$\Phi=Ah(t_w-t_f)=2.5\times5.5\times(50-20)=412.5(\text{W})$$

故该暖气片的对流散热量为 412.5W。

【例 1-3】 若例 1-2 中暖气片的发射率为 $\varepsilon_1=0.8$，室内墙壁温度为 20℃。试计算该暖气片和室内墙壁的辐射传热量。

解： 由于墙壁面积比暖气片大得多，因而可采用下式计算两者间的辐射传热量：

$$\Phi=\varepsilon_1A_1\sigma(T_1^4-T_2^4)=0.8\times2.5\times5.67\times10^{-8}\times(323^4-293^4)=398.5(\text{W})$$

可见，此暖气片和室内的对流散热量和辐射散热量大致相当。

【例 1-4】 有一氟利昂冷凝器，管内有冷却水流过，对流换热表面传热系数为 $h_1=8800\text{W/(m}^2\text{·K)}$，管外是氟利昂凝结，表面传热系数为 $h_2=1800\text{W/(m}^2\text{·K)}$，管壁厚为 $\delta=1.5\text{mm}$，导热系数为 $\lambda=380\text{W/(m·K)}$，试计算三个环节的热阻和总传热系数，欲增强传热应从哪个环节入手（假设管壁可作为平壁处理）。

解： 三个环节的面积热阻为

水侧换热：$\dfrac{1}{h_1}=\dfrac{1}{8800}=1.14\times10^{-4}\ (\text{m}^2\text{·K/W})$

管壁导热：$\dfrac{\delta}{\lambda}=\dfrac{1.5\times10^{-3}}{380}=3.95\times10^{-6}\ (\text{m}^2\text{·K/W})$

蒸汽凝结：$\dfrac{1}{h_2}=\dfrac{1}{1800}=5.56\times10^{-4}\ (\text{m}^2\text{·K/W})$

冷凝器的总传热系数为

$$k=\frac{1}{\frac{1}{h_1}+\frac{\delta}{\lambda}+\frac{1}{h_2}}=\frac{1}{1.14\times10^{-4}+3.95\times10^{-6}+5.56\times10^{-4}}=1484[\mathrm{W/(m^2\cdot K)}]$$

三个环节的热阻比例为16.9%、0.6%、82.5%。

故蒸汽侧的热阻占主要部分，应从这一环节入手增强换热。

【例1-5】 一房屋的外墙为混凝土，其厚度为$\delta=150\mathrm{mm}$，混凝土的热导率为$\lambda=1.5\mathrm{W/(m\cdot K)}$，冬季室外空气温度为$t_{f2}=-10℃$，有风天和墙壁之间的表面传热系数为$h_2=20\mathrm{W/(m^2\cdot K)}$，室内空气温度为$t_{f1}=25℃$，和墙壁之间的表面传热系数为$h_1=5\mathrm{W/(m^2\cdot K)}$。假设墙壁及两侧的空气温度及表面传热系数都不随时间而变化，求单位面积墙壁的散热损失及内外墙壁面的温度t_{w1}和t_{w2}。

解： 这是一个稳态传热过程，冷热流体由混凝土墙壁隔开。其传热过程的总面积热阻包含三个环节的面积热阻，即内墙壁的对流换热热阻$1/h_1$、墙壁的导热换热$\frac{\delta}{\lambda}$、外墙壁的对流换热热阻$1/h_2$。因此，通过墙壁的热流密度，即单位面积墙壁的散热损失为

$$q=\frac{t_{f1}-t_{f2}}{\frac{1}{h_1}+\frac{\delta}{\lambda}+\frac{1}{h_2}}=\frac{[25-(-10)]}{\frac{1}{5}+\frac{0.15}{1.5}+\frac{1}{20}}=100(\mathrm{W/m^2})$$

内、外墙面与空气之间的对流换热可根据牛顿冷却公式写出，即

$$q=h_1(t_{f1}-t_{w1})$$

$$q=h_2(t_{w2}-t_{f2})$$

于是可求得

$$t_{w1}=t_{f1}-q\frac{1}{h_1}=25-100\times\frac{1}{5}=5(℃)$$

$$t_{w2}=t_{f2}+q\frac{1}{h_2}=-10+100\times\frac{1}{20}=-5(℃)$$

1.4 自 学 练 习

一、单项选择题

1. 热传递的三种基本方式是（　　）。

A. 导热、热对流和传热过程　　B. 导热、热对流和核辐射换热

C. 导热、热对流和热辐射　　D. 导热、对流换热和辐射换热

2. 炉墙内壁到外壁的热传递过程为（　　）。

A. 热对流　　B. 复合换热　　C. 对流换热　　D. 导热

3. 由炉膛火焰向水冷壁传热的主要方式是（　　）。

A. 热辐射　　B. 热对流　　C. 导热　　D. 都不是

4. 在传热过程中，系统传热量与下列哪一个参数成反比？（　　）

A. 传热面积　　B. 流体温差　　C. 传热系数　　D. 传热热阻

5. 太阳与地球间的热量传递属于（　　）传热方式。

A. 导热　　B. 热对流　　C. 热辐射　　D. 以上几种均不是

6. 物体之间发生热传导的动力是（　　）?

A. 温度场　　B. 温差　　C. 等温面　　D. 微观粒子运动

7. 有一台放置于室外的冷库，从减少冷库冷量损失的角度，冷损失最小的冷库外壳颜色为（　　）。

A. 绿色　　B. 蓝色　　C. 灰色　　D. 白色

8. 冬天时节，棉被经过白天晾晒，晚上人盖着感觉暖和，是因为（　　）。

A. 棉被中蓄存了热量，晚上释放出来了　　B. 棉被内表面的表面传热系数减小了

C. 棉被变厚了。棉被的导热系数变小了　　D. 棉被外表面的表面传热系数减小了

二、多项选择题

1. 热量传递的基本方式是（　　）。

A. 热传导　　B. 热对流　　C. 热辐射　　D. 传热过程

2. 在传热过程中，系统传热量与下列哪些参数成正比?（　　）

A. 传热面积　　B. 传热热阻　　C. 流体温差　　D. 传热系数

3. 在稳态传热过程中，传热温差一定，如果希望系统传热量增大，则可以采取下述哪些手段?（　　）

A. 增大传热热阻　　B. 增大传热面积

C. 增大传热系数　　D. 增大对流换热系数

4. 冰雹落地后，既慢慢融化，融化所需热量可由如下途径得到（　　）。

A. 地面的导热量　　B. 空气的对流换热量

C. 与环境中固体表面间的辐射换热量　　D. 吸收太阳辐射热量

三、简答题

1. 试说明热传导、热对流和热辐射三种热量传递基本方式之间的联系与区别。

2. 导热系数、表面传热系数及传热系数的单位是什么? 哪些是物性参数? 哪些与过程有关。

3. 在有空调的房间内，夏天和冬天的室温均控制在20℃，夏天只需穿衬衫，但冬天穿衬衫会感到冷，这是为什么?

4. 有人将一碗热粥置于一盆凉水中冷却，为使粥凉得更快一些，它应该搅拌碗中的粥还是盆中的凉水。

5. 请说明在传热设备中，水垢、灰垢的存在对传热过程会产生什么影响?

6. 在深秋晴朗无风的夜晚，气温高于0℃，但清晨却看见草地上披上一身白霜，但如果阴天或有风，在同样的气温下草地却不会出现白霜，试解释这种现象。

7. 冬季用手触摸室外的木材与铁件有不同的感觉，即感到木材与铁的温度不一样，如何解释这种现象。

四、计算题

1. 25mm厚的聚氨酯泡沫。其两表面的温度差为5℃。已知该塑料的导热系数为0.032W/(m·℃)。试计算通过该材料的热流密度。如果将泡沫塑料压缩成5mm厚，且在同样温差下散热量变为64W/m^2，求出此时的导热系数。

2. 一双层玻璃窗，宽1.1m，高1.2m，厚3mm，导热系数为1.05W/(m·K)；中间空气层厚5mm，设空气隙仅起导热作用，导热系数为0.026W/(m·K)。室内空气温度为25℃，表面传热系数为20W/(m^2·K)；室外空气温度为−10℃，表面传热系数为15W/(m^2·K)。

试计算通过双层玻璃窗的散热量，并与单层玻璃窗相比较。假定在两种情况下室内、外空气温度及表面传热系数相同。

3. 一炉子的炉墙厚13cm，总面积为20m^2，平均导热系数为1.04W/(m・K)，内外壁温分别是520℃及50℃。试计算通过炉墙的热损失。如果所燃用的煤的发热量是2.09×10^4kJ/kg，问每天因热损失要用掉多少千克煤？

4. 一外径为0.3m，壁厚为5mm的圆管，长为5m，外表面平均温度为80℃。200℃的空气在管外横向掠过，表面传热系数为80W/(m^2・K)。入口温度为20℃的水以0.1m/s的平均速度在管内流动。如果过程处于稳态，试确定水的出口温度。水的比定压热容为4184J/(kg・K)，密度为980kg/m^3。

5. 一根水平放置的蒸汽管道，其保温层外径d=583mm。外表面实测平均温度t_w=48℃，空气温度t_f=23℃。此时空气与管道外表面间的自然对流传热的表面传热系数h=3.42W/(m^2・K)，保温层外表面的发射率ε=0.9。假设：过程处于稳态，沿管子长度方向各给定的参数都保持不变；管道周围的其他固体表面温度等于空气温度。

1.5 自学练习解答

一、单项选择题

1. C　2. D　3. A　4. D　5. C　6. B　7. D　8. C

二、多项选择题

1. A，B，C　2. A，C，D　3. B，C，D　4. A，B，C，D

三、简答题

1. 答：导热、对流换热及辐射换热是热量传递的三种方式。导热主要依靠微观粒子运动而传递热量；对流换热是流体与固体壁面之间的换热，依靠流体对流和导热的联合作用而产生热量传递；辐射换热是通过电磁波传播能量，是物体之间辐射和吸收的综合结果。一个传热现象往往是几种传热方式同时作用。

2. 答：导热系数λ　W/(m・K)　物性参数
表面传热系数h　W/(m^2・K)　与过程有关
传热系数k　W/(m^2・K)　与过程有关

3. 答：首先，冬季和夏季的最大区别是室外温度的不同。夏季室外温度比室内气温高，因此通过墙壁的热量传递方向是由室外传向室内。而冬季室外气温比室内低，通过墙壁的热量传递方向是由室内传向室外。因此冬季和夏季墙壁内表面温度不同，夏季高而冬季低。因此，尽管夏季和冬季的室温相近，但人体在冬季通过辐射与墙壁的散热比夏季高很多。人体对冷暖感受的衡量指标主要是散热量的大小，在冬季散热量大，因此要穿厚一些的绒衣。

4. 答：从热粥到凉水是一个传热过程。显然，粥和水的换热在不搅动时属自然对流。而粥的换热比水要差。因此，要强化传热增加散热量，应该用搅拌的方式强化粥侧的传热。

5. 答：水垢、灰垢增加了传热过程的热阻，而且水垢和灰垢的导热系数很低，导热热阻很大，大大削弱了换热设备传热能力，导致壁面温度升高。

6. 答：草地（T_e）与环境的换热包括两部分：即与空气（T_a）的对流换热及与太空（T_{sky}）的辐射换热，即

$$h(T_a - T_e) = \sigma(T_e^4 - T_{sky}^4)$$

寒冷晴空时 T_{sky}约为 230K；暖和雾天 T_{sky}约为 285K。因此，在寒冷晴天的晚上，尽管 $T_a>273K$，辐射换热所损失的热量却可能使草地（T_e）低于 273K，导致结霜。阴天辐射损失不会导致 $T_e<273K$，不会结霜。

7. 因为铁件比木材的导热系数大，人接触时传热要快，所以感觉温度低。

四、计算题

1. 解：(1) $\delta=0.025m$；$\Delta t=5℃$；$\lambda=0.032W/(m\cdot℃)$

$$q=\lambda\frac{\Delta t}{\delta}=6.4(W/m^2)$$

(2) 由 $q=\lambda\dfrac{\Delta T}{\delta}$得$\lambda=\dfrac{q\delta}{\Delta T}=0.064[W/(m\cdot℃)]$

2. 解：(1) 双层玻璃窗情形，由传热过程计算式得

$$\Phi=\frac{A(t_{f1}-t_{f2})}{\dfrac{1}{h_1}+\sum_{i=1}^{3}\dfrac{\delta_i}{\lambda_i}+\dfrac{1}{h_2}}=\frac{1.1\times1.2\times[25-(-10)]}{\dfrac{1}{20}+\dfrac{0.003}{1.05}+\dfrac{0.005}{0.026}+\dfrac{0.003}{1.05}+\dfrac{1}{15}}=146.8(W)$$

(2) 单层玻璃窗情形为

$$\Phi=\frac{A(t_{f1}-t_{f2})}{\dfrac{1}{h_1}+\dfrac{\delta}{\lambda}+\dfrac{1}{h_2}}=\frac{1.1\times1.2\times[25-(-10)]}{\dfrac{1}{20}+\dfrac{0.003}{1.05}+\dfrac{1}{15}}=386.5(W)$$

3. 解：根据傅里叶公式得

$$\Phi=\frac{\lambda A\Delta t}{\delta}=\frac{1.04\times20\times(520-50)}{0.13}=75.2(kW)$$

每天用煤为

$$\frac{24\times3600\times75.2}{2.09\times10^4}=310.9(kg/d)$$

4. 解：(1) 管外空气与管子之间的对流换热量为

$$\Phi=hA(t_f-t_w)=h\pi dl(t_f-t_w)=80\pi\times0.3\times5\times(200-80)=45\ 239(W)$$

(2) 由于过程处于稳态，管外空气所加的热量由管内水带走，因此得

$$\Phi=\rho uA_c c_p(t_{out}-t_{in})=\rho u\left[\frac{\pi}{4}(d-2\delta)^2\right]c_p(t_{out}-t_{in})=45\ 239(W)$$

其中 A_c 为管内流通截面积。故出口温度为

$$t_{out}=\frac{\Phi}{\rho u\left[\dfrac{\pi}{4}(d-2\delta)^2\right]c_p}+t_{in}=\frac{45\ 239}{980\times0.1\times0.066\times4184}+20=21.7(℃)$$

5. 解：把管道每米长度上的散热量记为 q_l。单位长度上的自然对流散热量为

$$q_{l,c}=\pi d\cdot h\Delta t=\pi dh(t_w-t_f)=3.14\times0.583\times3.42\times(48-23)=156.5(W/m)$$

于是每米长度管子上的辐射换热量为

$$q_{l,r}=\pi d\sigma\varepsilon(T_1^4-T_2^4)=3.14\times0.583\times5.67\times10^{-8}\times0.9[(48+273)^4-(23+273)^4]$$
$$=274.7(W/m)$$

每米长管道的总散热量为

$$q_l=q_{l,c}+q_{l,r}=156.5+274.7=431.2(W/m)$$

第2章 稳 态 导 热

2.1 学 习 指 导

2.1.1 学习内容

(1) 傅里叶定律的深入理解与分析；

(2) 导热问题的数学描述（导热微分方程的推导及定解条件）；

(3) 典型一维稳态导热问题的分析解（平壁、圆柱、其他边界条件解）；

(4) 具有内热源的一维导热问题及计算；

(5) 通过肋片的导热问题及计算；

(6) 多维导热问题。

2.1.2 学习重点

(1) 导热问题的导热微分方程推导（微元分析法）和定解条件；

(2) 平壁、圆筒及其他边界条件的导热问题计算；

(3) 具有内热源的一维导热问题计算；

(4) 肋片传热问题的推导与计算。

2.2 要 点 归 纳

2.2.1 导热问题的导热微分方程推导（微元分析法）和定解条件

导热微分方程建立的原理是：能量守恒原理结合傅里叶导热定律。由导热物体的能量守恒可知：

导入微元体的总热流量+微元体内热源的生成热=导出微元体的总热流量+微元体热力学能的增量

代入傅里叶定律表示的导热量，即可建立微元导热物体温度分布的具体数学描述。方程式通常包括非稳态项、导热项和内热源生成项。以各向同性的导热物体在直角坐标系下的导热微分方程为例

$$\underbrace{\rho c\frac{\partial t}{\partial \tau}}_{①}=\underbrace{\frac{\partial}{\partial x}\left(\lambda\frac{\partial t}{\partial x}\right)+\frac{\partial}{\partial y}\left(\lambda\frac{\partial t}{\partial y}\right)+\frac{\partial}{\partial z}\left(\lambda\frac{\partial t}{\partial z}\right)}_{②}+\underbrace{\dot{\Phi}}_{③} \tag{2-1}$$

式（2-1）中①表示微元体热力学能的增量（非稳态项）；②表示导入微元体的净热流量（“导进”与“导出”之差）；③表示微元体内热源的生成热。

导热微分方程式是描述导热过程共性的数学表达式，由它得到的是问题的通解。要获得某一具体问题的特解，导热微分方程必须辅助以定解条件。一般地讲，定解条件包括初始条件和边界条件。导热微分方程与定解条件一起构成了具体导热过程的数学描述。

导热问题的初始条件为

$$t|_{\tau=0} = f(x,y,z) \tag{2-2}$$

导热问题的三类边界条件为：

(1) 给定系统边界上的温度值 $t_w = f(x,y,z,\tau)$

特例：定壁温边界条件 $t_w = \text{const}$

(2) 给定系统边界上的热流密度 $q_w = f(x,y,z,\tau)$

特例：绝热边界 $q_w = -\lambda\left(\frac{\partial t}{\partial n}\right)_w = 0$

(3) 对流边界条件 $-\lambda\left(\frac{\partial t}{\partial n}\right)_w = h(t_w - t_f)$（对物体被加热和冷却均适用）

其中，n 指向物体外法线方向。值得注意的是：第三类边界条件实际上是第一类和第二类边界条件的线性组合，在一定条件下可以相互转换。例如：$h\to\infty$，为第一类边界条件；$h\to 0$，为第二类边界条件。

求解导热问题的主要思路：首先由物理问题，在一定的简化假设条件下，得到其数学描写（导热微分方程及定解条件），然后求解得到温度场。接着利用傅里叶定律进一步求解通过物体界面的热流量或热流密度。

2.2.2 一维稳态无内热源导热问题的分析与计算

常物性、无内热源、第一类边界条件下的温度场、热流量计算式、热阻以及肋片导热的分析解汇总在表 2-1 中。

表 2-1 一维稳态导热部分分析解汇总

导热问题	温度场分析解	热流量计算式	热阻表达式
平板导热	$t = t_1 + (t_2 - t_1)\frac{x}{\delta}$	$\Phi = \lambda A\frac{t_1 - t_2}{\delta}$	$R = \frac{\delta}{\lambda A}$
圆筒体导热	$t = t_1 + (t_2 - t_1)\frac{\ln(r/r_1)}{\ln(r_2/r_1)}$	$\Phi = \frac{2\pi\lambda l(t_1 - t_2)}{\ln(r_2/r_1)}$	$R = \frac{\ln(r_2/r_1)}{2\pi\lambda l}$
球壳导热	$t = t_1 + (t_2 - t_1)\frac{1/r - 1/r_2}{1/r_1 - 1/r_2}$	$\Phi = \frac{4\pi\lambda(t_1 - t_2)}{1/r_1 - 1/r_2}$	$R = \frac{1}{4\pi\lambda}\left(\frac{1}{r_1} - \frac{1}{r_2}\right)$

在这部分内容的学习中，要特别注意以下几点：

1. 如何判断问题是否一维

判断问题是否一维应从边界条件考虑，而不能仅考虑几何角度。无论哪种形状，一维导热的基本条件主要体现为对边界条件均匀性的要求。

2. 求解一维导热问题的两种途径

求解一维稳态无内热源导热问题通常有两条途径：①从导热微分方程出发，连同定解条件，先求出温度分布，再用傅里叶定律得到热流密度或者热流量；②在给定两个恒温边界的情况下，对傅里叶定律直接积分即可获得热流量。对变截面、变导热问题，第二种方法尤为实用。

3. 关于温度分布曲线的绘制

对一维稳态无内热源导热问题，当沿热量传递方向面积发生变化或导热系数发生变化时，其温度分布曲线的凹向判断可依据傅里叶定律，即 $\Phi = -A(x)\lambda(t)\frac{dt}{dx}$。对稳态问题，$\Phi$

为常数，此时，依据傅里叶定律可以方便地判断变截面或变导热系数时导热体内的温度分布。

4. 热阻网络分析法

热、电同属传递现象，具有可比拟性，其比拟关系见表2-2。根据热电比拟，可定义传热过程的热阻。热阻概念的建立对复杂热传递过程的分析带来很大的便利，可以利用比较熟悉的串联、并联电路电阻的计算公式来计算热传递过程的合成热阻（或称总热阻），这就是热阻网络分析法。它是掌握传热问题，尤其是分析和计算较复杂问题的一个极有力的工具。

表2-2　热电现象的比拟

现象	电量传递	热量传递
驱动力	电势差（电压）V	温差（温压）Δt
传递的流	电流 I	热流 Φ
传递的阻力	电阻 R_I	热阻 R_Φ
传递公式	$I=\frac{V}{R_I}$	$\Phi=\frac{\Delta t}{R_\Phi}$

串联电阻叠加得到总电阻的原则，实质上已在绪论中被用于导出传热过程传热系数的表达式。在一维导热问题，如复合平壁或圆筒壁导热问题中也被广泛应用。后面我们还将在辐射换热问题中使用这种方法。

2.2.3　两等温面间的复杂几何形状导热（多维导热）

用于求解多维稳态导热问题的方法有分析解法、数值解法和形状因子法。其中形状因子法主要用来求解发生在两等温表面之间的导热热量计算。为更好地理解形状因子方法，下面给出形状因子的定义导出方法。

如图2-1所示的几种导热问题，其特点为边界为等温面，热量传递是从一个等温面到另一个等温面。

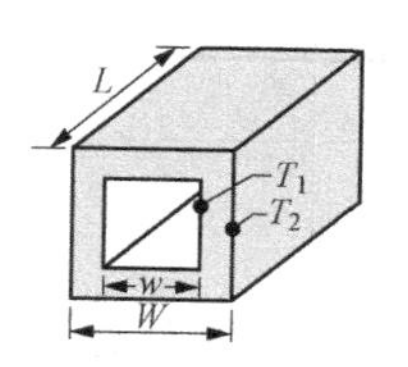

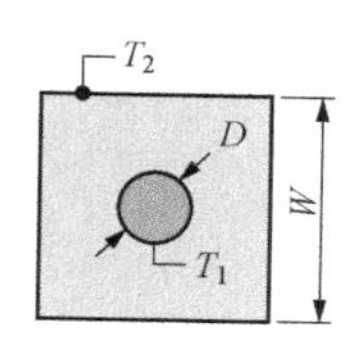

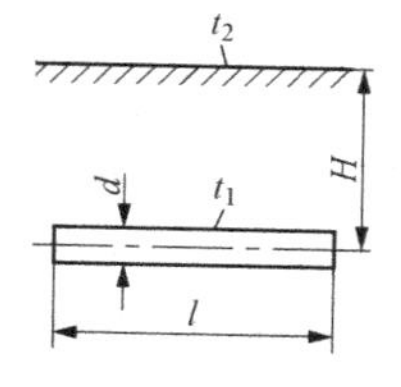

图2-1　几种多维导热问题的示意

由傅里叶定律出发，从任一等温面 A_1 转移到另一等温面 A_2 的热量 Φ，可表示为

$$\Phi=-\lambda\iint_{A_1}\left(\frac{\partial t}{\partial n}\right)_1 \mathrm{d}A_1=-\lambda\iint_{A_2}\left(\frac{\partial t}{\partial n}\right)_2 \mathrm{d}A_2 \tag{2-3}$$

定义 S 为

$$S=\frac{\iint_{A_1}\left(\frac{\partial t}{\partial n}\right)_1 \mathrm{d}A_1}{t_2-t_1}=\frac{\iint_{A_2}\left(\frac{\partial t}{\partial n}\right)_2 \mathrm{d}A_2}{t_2-t_1} \tag{2-4}$$

则热流量的形式可写为

$$\Phi = \bar{\lambda} S (t_1 - t_2) \tag{2-5}$$

数学分析可证明，S 为纯几何参数，与壁温、导热系数无关。

因此，在计算两个等温表面之间的导热量时，无论一维、二维或三维问题，都可用形状因子 S 进行计算。表 2-3 给出一些典型导热问题的 S 计算表达式。读者还可以通过传热学手册查取更多。

表 2-3　几种几何条件下的形状因子 S　(m)

半无限大物体表面与水平埋管表面之间的导热		管长 $l \gg d$、$h < 1.5d$ 时： $S = \dfrac{2\pi l}{\cosh^{-1}\left(\dfrac{2h}{d}\right)}$ 管长 $l \gg d$、$h > 1.5d$ 时： $S = \dfrac{2\pi l}{\ln\left(\dfrac{2h}{d}\right)}$
半无限大物体表面与垂直埋管表面之间的导热		管长 $l \gg d$ 时： $S = \dfrac{2\pi l}{\ln\left(\dfrac{4h}{d}\right)}$
管道表面与偏心热绝缘层表面之间的导热		管长 $l \gg d_2$ 时： $S = \dfrac{2\pi l}{\cosh^{-1}\left(\dfrac{d_1^2 + d_2^2 - 4s^2}{2d_1 d_2}\right)}$
无限大物体中两圆管表面之间的导热		管长 $l \gg d_1$，d_2 时： $S = \dfrac{2\pi l}{\cosh^{-1}\left(\dfrac{s^2 - r_1^2 - r_2^2}{2r_1 r_2}\right)}$

2.2.4　通过肋片的稳态导热

1. 肋片导热的特点

肋片工程在实际中是强化传热的有效方法。肋片导热和平壁及圆筒壁的导热有很大的区别，其基本特征是在肋片伸展的方向上有表面的对流换热及辐射换热，因而热流量沿传递方向不断变化。另外，肋片表面所传递的热量都来自（或进入）肋片根部，即肋片与基础表面的相交面。我们分析肋片导热的目的是要得到肋片的温度分布和通过肋片的热流量。

2. 等截面肋片一维温度分布假设的判定条件

所谓等截面是指沿肋高方向面积不发生变化的肋片。按照这种定义，圆管外的等厚度环形肋片是变截面肋。教材中的肋片导热解析解是针对等截面直肋。

要应用教材中给出的肋片温度分布解析式，必须满足一维导热假设，即肋片温度仅沿肋高方向变化。已知肋片的导热热阻为 $\delta/2\lambda$，而肋片表面的对流换热热阻为 $1/h$。当按肋厚一半（$\delta/2$）作为特征长度计算的 Bi 数足够小时，即 $Bi = \delta h / 2\lambda \ll 1$，一维温度分布假设成立。这种判定方法类似第 3 章的集总参数法判定法，其原理也是一致的。

3. 肋片导热数学描写及求解

一维稳态肋片导热问题的控制方程可以由导热微分方程简化而来，也可以按能量守恒原理导出，后者的物理意义更加清晰。由于问题是一维的，故肋片的两个侧面并不是计算区域的边界（计算区域的边界是 $x=0$ 及 $x=H$），但通过该两表面有热量的传递。因此，这种情况下，可以将肋片厚度方向的对流边界条件处理成负的内热源。肋片导热的数学描述包括导热微分方程和边界条件，基于一维稳态导热条件简化后，模型可以获得解析解。不同的边界条件对应不同的温度分布。

除温度分布外，人们还希望通过肋片的导热分析获得通过肋片的散热量。在得到肋片的温度分布后，通过肋片散热量的计算方法有两种：

（1）全部热量都必须通过 $x=0$ 处的肋根截面，此方法的推导见主教材。

（2）依据肋片表面的对流散热，有

$$\Phi=\int_0^H hP(t-t_\infty)\mathrm{d}x=hP\int_0^H\theta_0\frac{\mathrm{ch}[m(x-H)]}{\mathrm{ch}(mH)}\mathrm{d}x=\frac{hP}{m}\theta_0\,\mathrm{th}(mH) \tag{2-6}$$

4. 肋效率的定义及基于肋效率的肋片散热量计算方法

肋效率是为了表征肋片散热的有效程度而定义的，其具体表达式如下：

$$\eta_f=\frac{\text{实际散热量}}{\text{假设整个肋表面处于肋基温度下的散热量}} \tag{2-7}$$

对于等截面直肋，其肋效率为

$$\eta_f=\frac{\frac{hP}{m}\theta_0\,\mathrm{th}(mH)}{hPH\theta_0}=\frac{\mathrm{th}(mH)}{mH} \tag{2-8}$$

如图 2-2 所示，由于 $\mathrm{th}(mH)$ 在 0～1 之间变化，因而，随着 mH 的增大，肋效率 η_f 降低。假设 $t_0>t_\infty$，如图 2-3 所示，则肋效率即为图中阴影面积与矩形 $abcd$ 面积之比。

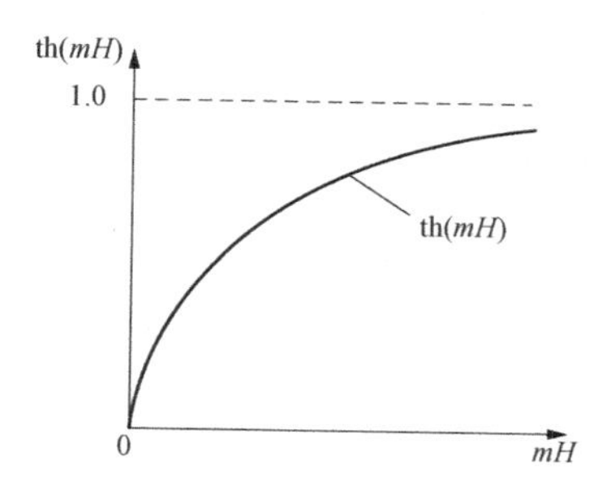

图 2-2 $\mathrm{th}(mH)$ 随 mH 的变化

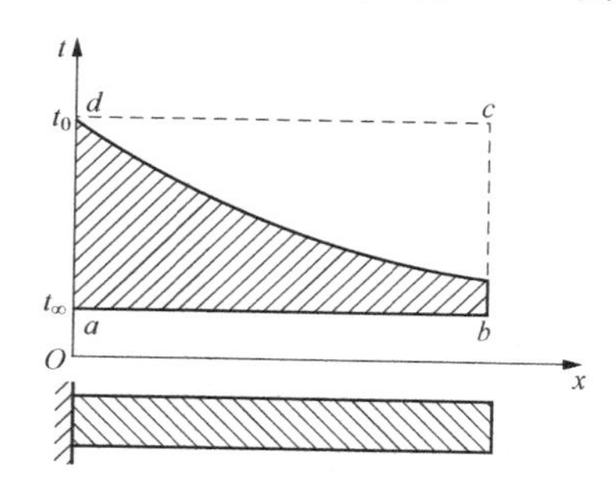

图 2-3 肋效率物理意义

对等截面直肋的肋效率分析可得到如下结论：

（1）mH 增大，肋效率 η_f 降低，说明肋高不宜太高。

（2）肋片的导热系数 λ 增加，mH 减小，肋效率增加。这相当于图中 2-3 中阴影部分的面积增大。

（3）当肋厚 δ 增加时，与增大 λ 的效果一样，同样使肋效率增加。

注意，增加 λ 和降低 δ 都相当于降低沿肋高方向的导热热阻，让沿肋高方向的温度更接近于肋根温度，故肋效率 η_f 增加。如何合理选择肋片的高度、厚度、间距和材料等，应从总散热效果来评定。工程上典型肋片的 η_f 被制成图表，可以通过教材或手册查得。一般要求肋效率不低于0.8。

基于肋效率 η_f，肋片换热可通过如下步骤获得：

(1) 根据已知参数查取或计算肋效率 η_f；

(2) 假定肋表面温度与肋基温度相等，计算理想换热量 $\Phi_{理}$；

(3) 根据肋效率的定义计算肋片实际换热量，即 $\Phi=\eta_f\Phi_{理}$。

2.3 典型例题

2.3.1 简答题

【例2-1】 试写出傅里叶定律的一般形式，并说明其中各个符号的意义。

答：$q=-\lambda \text{grad}t=-\lambda \dfrac{\partial t}{\partial x}n$。式中，grad$t$ 是空间某点的温度梯度，q 为梯度方向上热流密度，λ 是物体的导热系数，"−"表明热流总是与温度梯度方向相反。

【例2-2】 如图2-4所示的几何形状，假定图中导热物体没有内热源，物性为常数，且过程处于稳态。中心圆管内部表面温度保持 t_1 不变，而矩形外边界处于绝热状态。现需对分别采用铜和不锈钢为材料的导热体的内部温度进行实验测定，你认为材料的温度分布会不会不一样？

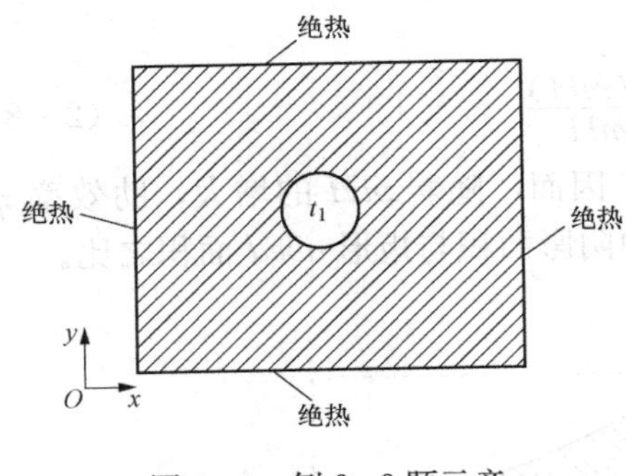

图2-4 例2-2题示意

答：判断物体中的温度分布是否一样，关键在于该物体的导热控制方程和边界条件是否一致。描述该物体的控制方程为

$$\frac{\partial^2 t}{\partial x^2}+\frac{\partial^2 t}{\partial y^2}=0$$

相应的边界条件为

内部圆表面：$t=t_1$

外部矩形表面：$\dfrac{\partial t}{\partial n}=0$

显然，无论对不锈钢还是铜，方程和边界条件中不含有与导热系数 λ 有关的量，因此，两种材料做成的导热体中温度分布应该一样。

【例2-3】 已知导热物体中某点在 x、y、z 三个方向上的热流密度分别为 q_x、q_y、q_z，如何获得该点的热流密度矢量？

答：矢量大小 $q=\sqrt{q_x^2+q_y^2+q_z^2}$

矢量的方向余弦 $\dfrac{q_x}{q}=\cos\alpha$，$\dfrac{q_y}{q}=\cos\beta$，$\dfrac{q_z}{q}=\cos\gamma$

【例2-4】 有两个形状及大小相同的物体，导热系数 λ 也一样，但热扩散率 a 不同。如果将它们置于同一炉膛中加热，问哪一个先达到炉膛温度？假设两个平板表面对流和辐射的速率一样。

答：假设 $a_1=\dfrac{\lambda_1}{\rho_1 c_1}>a_2=\dfrac{\lambda_2}{\rho_2 c_2}$。因为 $\lambda_1=\lambda_2$，则 $\rho_1 c_1<\rho_2 c_2$，即第二种（热扩散率小的）物体的热容大。假设两个平板表面对流和辐射的速率一样，则由于第一种物性上升到炉膛温度所需的热量少，因此它应先达到炉膛温度。

讨论：导热系数 λ 是从傅里叶定律定义出来的一个物性量，它反映了物质的导热性能；热扩散系数 a 是从导热微分方程式定义出来的一个物性量，它反映了物质的热量扩散性能，也就是热流在物体内渗透的快慢程度，热扩散系数又被称为导温系数。两者的差异在于前者是导热过程的静态特性量，而后者则是导热过程的动态特性量，因而热扩散系数反映的是非稳态导热过程的特征。因此，题目中问到的物体温度上升的速率不取决于导热系数，而取决于热扩散率。

【例 2-5】 如图 2-5 所示的双层平壁，导热系数 λ_1，λ_2 为定值。假定导热过程为稳态，试画出以下三种条件下的温度分布曲线：①$\lambda_1<\lambda_2$；②$\lambda_1=\lambda_2$；③$\lambda_1>\lambda_2$。要求写出简要分析。

答：由题意，沿平板厚度方向（x 方向），热流量为常数，即

$$\Phi=-\lambda A\frac{\mathrm{d}t}{\mathrm{d}x}=\text{常数}$$

由于 A 不变，故有 $\left|\lambda\frac{\partial t}{\partial x}\right|$=常数，$\left|\frac{\partial t}{\partial x}\right|$ 与 λ 成反比。三种情况下温度分布曲线如图 2-6 所示。

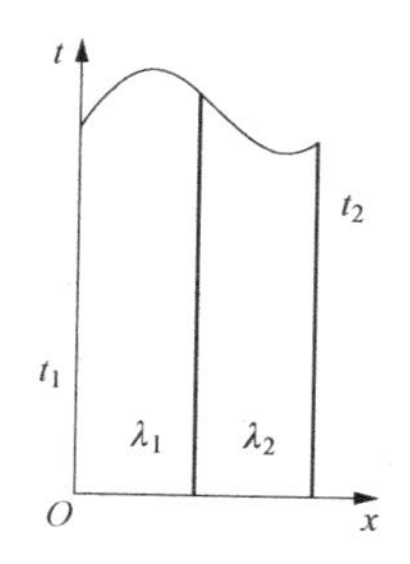

图 2-5 例 2-5 题示意

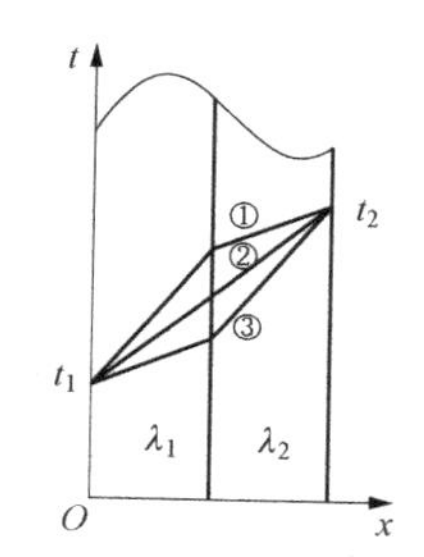

图 2-6 例 2-5 题解示意

讨论：利用傅里叶定律表达式来判断温度分布曲线形状是一种很重要的方法，读者应很好地掌握。

【例 2-6】 一圆台物体，如图 2-7 所示，两端面温度保持不变，且大端面温度高于小端面，侧表面为绝热面，试绘出该圆台内温度沿轴向 x 的分布曲线。已知物体热物性为常数。

答：由于过程是稳态的，因此有

$$\Phi=-A(x)\lambda\frac{\mathrm{d}t}{\mathrm{d}x}=\text{常数}$$

因为 $A(x)$ 沿 x 方向减小，所以 $\left|\frac{\mathrm{d}t}{\mathrm{d}x}\right|$ 沿 x 方向增大，则其温度曲线分布如图 2-8 所示。

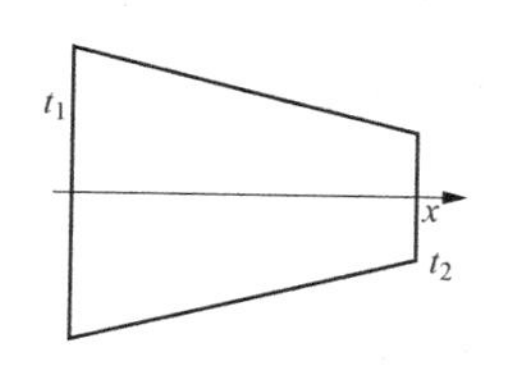

图 2-7 例 2-6 题示意

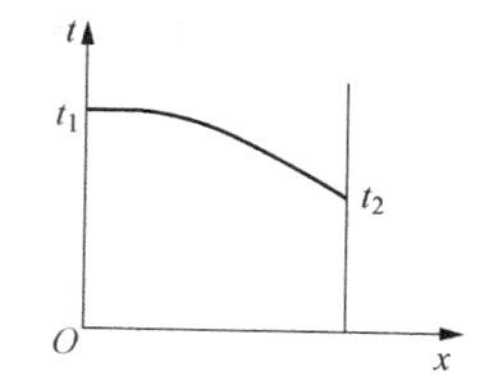

图 2-8 例 2-6 题解示意

【例 2-7】 用套管温度计测量容器内的流体温度，为了减小测温误差，套管材料选用铜还是不锈钢？

答：由于套管温度计的套管可以视为一维等截面直肋，要减小测温误差（即使套管顶部温度 t_h 尽量接近流体温度 t_f），应尽量减小沿套管长度流向容器壁面的热量，即增大该方向的热阻。所以，从套管材料上说应采用导热系数更小的不锈钢。

2.3.2 分析计算题

【例 2-8】 一直径为 d_0，单位体积内热源生成热为 $\dot{\Phi}$ 的实心长圆柱体，向温度为 t_∞ 的流体散热，表面传热系数为 h。试列出圆柱体中稳态温度场的微分方程及定解条件。

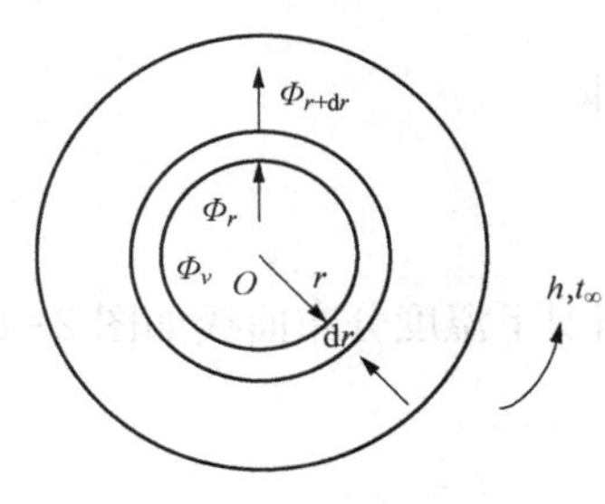

图 2-9 例 2-8 题示意

解：由题意，圆柱体中的温度只沿半径方向发生变化，即 $t=f(r)$，如图 2-9 所示，由 $r \to r+dr$ 的微元体的能量平衡可得

$$\Phi_r - \Phi_{r+dr} + \Phi_V = 0 \tag{a}$$

式中 Φ_V 表示内热源生成热。

$$\text{而}\ \Phi_r = -\lambda A(r)\frac{dt}{dr} = -\lambda 2\pi rl\frac{dt}{dr}$$

$$\Phi_{r+dr} = \Phi_r + \frac{\partial \Phi_r}{\partial r}dr$$

故

$$\Phi_r - \Phi_{r+dr} = -\frac{\partial \Phi_r}{\partial r}dr = -\frac{\partial}{\partial r}\left(-\lambda 2\pi rl\frac{dt}{dr}\right)dr = 2\pi\lambda l\frac{d}{dr}\left(r\frac{dt}{dr}\right)dr$$

$$\Phi_V = \dot{\Phi}dV = \dot{\Phi}2\pi rl\,dr$$

代入（a）式得 $\lambda\frac{d}{dr}\left(r\frac{dt}{dr}\right) + r\dot{\Phi} = 0$

边界条件：$r=0,\ \frac{dt}{dr}=0$

$$r=\frac{d_0}{2},\ -\lambda\frac{dt}{dr} = h(t-t_\infty)$$

讨论：导热微分方程的推导是求解一切导热问题的基础。其推导的依据就是能量守恒及傅里叶定律。读者应该学会对具体实际问题进行抽象、概括后建立该导热问题的完整数学表达式，这是获得物体内温度分布正确结果的基础。

【例 2-9】 一锅炉炉墙采用密度为 300kg/m^3 的水泥珍珠岩制作，壁厚 $\delta=120\text{mm}$，已知内壁温度 $t_1=500℃$，外壁温度 $t_2=50℃$，试求每平方米炉墙每小时的热损失。

解：假设（1）一维问题；（2）稳态导热。

根据教材附录（或传热手册），密度为 300kg/m^3 的水泥珍珠岩制品的导热系数为

$$\{\bar{\lambda}\}_{W/(m\cdot K)} = 0.065\,1 + 0.000\,105\{\bar{t}\}_{℃}$$

因此需按炉墙平均温度下的导热系数计算热流量。

材料的平均温度为

$$\bar{t} = \frac{500+50}{2} = 275(℃)$$

于是

$$\bar{\lambda}=0.0651+0.000105\times275=0.0651+0.0289=0.0940[\mathrm{W/(m\cdot K)}]$$

代入一维大平板热流密度计算公式，可得每平方米炉墙的热损失为

$$q=\frac{\lambda}{\delta}(t_1-t_2)=\frac{0.0940}{0.120}\times(500-50)=353(\mathrm{W/m^2})$$

讨论：对水泥珍珠岩这类在一定的温度范围内导热系数与温度呈线性关系的材料，工厂提供的导热系数计算式中 t 都是指计算范围内的平均值，使用时要注意其最高的允许使用温度。

【例 2-10】 在一个建筑物中有图 2-10 的结构。钢柱直径 $d=25\mathrm{mm}$，长度 $L=300\mathrm{mm}$，材料导热系数为 $\lambda=50\mathrm{W/(m\cdot K)}$，其两个端面分别维持在 60℃ 与 20℃，其四周为建筑保温材料。计算通过钢柱的导热量。

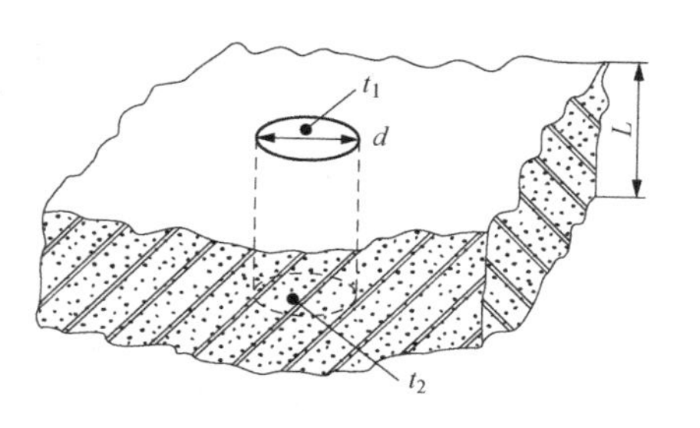

图 2-10 例 2-10 题示意

解： 钢柱四周相当于绝热，温度仅沿着轴线方向变化，因此可按一维导热处理。

假设：(1) 一维；(2) 稳态问题。

$$\Phi=\lambda A\frac{\Delta t}{\delta}=50\times\frac{3.14\times0.025^2}{4}\times(60-20)/0.3=3.27(\mathrm{W})$$

讨论：对通过一个等截面物体的导热，如果温度仅在厚度方向发生变化，就可以作为直角坐标中的一维导热问题，至于物体截面积则可大可小，截面也未必是方形的。以前文献中常有“通过无限大平板的导热”的提法，其实“无限大”只是为“一维”创造条件，并不十分确切。

【例 2-11】 一直径为 3mm、长度为 1m 的不锈钢导线通有 200A 的电流。不锈钢的导热系数 $\lambda=19\mathrm{W/(m\cdot K)}$，电阻率为 $\rho=7\times10^{-7}\Omega\cdot\mathrm{m}$。导线周围和温度为 110℃的流体进行对流换热，表面传热系数为 $4000\mathrm{W/(m^2\cdot K)}$。求导线中心的温度。

解： 这里所给的是第三类边界条件，而前面的分析解是第一类边界条件，因此需要先确定导线表面的温度。由热平衡，导线散发的所有热量都必须通过对流传热散出，有

$$I^2R=\Phi=h\pi dL(t_w-t_\infty)$$

电阻 R 的计算如下：

$$R=\rho\frac{L}{A}=\frac{7\times10^{-7}}{\pi(0.0015)^2}=0.099(\Omega)$$

故热平衡为

$$(200)^2\times(0.099)=4000\pi(3\times10^{-3})(t_w-110)=3960(\mathrm{W})$$

由此解得：

$$t_w=215℃$$

单位体积的生成热由下式计算：

$$I^2R=\dot{\Phi}V$$

$$\dot{\Phi}=\frac{3960}{\pi0.0015^2}=560.2\times10^6(\mathrm{W/m^3})$$

这样可得导线中心的温度为

$$t_c = \frac{\dot{\Phi} r^2}{4\lambda} + t_w = \frac{560.2 \times 10^6 \times 0.001\,5^2}{4 \times 19} + 215 = 231.6(℃)$$

【例 2-12】 图 2-11（a）给出了核反应堆中燃料元件散热的一个放大的简化模型。该模型是一个三层平板组成的大平壁，中间为 $\delta_1 = 14\text{mm}$ 的燃料层，两侧均为 $\delta_2 = 6\text{mm}$ 的铝板，层间接触良好。燃料层有 $\dot{\Phi} = 1.5 \times 10^7 \text{W/m}^3$ 的内热源，$\lambda_1 = 35\text{W/(m·K)}$；铝板中无内热源，$\lambda_2 = 100\text{W/(m·K)}$，其表面受到温度 $t_f = 150℃$ 的高压水冷却，表面传热系数 $h = 3500\text{W/(m}^2\text{·K)}$。不计接触热阻，试确定稳态工况下燃料层的最高温度、燃料层与铝板的界面温度及铝板的表面温度，并定性画出简化模型中的温度分布。

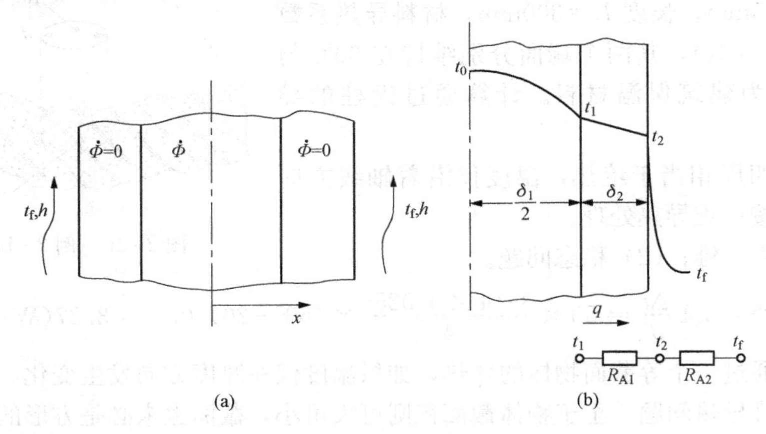

图 2-11　核反应堆燃料元件散热的简化模型、温度分布及热阻分析

解： 由于对称性，只要研究半个模型即可。燃料元件的最高温度必发生在其中心线上（$x=0$ 处），记为 t_0，界面温度记为 t_1，铝板表面温度记为 t_2。在稳态工况下，燃料元件所发生的热量必全部散失到流过铝板表面的冷却水中，而且从界面到冷却水所传递的热流量均相同，故可定性地画出截面上的温度分布及从界面到冷却水的热阻如图 2-11（b）所示。图中 R_{A1} 为铝板的导热热阻，R_{A2} 为表面对流换热热阻，q 为从燃料元件进入铝板的热流密度。

假设：（1）一维稳态导热；（2）不计接触热阻；（3）内热源强度为常数。

据热平衡有

$$q = \frac{\delta_1}{2}\dot{\Phi} = \frac{0.014}{2} \times 1.5 \times 10^7 = 1.05 \times 10^5 (\text{W/m}^2)$$

按牛顿冷却公式，有

$$q = h(t_2 - t_f)$$

即

$$t_2 = t_f + \frac{q}{h}$$

代入数值，得

$$t_2 = 150 + \frac{1.05 \times 10^5}{3500} = 180(℃)$$

根据有内热源、第三类边界条件平板导热问题的分析解，可得燃料元件的中心温度为

$$t_0 = t_1 + \frac{\dot{\Phi}(\delta_1/2)^2}{2\lambda_1} = 186.3 + \frac{1.5 \times 10^7 \times (0.007)^2}{2 \times 35} = 196.8(℃)$$

讨论：图 2-11（b）的热阻分析是从界面温度 t_1 始的，而不是从 t_0 开始。这是因为燃料元件有内热源，不同 x 处截面 A 的热流量不相等，因而不能应用热阻的概念来作定量分析。

【例 2-13】 如图 2-12 所示的长为 30cm，直径为 12.5mm 的铜杆，导热系数为 386W/(m·K)，两端分别紧固地连接在温度为 200℃的墙壁上。温度为 38℃的空气横向掠过铜杆，表面传热系数为 17W/(m²·K)。求杆散失给空气的热量是多少？

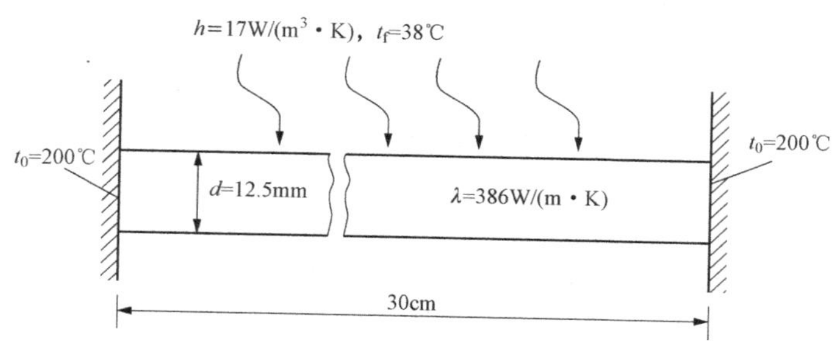

图 2-12 例 2-13 题示意

解： 这是长为 15cm 的等截面直肋的一维导热问题。由于物理问题对称，可取杆长的一半作研究对象。由教材中提供的等截面直肋散热量计算公式，可知一半杆长的散热量为

$$\Phi_{\frac{1}{2}}=\frac{hP}{m}\theta_0\,\text{th}(mH)$$

其中 $h=17\text{W}/(\text{m}^2\cdot\text{K})$，$P=\pi d=\pi\times12.5\times10^{-3}=0.039\,3$（m）

$$m=\sqrt{\frac{hP}{\lambda A_c}}=\sqrt{\frac{17\times0.039\,3}{386\times\frac{\pi}{4}\times0.012\,5^2}}=3.754,H=0.15\text{m}$$

$$\theta_0=t_0-t_f=200-38=162(℃)$$

所以 $\Phi_{\frac{1}{2}}=\dfrac{17\times0.0393}{3.754}\times162\times\text{th}(3.754\times0.15)=14.71(\text{W})$

故整个杆的散热量

$$\Phi=2\Phi_{\frac{1}{2}}=2\times14.71=29.42(\text{W})$$

讨论：本题中对一维等截面直肋导热问题的判断是关键。虽然题目中给了表面传热系数及空气温度，但却不能简单应用牛顿冷却公式来直接求取热量，因为杆表面的温度分布是未知的。

【例 2-14】 一直径为 d，长度为 l 的细长圆杆，两端分别与温度为 t_1 和 t_2 的表面紧密接触，杆的侧面与周围流体间有对流换热，已知流体的温度为 t_f，而 $t_f<t_1$ 或 t_2，杆侧面与流体间的表面传热系数为 h，杆材料的导热系数为 λ，试写出表示细长杆内温度场的完整数学描述，并求解其温度分布。

答：把细长圆杆看作肋片来对待，那么单位时间单位体积的对流散热量就是内热源强度。取 dx 微元段为研究对象，其内热源项为

$$q_V=-\frac{h(t-t_f)\pi d\,\mathrm{d}x}{\pi\left(\frac{d}{2}\right)^2\mathrm{d}x}=-\frac{4h(t-t_f)}{d}$$

则根据热平衡可以建立细长杆内温度场的完整数学描述：

$$\frac{\mathrm{d}^2 t}{\mathrm{d}x^2}-\frac{4h}{\mathrm{d}\lambda}(t-t_\mathrm{f})=0，0<x<l$$

$$x=0, t=t_1$$

$$x=l, t=t_2$$

令 $m=\sqrt{\dfrac{4h}{\mathrm{d}\lambda}}$，则$\dfrac{\mathrm{d}^2 t}{\mathrm{d}x^2}-\dfrac{4h}{\mathrm{d}\lambda}(t-t_\mathrm{f})=0$ 可简化为$\dfrac{\mathrm{d}^2 t}{\mathrm{d}x^2}=m^2(t-t_\mathrm{f})$

肋的过余温度为 $\theta=t-t_\mathrm{f}$，则 $\theta_1=t_1-t_\mathrm{f}$，$\theta_2=t_2-t_\mathrm{f}$，$\dfrac{\mathrm{d}^2\theta}{\mathrm{d}x^2}=m^2\theta$

$$\theta=c_1\exp(mx)+c_2\exp(-mx)$$

根据边界条件，求得

$$c_1=\frac{\theta_2-\theta_1\exp(-ml)}{\exp(ml)-\exp(-ml)}，c_2=\frac{\theta_1\exp(ml)-\theta_2}{\exp(ml)-\exp(-ml)}$$

所以该杆长的温度分布为

$$\theta=\frac{\theta_2-\theta_1\exp(-ml)}{\exp(ml)-\exp(-ml)}\exp(mx)+\frac{\theta_1\exp(ml)-\theta_2}{\exp(ml)-\exp(-ml)}\exp(-mx)$$

2.4 自 学 练 习

一、单项选择题

1. 一般而言，金属相较于非金属的导热系数值是（　　）。

A. 较高的　　B. 较低的　　C. 相等的　　D. 接近的

2. 在稳态导热中，决定物体内温度分布的是（　　）。

A. 导温系数　　B. 导热系数　　C. 传热系数　　D. 密度

3. 在稳态传热过程中，传热温差一定，如果希望系统传热量增大，则不能采用哪种手段（　　）。

A. 增大系统热阻　　B. 增大传热面积

C. 增大传热系数　　D. 增大对流换热表面传热系数

4. 单位时间通过单位面积的热量称为（　　）。

A. 热流量　　B. 热流密度　　C. 热阻　　D. 传热系数

5. 热流量与温差成正比，与热阻成反比，此规律称为（　　）。

A. 导热基本定律　　B. 热路欧姆定律

C. 牛顿冷却公式　　D. 传热方程式

6. 传热过程热路图的原理是（　　）。

A. 傅里叶定律　　B. 牛顿冷却公式

C. 斯蒂芬玻耳兹曼定律　　D. 热路欧姆定律

7. 导温系数的物理意义是以（　　）为主要目标。

A. 反映材料导热能力的强弱

B. 反映材料的储热能力

C. 反映材料传播温度变化的能力

D. 表明导热系数大的材料一定是导温系数大的材料

8. 常温下，下列物质中（　　）的导热系数大。

A. 纯铜　　B. 碳钢　　C. 不锈钢　　D. 黄铜

9. 温度梯度表示温度场内的某一点等温面上（　　）的温度变化率?

A. 切线方向　　B. 法线方向　　C. 任意方向　　D. 温度降低方向

10. 接触热阻的存在使相接触的两个导热壁面之间产生如下影响（　　）。

A. 出现温差　　B. 出现临界热流密度

C. 促进传热　　D. 没有影响

11. 在其他条件相同的情况下，下列哪种物质的导热能力最差?（　　）

A. 空气　　B. 水　　C. 氢气　　D. 油

12. 气体的导热系数随温度的升高而（　　）。

A. 减小　　B. 不变　　C. 增大　　D. 无法确定

13. 大平壁无内热源稳态导热时，大平壁内的温度分布规律是（　　）。

A. 直线　　B. 双曲线　　C. 抛物线　　D. 对数曲线

14. 若已知某种气体密度为 $0.617kg/m^3$，比热容为 $1.122kJ/(kg \cdot K)$，导热系数为 $0.0484W/(m \cdot K)$，则其导温系数是（　　）。

A. $14.3m^2/s$　　B. $69.9 \times 10^{-6}m^2/s$

C. $0.0699m^2/s$　　D. $1.43 \times 10^4 m^2/s$

15. 已知某一导热平壁的两侧壁面温差是30℃，材料的导热系数为 $22W/(m \cdot K)$，通过的热流密度是 $300W/m^2$，则该平壁的壁厚是（　　）。

A. 220m　　B. 22m　　C. 2.2m　　D. 0.22m

16. 第二类边界条件是（　　）。

A. 已知物体边界上的温度分布

B. 已知物体表面与周围介质之间的传热情况

C. 已知物体边界上的热流密度

D. 已知物体边界上的流体与速度

17. 冬天用手分别触摸置于同一环境中的木块和铁块，感到铁块很凉，这是因为（　　）。

A. 因为铁块的温度比木块低　　B. 因为铁块摸上去比木块硬

C. 因为铁块的导热系数比木块大　　D. 因为铁块的导温系数比木块大

18. 一般情况下，对于材料的导热系数，下述哪种说法是错误的?（　　）

A. 合金小于纯金属　　B. 气体小于固体。

C. 液体小于固体　　D. 导电体小于非导电体。

二、简答题

1. 发生在一个短圆柱体中的导热问题，在哪些情形下可以按一维问题来处理。

2. 导热系数为常数的无内热源的平壁稳态导热过程，若平壁两侧都给定第二类边界条件，问能否唯一地确定平壁中的温度分布？为什么？

3. 导热系数为常数的无内热源的平壁稳态导热过程，试问（1）若平壁两侧给定第一类边界条件 t_{w1} 和 t_{w2}，为什么这一导热过程的温度分布与平壁的材料无关？（2）相同的平壁厚度，不同的平壁材料，仍给定第一类边界条件，热流密度是否相同?

4. 一维无内热源、平壁稳态导热的温度场如图 2-13 所示。试说明它的导热系数 λ 是随温度增加而增加，还是随温度增加而减小？

5. 在寒冷的北方地区，建房用砖采用实心砖还是多孔的空心砖好？为什么？

6. 一厚度为 2δ 的无限大平壁，导热系数 λ 为常量，壁内具有均匀的内热源 $\dot{\Phi}$（单位为 W/m^3），边界条件为 $x=0$，$t=t_{w1}$；$x=2\delta$，$t=t_{w2}$；$t_{w1}>t_{w2}$。试求平壁内的稳态温度分布 $t(x)$ 及最高温度的位置 $x_{t,max}$，并画出温度分布的示意图。

7. 两种几何尺寸完全相同的等截面直肋，在完全相同的对流环境（即表面传热系数和流体温度均相同）下，沿肋高方向温度分布曲线如图 2-14 所示。请判断两种材料导热系数的大小和肋效率的高低。

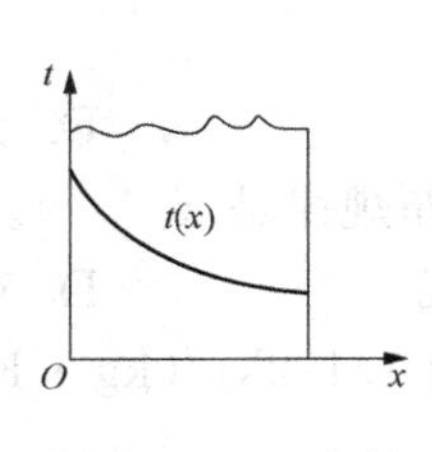

图 2-13 温度场

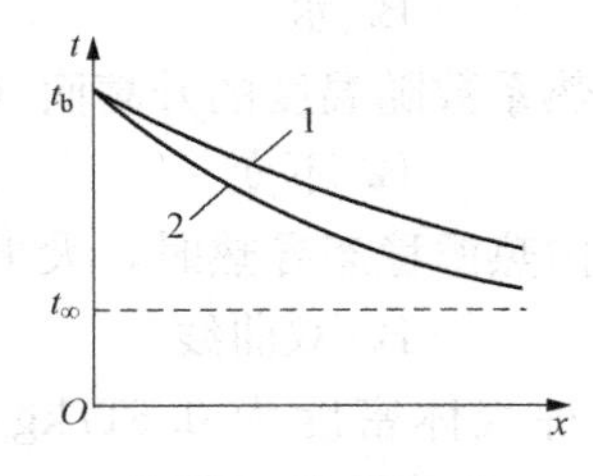

图 2-14 温度分布曲线

8. 根据现有知识，试对肋壁可以使传热增强的道理作一初步分析。

9. 写出肋效率 η_f 的定义。对于等截面直肋，肋效率受哪些因素影响？

10. 为什么将肋片散热问题归入一维稳态导热过程？增大肋片效率有哪些措施？这样做是否一定是经济合理的？

11. 什么是接触热阻？减少固体壁面之间的接触热阻有哪些方法？

12. 当把测温套管由钢材改为紫铜后，材料导热性能变好，使热量由流体经套管传给温度计的热阻减少，测温误差应减少，但为什么实践证明适得其反呢？

三、计算题

1. 变压器的铁芯由 $n=40$ 片硅钢片组成，每片厚 $\delta_{钢}=0.5mm$，$\delta_{硅}=0.05mm$。已知：$\lambda_{钢}=58.15W/(m\cdot ℃)$，$\lambda_{硅}=0.116W/(m\cdot ℃)$。如果铁心两边的温度差 $\Delta T=20℃$，试求通过铁芯的热流密度，且计算其相当的导热系数。

2. 一平面墙厚度为 20mm，导热系数为 $1.3W/(m\cdot K)$，两侧面的温度分别为 1300℃和 30℃。为了使墙的散热不超过 $1830W/m^2$，计划给墙加一保温层，所使用材料的导热系数为 $0.11W/(m\cdot K)$，求保温层的厚度。

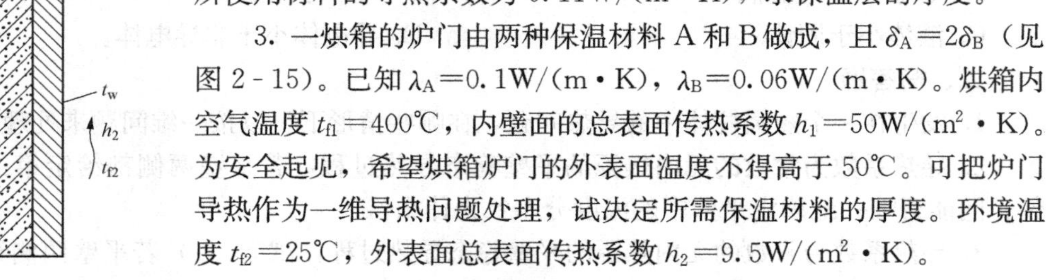

图 2-15 习题 2 的附图

3. 一烘箱的炉门由两种保温材料 A 和 B 做成，且 $\delta_A=2\delta_B$（见图 2-15）。已知 $\lambda_A=0.1W/(m\cdot K)$，$\lambda_B=0.06W/(m\cdot K)$。烘箱内空气温度 $t_{f1}=400℃$，内壁面的总表面传热系数 $h_1=50W/(m^2\cdot K)$。为安全起见，希望烘箱炉门的外表面温度不得高于 50℃。可把炉门导热作为一维导热问题处理，试决定所需保温材料的厚度。环境温度 $t_{f2}=25℃$，外表面总表面传热系数 $h_2=9.5W/(m^2\cdot K)$。

4. 一内径为 80mm，厚度为 5.5mm，导热系数为 $45W/(m\cdot K)$

的蒸汽管道，内壁温度为250℃，外壁覆盖有两层保温层，内保温层厚45mm，导热系数为0.25W/(m·K)，外保温层厚20mm，导热系数为0.12W/(m·K)。若最外侧的壁面温度为30℃，求单位管长的散热损失。

5. 某一维导热平板，平板两表面稳定分布为 t_1 和 t_2。在这个温度范围内导热系数与温度的关系为 $\lambda=1/(\beta t)$。求平板内的温度分布。

6. 180A的电流通过直径为3mm的不锈钢导线 [$\lambda=19$W/(m·℃)]。导线浸在温度为100℃的液体中，表面传热系数为3000W/(m^2·℃)，导线的电阻率为70$\mu\Omega$·cm，长度为1m，试求导线的表面温度及中心温度。

7. 蒸汽炉膛中的蒸发受热面管壁接受烟气加热，外壁温度维持900℃。管内沸水，内壁温度维持300℃。管壁厚度为6mm，外径52mm，管材导热系数 $\lambda=42$W/(m·K)。试计算下面两种情况的管道单位长度传热量。

(1) 无结垢时干净管道表面。

(2) 管壁外表面结了一层1mm的烟灰，其 $\lambda_{烟}=0.08$W/(m·K)，管壁内表面结了一层2mm的水垢，其 $\lambda_{水}=1.0$W/(m·K)。

8. 试考虑一个固体长管，其外半径 r_o 处绝热，内半径 r_i 处被冷却。长管材料内均匀容积生成热为 $\dot{q}$ (W/m^3)。

①求长管材料内温度分布的一般解；②在实际应用中，绝热面 ($r=r_o$) 处允许的最高温度是有限制的，指定这个限制温度为 T_o，试确定可以用来求方程一般解中任意常数适当的边界条件，求出这些常数和相应的温度分布。③求出单位管长的散热率。

9. 有一支插入装油的铁套管中的水银温度计用来测量储气罐内的空气温度。设温度计的读数是铁套管底部的温度。已知温度计读数 $t_h=100$℃，铁套管与储气罐连接处的温度 $t_o=50$℃。铁套管的长度 $H=140$mm，外径 $d_o=10$mm，管壁厚度 $\delta=1$mm，铁的导热系数 $\lambda=58.2$W/(m^2·℃)。从空气到铁套管的总表面传热系数 $h=29.1$W/(m^2·℃)。试求测量误差。有人认为紫铜导热好，套管改用紫铜可以减少温差。如果其他条件不变，铁套管改用紫铜套管后测量温差变化如何？

10. 如图2-16所示的稳态平板导热系数测定装置中，试件厚度 δ 远小于其直径。由于安装制造不好，试件与冷、热表面之间各存在着一厚度为 Δ 的空气隙，Δ 约为 δ 的1%。若试件的导热系数约为空气隙的导热系数的10倍。试分析因空气隙的存在引起的导热系数测定的相对误差（通过空气隙的辐射和对流换热可以忽略不计）。

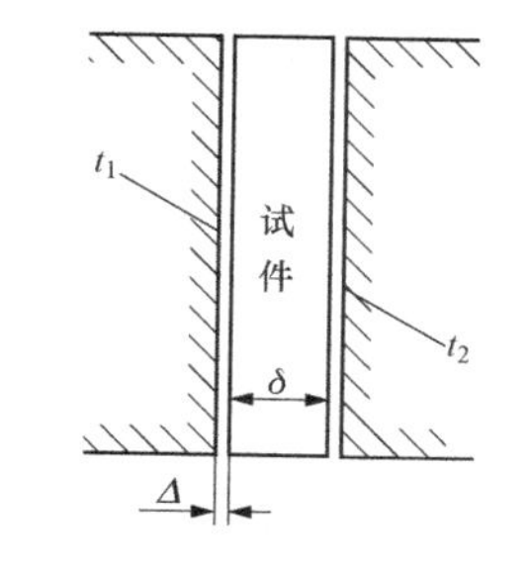

图2-16 稳态平板导热系数测定装置

11. 某电子器件的散热器为铝制矩形剖面的直肋，肋高25mm，肋厚3mm，铝材的导热系数为167W/(m·℃)，周围空气与肋的表面传热系数为82.5W/(m^2·℃)，当肋根温度为80℃，空气温度为30℃时，计算每片肋单位长度的散热量。

12. 在一个壁面温度为300℃的钢壁上伸出高150mm，直径为16mm的不锈钢（18%Cr，8%Ni）圆柱体，圆柱体与周围空气的表面传热系数为25W/(m^2·℃)，空气的温度为25℃，求该不锈钢圆柱体的散热量。

13. 厚度为1m的浇注混凝土墙，两表面温度保持20℃不变，在混凝土的固化过程中，单位体积释放出的热量为 100W/m^3，混凝土的导热系数为 $1.5\text{W/(m}\cdot℃)$。如果温度不随时间变化，试求混凝土墙的中心温度。

2.5 自学练习解答

一、单项选择题

1. A　2. B　3. A　4. B　5. B　6. D　7. C　8. A　9. B　10. A

11. A　12. C　13. A　14. B　15. C　16. C　17. D　18. D

二、简答题

1. 【提示】：①两端面绝热，圆周方向换热条件相同时，可以认为温度场只在半径方向发生变化；②圆周面绝热，两端面上温度均匀，可以认为温度场只在轴向发生变化。

2. 【提示】：不能。因为在导热系数为常数的无内热源的平壁稳态导热的热流密度 q 为定值。由 $q=-\lambda\dfrac{\partial t}{\partial x}$ 求解得 $t=-\dfrac{q}{\lambda}x+c$，常数 c 无法确定，所以不能唯一地确定平壁中的温度分布。

3. 【提示】：(1) 因为在该导热过程中 $\dfrac{\mathrm{d}t}{\mathrm{d}x}=c=-\dfrac{t_{w1}-t_{w2}}{\delta}$

(2) 不相同。因为 $q=-\lambda\dfrac{\partial t}{\partial x}$，$\dfrac{\partial t}{\partial x}$ 为定值，而 λ 不同，则 q 随之而变。

4. 【提示】由傅里叶定律，$q=-\text{grad}t=-\lambda(t)\dfrac{\mathrm{d}t(x)}{\mathrm{d}x}=\text{const}$

图中 $\left|\dfrac{\mathrm{d}t(x)}{\mathrm{d}x}\right|$ 随 x 增加而减小，因而 $\lambda(x)$ 随 x 的增加而增加，同时由图 2-13 可以看出温度 $t(x)$ 随 x 增加而降低，即温度越低则导热系数 λ 越大，温度越高 λ 越小。所以导热系数 λ 随温度增加而减小。

5. 【提示】在其他条件相同时，实心砖材料如红砖的导热系数约为 $0.5\text{W/(m}\cdot\text{K)}$ (35℃)，而多孔空心砖中充满着不动的空气，空气在纯导热（即忽略自然对流）时，其导热系数很低，是很好的绝热材料。因而用多孔空心砖好。

6. 【提示】建立数学描述如下：

$$\frac{\partial^2 t}{\partial x^2}+\frac{q_V}{\lambda}=0,\quad \begin{matrix} x=0 & t|_{x=0}=t_{w1} \\ x=2\delta & t|_{x=2\delta}=t_{w2} \end{matrix}$$

$$t(x)=-\frac{q_V}{2\lambda}x^2+c_1x+c_2,\ c_2=t_{w1},\ c_1=\frac{t_{w2}-t_{w1}}{2\delta}+\frac{q_V\delta}{\lambda}$$

据 $\dfrac{\mathrm{d}t}{\mathrm{d}x}=-\dfrac{q_V}{\lambda}x+c_1=0$ 可得最高温度的位置 $x_{t,\max}$，即 $x_{t,\max}=\dfrac{c_2\lambda}{q_V}$。

7. 【提示】对一维肋片，导热系数越高时，沿肋高方向热阻越小，因而沿肋高方向的温度变化（降落或上升）越小。因此曲线 1 对应的是导热系数大的材料，曲线 2 对应导热系数小的材料。而且，由肋效率的定义知，曲线 1 的肋效率高于曲线 2。

8. 【提示】肋壁加大了表面积，降低了对流换热的热阻，起到了增强传热的作用。

9. 【提示】：肋效率 η_f 的定义为

$$\eta_f = \frac{\text{肋表面实际散热量}}{\text{假设整个肋表面处于肋基温度下的散热量}}$$

对于等截面直肋

$$\eta_f = \frac{\tanh(mH)}{mH}, m = \sqrt{\frac{hP}{\lambda A_c}}$$

等截面直肋肋片效率只取决于 mH。影响等截面直肋肋片效率的主要因素有

①肋片材料的热导率：热导率越大，肋片效率越高；

②肋片高度 H：肋片越高，肋片效率越低，故肋片不宜太高；

③肋片厚度 δ：肋片越厚，肋片效率越高；

④表面传热系数 h：h 越大，即对流换热越强，肋片效率越低。一般总是在表面传热系数较低的一侧加装肋片。

10.【提示】肋片是为了增强换热而安装在换热壁面上的扩展表面，通常是换热面与环境之间的换热性能较差，而安装的肋片导热性能较好，且厚度远小于肋片伸展的高度，于是可以忽略肋片厚度方向上的温度变化，即 $Bi = h\delta/\lambda \ll 1$。那么，肋片的散热就可以视为仅仅发生在肋片高度方向上的一维含源的稳态导热问题。

增大肋片效率可以减小 mH 值，通常是减小 m 值，那么就是增大导热系数、增大肋片厚度。但这样做并不经济，也不一定合理。正确的做法是给定材料求出使散热最大的最佳 H/δ 值。

11.【提示】材料表面由于存在一定的粗糙度使相接触的表面之间存在间隙，给导热过程带来额外热阻称为接触热阻，接触热阻的存在使相邻的两个表面产生温降（温度不连续）。接触热阻主要与表面粗糙度、表面所受压力、材料硬度、温度及周围介质的物性等有关，因此可以从这些方面考虑减少接触热阻的方法，此外，也可在固体接触面之间衬以导热系数大的铜箔或铝箔等以减少接触热阻。

12.【提示】测温套管导热主要沿长度方向，热流量很小。不锈钢改用紫铜管后，λ 大大增加，套管轴向导热热阻减少，其端部温度 t_h 与根部温度 t_o 的差别减少，即 t_h 更接近于 t_o，测温误差增加。

三、计算题

1.【提示】：通过铁芯的热流密度

$$q = \frac{\Delta T}{n\left(\frac{\delta_{钢}}{\lambda_{钢}} + \frac{\delta_{硅}}{\lambda_{硅}}\right)} = 1137.312(\mathrm{W/m^2})$$

设相当导热系数为 λ_m，则有 $q = \lambda_m \dfrac{\Delta T}{n(\delta_{钢} + \delta_{硅})}$，

因而 $\lambda_m = qn(\delta_{钢} + \delta_{硅})/\Delta T = 1.25\mathrm{W/(m \cdot ℃)}$。

2.【提示】：按题意 $\dfrac{\Delta t}{r_{墙} + r_{保}} \leqslant q$

则 $r_{保} \geqslant \dfrac{\Delta t}{q} - r_{墙} = \dfrac{1300 - 30}{1830} - \dfrac{0.02}{1.3} = 0.678\,6$

则 $\delta_{保} \geqslant \lambda_{保} \cdot r_{保} = 0.11 \times 0.678\,6 = 0.074\,65 = 74.65(\mathrm{mm})$

3.【提示】：根据稳态热平衡应有

$$\frac{t_{f1}-t_{f2}}{\frac{1}{h_1}+\frac{\delta_A}{\lambda_A}+\frac{\delta_B}{\lambda_B}+\frac{1}{h_2}}=\frac{t_w-t_{f2}}{\frac{1}{h_2}}$$

由此解得：$\delta_B=0.0396\text{m}$，$\delta_A=0.0792\text{m}$

4.【提示】：$r_1=40\text{mm}$，$r_2=40+\delta_1=45.5(\text{mm})$

$$r_3=40+\delta_1+\delta_2=90.5(\text{mm}),\ r_4=40+\delta_1+\delta_2+\delta_3=110.5(\text{mm})$$

$$\Phi=\frac{2\pi(t_1-t_4)}{\frac{\ln\frac{r_2}{r_1}}{\lambda_1}+\frac{\ln\frac{r_3}{r_2}}{\lambda_2}+\frac{\ln\frac{r_4}{r_3}}{\lambda_3}}=\frac{2\times3.14\times(250-30)}{\frac{\ln\frac{45.5}{40}}{45}+\frac{\ln\frac{90.5}{45.5}}{0.25}+\frac{\ln\frac{110.5}{90.5}}{0.12}}=312.77(\text{W/m})$$

5.【提示】：$\lambda=\frac{1}{\beta t}$，$\frac{\text{d}}{\text{d}x}\left(\lambda\frac{\text{d}t}{\text{d}x}\right)=0$，$\lambda\frac{\text{d}t}{\text{d}x}=c_1$

分离变量得$\frac{\text{d}t}{t}=\beta C_1\text{d}x$，积分得 $t=\beta c_1x+c_2$

代入边界条件：当 $x=0$ 时 $t=t_1$，$\ln t=c_2$；当 $x=\delta$ 时 $t=t_2$，$\ln t=\beta c_1\delta+\ln t_2$

$$c_1=\frac{1}{\beta\delta}\ln\frac{t_2}{t_1},\ \ln t=\frac{1}{\delta}\ln\frac{t_2}{t_1}x+\ln t_1$$

所以 $t=\exp\left(\frac{1}{\delta}\ln\frac{t_2}{t_1}x+\ln t_1\right)$

6.【提示】：$I^2R=\Phi=h\pi dL(t_w-t_\infty)$

$$R=\rho\frac{L}{A}=\frac{7\times10^{-7}\times1}{\pi(0.0015)^2}=9.908\times10^{-2}(\Omega)$$

故热平衡为

$$(180)^2\times9.908\times10^{-2}=3000\times\pi\times(3\times10^{-3})(t_w-100)$$

由此解得 $t_w=213.5$℃

导线中心的温度为

$$t_i=\frac{\dot{\Phi}r^2}{4\lambda}+t_w=\frac{\frac{I^2R}{\pi\times(0.0015)^2}\times0.0015^2}{4\times19}+213.5=226.94(℃)$$

7.【提示】：①干净表面时管壁的热阻为

$$R_1=\frac{\ln(r_2/r_1)}{2\pi l\lambda}=\frac{\ln(0.052/0.040)}{2\pi\times1\times42}=9.947\times10^{-4}(\text{m}\cdot\text{K/W})$$

单位管长的传热量为 $\Phi=\frac{\Delta t}{R_1}=\frac{(900-300)}{9.947\times10^{-4}}=6.03\times10^5(\text{W/m})$

②结垢后的情况为

烟灰的热阻：$R_2=\frac{\ln(r_3/r_2)}{2\pi l\lambda_{烟}}=\frac{\ln(0.054/0.052)}{2\pi\times1\times0.08}=7.5\times10^{-2}(\text{m}\cdot\text{K/W})$

水垢的热阻：$R_3=\frac{\ln(r_1/r_0)}{2\pi l\lambda_{水}}=\frac{\ln(0.040/0.036)}{2\pi\times1\times1.0}=1.68\times10^{-2}(\text{m}\cdot\text{K/W})$

此时，单位管长的传热量为

$$\Phi=\frac{\Delta t}{R_1+R_2+R_3}=\frac{600\times10^4}{9.947+750+168}=6.47\times10^3(\text{W/m})$$

8.【提示】：(1) $\frac{\text{d}}{\text{d}r}\left(r\frac{\text{d}T}{\text{d}r}\right)=-\frac{\dot{q}}{\lambda}r$

分离变量后积分得 $r\dfrac{dT}{dr}=-\dfrac{\dot{q}}{2\lambda}r^2+c_1$

再分离变量积分得 $T(r)=-\dfrac{\dot{q}}{4\lambda}r^2+c_1\ln r+c_2$

（2）边界条件为 $T(r_0)=T_0$

外表面绝热，得 $\dfrac{dT}{dr}_{(r=r_0)}=0$

求解得 $c_1=\dfrac{\dot{q}}{2\lambda}r_0^2$，$c_2=T_0+\dfrac{\dot{q}}{4\lambda}r_0^2-\dfrac{\dot{q}}{2\lambda}r_0^2\ln r$

$$T(r)=T_0+\frac{\dot{q}}{4\lambda}(r_0^2-r^2)-\frac{\dot{q}}{2\lambda}r_0^2\ln\frac{r_0}{r}$$

（3）由傅里叶定律，$q'_r=-\lambda 2\pi r\dfrac{dT}{dr}$

所以，有 $q'_r(r_i)=-\lambda 2\pi r_i\left(-\dfrac{\dot{q}}{2\lambda}r_i+\dfrac{\dot{q}}{2\lambda}\dfrac{r_0^2}{r_i}\right)$

9.【提示】：

$\theta_h=\dfrac{\theta_0}{ch(mH)}$，即 $t_h-t_\infty=\dfrac{t_0-t_\infty}{ch(mH)}$，得 $t_\infty=\dfrac{t_h ch(mH)-t_0}{ch(mH)-1}$

$A=\dfrac{\pi}{4}(d_0^2-d_i^2)=2.826\times10^{-5}$，$mH=\sqrt{\dfrac{hP}{\lambda A_c}}H=3.30$

$ch(3.30)=13.5748$，$t_\infty=104.0℃$，误差为4%。

改用紫铜后，$mH=\sqrt{\dfrac{hP}{\lambda A_c}}H=1.27$，$ch(mH)=ch(1.27)=1.923$

$t_\infty=154.2℃$，误差54.2%，增加为13.5倍。

10.【提示】：由于空气隙存在而引起的附加热阻为

$$2\frac{\Delta}{\lambda_{空气}}=2\times\frac{\delta\times1\%}{0.1\lambda_{试件}}=0.2\frac{\delta}{\lambda_{试件}}$$

以上附加热阻为试件本身热阻的0.2倍，即20%，故引起的导热系数测定的相对误差也为20%。

11.【提示】：已知 $H=0.025m$，$\delta=0.0015m$，$H_C=H+b=0.0265$，$\lambda=167W/(m\cdot℃)$

$$t_0=80℃，t_\infty=30℃，h=82.5W/(m^2\cdot℃)$$

$$m=\sqrt{\frac{h}{\lambda\delta}}=18.15，mHc=18.15\times0.0265=0.4809$$

$$\eta_f=\frac{th(mH_c)}{mH_c}=0.9294$$

$$U\approx2L，取 L=1，U=2$$

$$Q_0=hUH_C\theta_0=82.5\times2\times0.0265\times50=218.6(W/m)$$

$$Q=\eta_f Q_0=0.9294\times218.6=203.2(W/m)$$

此题用查图法求：

$$A_m=26H_C=0.003\times0.0265=0.0000795(m^2)$$

$$\sqrt{\frac{h}{\lambda A_m}} H_C^{\frac{3}{2}} = 0.34，查得\ \eta_f = 0.925$$

$$Q = \eta_f Q_0 = 0.925 \times 218.6 = 202.2(\mathrm{W/m})$$

12.【提示】：已知 $t_0 = 300℃$，$t_\infty = 25℃$，$h = 25\mathrm{W/(m^2 \cdot ℃)}$，$H = 0.15\mathrm{m}$，$r = 0.008\mathrm{m}$，查得 $\lambda = 17\mathrm{W/(m \cdot ℃)}$。

$$m = \sqrt{\frac{h}{\lambda r}} = 13.56，mH = 13.56 \times 0.15 = 2.0337，$$

$$\eta_f = \frac{1}{\sqrt{2} \cdot mH} \mathrm{th}(\sqrt{2} mH) = \frac{1}{2.8761} \mathrm{th}(2.8761) = 0.345$$

圆柱体表面积为 $2\pi r H = 2\pi \times 0.008 \times 0.15 = 7.54 \times 10^{-3}(\mathrm{m^2})$

$Q = \eta_f Q_0 = 0.345 \times 25 \times 7.54 \times 10^{-3} \times 275 = 17.88(\mathrm{W})$

13.【提示】：已知 $\delta = 0.5\mathrm{m}$，$t_\infty = 20℃$，$q_V = 100\mathrm{W/m^2}$，$\lambda = 1.5\mathrm{W/(m \cdot ℃)}$

$t_0 = t_w + \frac{q_V}{2\lambda}\delta^2 = 28.33(℃)$。

第3章 非稳态导热

3.1 学习指导

3.1.1 学习内容

(1) 非稳态导热的基本概念;

(2) 零维问题的集中参数法;

(3) 一维非稳态导热问题的分析解;

(4) 半无限大物体的非稳态导热。

3.1.2 学习重点

(1) 对非稳态导热过程中温度分布和导热量的理解;

(2) 零维问题的判断及集总参数法应用;

(3) 不同形状物体的温度场及图线法的应用;

(4) 半无限大物体非稳态导热问题判断及计算。

3.2 要点归纳

3.2.1 非稳态导热过程的理解

1. 重要概念

(1) 热扩散率 a:它表征了物体传递温度的快慢。注意 a 与 λ 的区别。a 仅对非稳态过程有效,a 越大,非稳态过程中温度变化传递越快,例如将一根铁棒一端置于火炉中,另一端很快感觉烫手,这是因为铁棒的热扩散率 a 较大的缘故。λ 则反映了物体传递热量的能力,例如冬天将手置于温度相同的铁板或木板上时,铁板感觉更冰凉一些,是因为铁板的热传导能力强于木板的缘故。

(2) Bi 数和 Fo 数的物理意义:

$Bi=\frac{h\delta}{\lambda}$,$Bi$ 数表示物体内部导热热阻和外部对流热阻的比值。

$Fo=\frac{a\tau}{l^2}$,Fo 数表示物体的非稳态导热过程进行的深度。

2. 非稳态导热过程的特征

(1) 导热的同时必定伴随蓄热或释热,即物体热力学能的增减。

(2) 同一时刻通过各等温面的热流密度不相等。从外表传入、传出的热量净差额即等于物体热力学能的变化量。

(3) 瞬态过程分两个阶段:初始阶段——受初始条件影响,过程较为复杂,分析解为无穷级数;正规状况阶段——不受初始条件影响,过程较为简单,分析解可用初等函数表达。

(4) 按 Bi 数大小的不同,一维非稳态导热可分为三类情形:$Bi\to 0$,即集总参数系统;

$Bi \to \infty$，即第一类边界条件；$Bi \to O(1)$，即一般第三类边界条件。

3.2.2 集总参数法

1. 方法的实质

集总参数是实际情况的一种理想化近似，它忽略了导热体的内部热阻。这种近似方法的使用，必须满足一定的判定条件：$Bi_V \ll 0.1M$。M 是与形状有关的因子。表 3-1 给出了几种几何体的 M 值。满足这一判据，可以确保计算误差不超过 5%。

表 3-1　不同几何体的 M 值

物体形状	特征长度（V/A）	M
平板（2δ 厚）	δ	1
圆柱	$R/2$	1/2
球	$R/3$	1/3

使用集总参数法时必须进行判定，即使是在 Bi 数无法直接计算获得时（如表面传热系数或特征尺寸未知时），也要先通过假设集总参数条件成立，待求出位置条件后进行 Bi 数的校核。这一点非常重要。

2. 时间常数

时间常数 τ_c 反映了导热体对环境温度变化的响应特性，是测温元件精确度的重要指标之一。要特别注意的是，τ_c 不仅取决于几何参数（V/A）和物性参数（ρc），还取决于换热条件即 h 的值。由于 h 是过程量，因此不同换热条件下，τ_c 并不是定值，而是变化的。

3. 集总参数方程和解的说明

导热体外的换热条件可能是对流换热，也可能是辐射换热，还有可能是对流和辐射的耦合。当外部换热条件为辐射换热或复合换热时，读者应熟练掌握如何根据能量守恒建立导热微分方程。

3.2.3 对流边界条件下的一维非稳态导热

1. 一维非稳态导热问题的分析解

所讨论的为一维、无内热源、常物性非稳态问题。所谓一维是指：对平板，温度仅沿厚度方向变化；对圆柱体与球，温度仅沿半径方向变化。

以厚为 2δ 的无限大平板为例，一维物体在经历双面对称加热或冷却时的温度响应最终可以表示为三个无量纲参数的分析解，即

$$\frac{\theta(x,\tau)}{\theta_0} = f\left(Bi, Fo, \frac{x}{\delta}\right) \tag{3-1}$$

针对一维非稳态导热问题获得的完整分析解是无穷级数形式。若 $Fo > 0.2$，采用级数的第一项计算偏差小于 1%，故此时可取级数的第一项来计算温度分布：

$$\frac{\theta}{\theta_0} = \frac{2\sin\mu_1}{\mu_1 + \sin\mu_1\cos\mu_1} e^{-\mu_1^2 Fo} \cos\left(\mu_1 \frac{x}{\delta}\right) \tag{3-2}$$

其中，μ_1 是第一特征值，是 Bi 数的函数。表 3-2 给出了某些 Bi 数对应的 $\beta_1\delta$ 的值。

表 3-2　一些 Bi 数对应的 $\beta_1\delta$ 值

Bi	0.01	0.05	0.1	0.5	1.0	5.0	10	50	100	∞
$\beta_1\delta$	0.099 8	0.221 7	0.311 1	0.653 3	0.860 3	1.313 8	1.428 9	1.540 0	1.555 2	1.570 8

由温度分布可以计算获得正规状况阶段（$Fo>0.2$）导热物体的传热量：

$$\frac{\overline{\theta}}{\theta_0}=\frac{1}{V}\int_v\frac{t-t_\infty}{t_0-t_\infty}\mathrm{d}V=\frac{2\sin^2(\beta_1\delta)}{\beta_1\delta[\beta_1\delta+\sin(\beta_1\delta)\cos(\beta_1\delta)]}e^{-(\beta_1\delta)^2Fo} \tag{3-3}$$

$$\frac{Q}{Q_0}=1-\frac{\overline{\theta}}{\theta_0}=1-\frac{2\sin^2(\beta_1\delta)}{\beta_1\delta[\beta_1\delta+\sin(\beta_1\delta)\cos(\beta_1\delta)]}e^{-(\beta_1\delta)^2Fo} \tag{3-4}$$

式中 $\overline{\theta}$ 为时间 τ 时刻物体的平均过余温度。

2. 正规状况阶段分析解的适用范围及拓展

(1) 正规状况阶段，即要求 $Fo>0.2$。

(2) 要求导热物体初始温度均匀。

(3) 适用于物体被加热或冷却的情形。

(4) 适用于第三类和第一类边界条件。第三类边界条件转化为第一类边界条件：令 $h\to\infty$，则 $t_w=t_\infty$，即第一类边界条件，此时有 $Bi\to\infty$。由表 3-2 可知，当 $Bi\to\infty$时，$\mu_1=\pi/2$。代入式（3-2），可得正规状况阶段第一类边界条件下大平壁非稳态导热的温度分布为

$$\frac{\theta}{\theta_0}=\frac{4}{\pi}e^{-(\pi/2)^2Fo}\cos\left[\frac{\pi}{2},\frac{x}{\delta}\right] \tag{3-5}$$

以无限大平板为例，分析解也适用于一侧绝热、另一侧为第三类边界条件、厚度为 δ 的一维平壁的非稳态导热（因为对称条件和绝热条件的数学表达式是相同的）。

3. 正规状况阶段的特征

将（3-2）式两边取对数得

$$\ln\frac{\theta}{\theta_0}=-\mu_1^2\frac{a}{\delta^2}\tau+\ln\left[\frac{2\sin\mu_1}{\mu_1+\sin\mu_1\cos\mu_1}\cos\left(\mu_1\frac{x}{\delta}\right)\right] \tag{3-6}$$

对于给定位置、给定边界条件和初始过余温度来说，上式等号右侧末项是个常数（即与非稳态导热的时间进程无关）。于是式（3-6）可以写作如下形式：

$$\ln\frac{\theta}{\theta_0}=m\tau+f(Bi,x/\delta) \tag{3-7}$$

其中 $m=-\mu_1^2\frac{a}{\delta^2}=\frac{1}{\theta}\frac{\partial\theta}{\partial\tau}$，被称为冷却率（或者加热率）。注意 m 是与坐标无关的，也不随时间变化。式（3-7）表明，无论平壁中分面、外表面，还是其他任何位置，过余温度的对数都随时间线性变化，并且变化曲线的斜率都相等。这个规律可以用图 3-1 表示。由图中可以看出，当 $Fo>0.2$ 以后，平壁内所有位置过余温度的对数都呈完全平行走向。

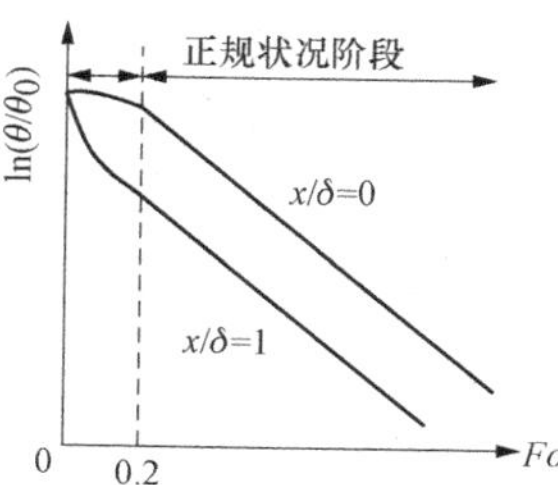

图 3-1 非稳态导热的正规状况阶段

正规状况阶段特征 1：非稳态导热进入正规状况阶段后，物体所有各点的冷却率或加热率都相同，且不随时间而变化，其值仅取决于物体的物性参数、几何形状与尺寸以及表面传热系数。

平壁中心（$x=0$）处的过余温度由式（3-6）可得

$$\frac{\theta_m}{\theta_0}=\frac{2\sin\mu_1}{\mu_1+\sin\mu_1\cos\mu_1}e^{-\mu_1^2Fo} \tag{3-8}$$

则任一点过余温度与中心过余温度之比为

$$\frac{\theta(x,\tau)}{\theta_m(\tau)}=\cos\left(\mu_1\frac{x}{\delta}\right) \tag{3-9}$$

可以看出，式（3-9）与时间无关。由此可以获得正规状况阶段的另一个重要特征，初始条件影响消失。

正规状况阶段特征2：非稳态导热进入正规状况阶段以后，虽然θ和θ_m都随时间而变化，但它们的比值与时间τ无关，而仅与几何位置x/δ及Bi数有关。即无论初始分布如何，无量纲温度θ/θ_m都是一样的（初始条件的影响已经消失）。

由式（3-9）可推出下式：

$$\frac{\theta_{(x=\delta,\tau)}}{\theta_{(x=0,\tau)}}=\frac{\theta(\delta,\tau)}{\theta_m(\tau)}=\cos\mu_1 \tag{3-10}$$

μ_1仅取决于Bi数。当$Bi<0.1$时，$\mu_1<0.3111$，从而$\cos\mu_1>0.95$。即当$Bi<0.1$时，平壁表面温度和中心温度的差别小于5%，可以近似认为整个平壁温度是均匀的。这就是集总参数法的界定值定为$Bi<0.1$的原因。

4. 海斯勒图的理解及使用方法

（1）海斯勒图的依据。工程中所采用的一维非稳态导热过程线算图的制图依据是式（3-1）。考虑到式（3-1）的函数中包含三个参数，无法采用一张图表示，于是基于中分面过余温度θ_m将$\frac{\theta}{\theta_0}$分解成$\frac{\theta_m}{\theta_0}$和$\frac{\theta}{\theta_m}$的乘积，并将它们的值分别表示在两张线算图。海斯勒图是其中使用最广泛的一种。

（2）海斯勒图的理解。海斯勒图很好地显示了一维物体非稳态导热过程受Fo数及Bi数的影响。图3-2所示为无限大平板非稳态导热过程海斯勒图的示意。由图中可以看出如下特点：

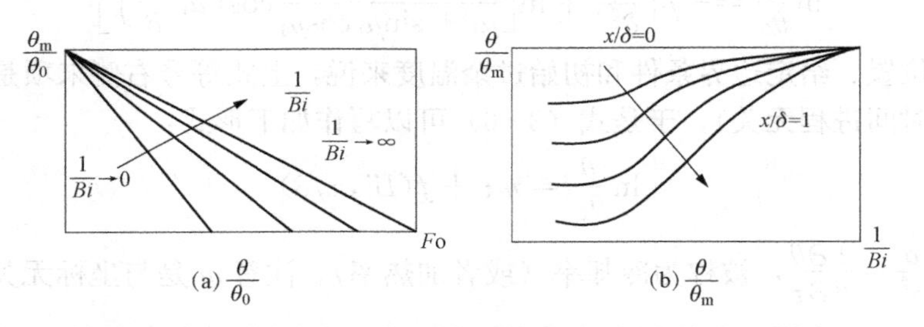

图3-2 无限大平板海斯勒图示意

1）当Bi数一定时，θ随Fo数的增加而减小，即随着时间的增加（Fo增加），物体温度越来越接近流体温度。

2）当Fo数一定时，Bi数越大（$1/Bi$越小），θ_m/θ_0就越小，这是因为$Bi=h\delta/\lambda$越大，表面换热越强，中心温度就越快地接近周围流体温度。

3）当$1/Bi=0$时，表面温度一开始就达到液体温度，中心温度变化也最快，这条线代表第一类边界条件。

4）当$1/Bi>10$，即$Bi<0.1$时，所有曲线上的过余温度差值小于5%，这时可以用集总参数法求解而误差不大。一般为了得到更高精确度，可使$Bi<0.01$为下限，误差极微。

（3）海斯勒图的使用方法。

1）对于由时间求温度的步骤为：计算Bi数、Fo数和x/δ，从海斯勒图中查找θ_m/θ_0和θ/θ_m，计算出θ/θ_0，最后求出温度t。

2）对于由温度求时间步骤为：计算 Bi 数、x/δ 和 θ/θ_0，从海斯勒图中（主教材图 3-9）查找 θ/θ_m，计算 θ_m/θ_0 然后从海斯勒图中（主教材图 3-8）查找 Fo，再求出时间 τ。

3）平板吸收（或放出）的热量，可在计算 Q_0 和 Bi 数、Fo 数之后，从海斯勒图的 Q/Q_0 图中（主教材图 3-10）查找，再计算出 $Q=\frac{Q}{Q_0}\cdot Q_0$

3.2.4 半无限大物体的非稳态导热

半无限大物体的特征：初始温度均匀，在 $x=0$ 处有固定的边界，可以向 x 轴正方向及 y、z 方向无限延伸的物体。半无限大物体非稳态导热的温度分布可以用误差函数表示为

$$\frac{\theta}{\theta_0}=\frac{t-t_w}{t_0-t_w}=\frac{2}{\sqrt{\pi}}\int_0^{\frac{x}{2\sqrt{a\tau}}}\exp(-\eta^2)\mathrm{d}\eta=\mathrm{erf}\left(\frac{x}{2\sqrt{a\tau}}\right)=\mathrm{erf}(\eta) \tag{3-11}$$

对式（3-11）进行分析可得到如下结论：

（1）由于误差函数 $\mathrm{erf}(\eta)$ 随 η 的增加而增加，且 $\mathrm{erf}(2)=0.9953$。所以可将 $\eta\geqslant 2$ 作为是否受扰动的标志。

（2）由于 $\eta=\frac{x}{2\sqrt{a\tau}}$，所以对厚为 2δ 的平板：

从几何位置来看，当 $\delta\geqslant 4\sqrt{a\tau}$，则在 τ 时刻以前可将平板看成半无限大物体；

从时间角度来看，$\tau\leqslant\frac{x^2}{16a}$ 时，x 处的温度仍可认为等于初始温度 t_0。因此，将 $\frac{x^2}{16a}$ 称为惰性时间。

（3）半无限大物体任意时刻对外的吸热量或放热量为表面处（$x=0$）的瞬时热流密度：

$$q_w=-\lambda\frac{\partial t}{\partial x}\bigg|_{x=0}=\lambda\frac{t_w-t_0}{\sqrt{\pi a\tau}} \tag{3-12}$$

在 $[0,\tau]$ 时间内流过面积为 A 的表面的总热量为

$$Q=A\int_0^{\tau}q_w\mathrm{d}\tau=2A\sqrt{\frac{\tau}{\pi}}\sqrt{\rho c\lambda}(t_w-t_0) \tag{3-13}$$

式中 $\sqrt{\rho c\lambda}$——吸热系数，代表物体的吸热能力。

（4）对有限大小的物体，半无限大的概念只适用于非稳态导热的初始阶段。因此，对半无限大物体而言，不存在前面所讲的正规状况阶段。

3.2.5 多维非稳态导热的乘积解

满足乘积解的多维非稳态导热问题可以分解为相应的两个或三个一维问题解的乘积形式。以直角坐标系下的三维问题为例，解的形式为

$$\theta(x,y,\tau)=\theta_x(x,\tau)\theta_y(y,\tau)\theta_z(z,\tau) \tag{3-14a}$$

或

$$\Theta(x,y,\tau)=\Theta_x(x,\tau)\Theta_y(y,\tau)\Theta_z(z,\tau) \tag{3-14b}$$

注意乘积解中温度必须以过余温度 θ 或无量纲过余温度 Θ 的形式出现，而以温度 t 出现时则不满足乘积解。

乘积法的使用条件为：第一类边界条件中边界温度为定值和第三类边界条件中周围流体温度和 h 为定值，且初始温度为常数的情况。

乘积法的关键在于学会如何将一个多维问题分解为相应的多个一维问题。对一维非稳态导热问题分析解求解方法的熟练掌握是成功求解多维非稳态导热问题的先决条件。

3.3 典 型 例 题

3.3.1 简答题

【例 3-1】 由导热微分方程可知，非稳态导热只与热扩散率有关，而与导热系数无关，你认为对吗?

答：由于描述一个导热问题的完整的数学描写不仅包括控制方程，还包括定解条件。所以虽然非稳态导热的控制方程只与扩散率有关，但边界条件中却有可能包括导热系数 λ。因此上述观点不对。

【例 3-2】 非周期性的加热或冷却过程可以分为哪两个阶段，它们各自有什么特征?

答：非周期性的加热或冷却过程可以分为初始状况阶段和正规状况阶段。前者的温度分布依然受着初始温度分布的影响，也就是说热扰动还没有扩散到整个系统，系统中仍然存在着初始状态，此时的温度场必须用无穷级数加以描述；而后者却是热扰动已经扩散到了整个系统，系统中各个地方的温度都随时间变化，此时温度分布可以用初等函数加以描述（实际为无穷级数的第一项）。

【例 3-3】 什么是集总参数系统，它有什么特征?

答：集总参数系统就是系统的物理量仅随时间变化，而不随空间位置的改变而变化，也就是一个空间上的均温系统。由于温度仅仅是时间的函数，非稳态导热问题变成了一个温度随时间的响应问题。应用集总参数法的物体，温度场要满足温度均匀分布，其条件是系统的毕渥数 $Bi \ll 1$。

【例 3-4】 时间常数是从什么导热问题中定义出来的? 它与哪些因素有关? 同一种物体导热过程中的时间常数是否为定值?

答：时间常数是从导热问题的集总参数系统分析中定义出来的，为 $\tau_0 = \frac{\rho c V}{hA}$。从中不难看出，它与物体（系统）的物性 ρc、几何形状 V/A 相关，且与环境状况（即 h 值）紧密相连。因此，同一物体处于不同环境其时间常数是不一样的。

【例 3-5】 什么叫非稳态导热的正规状态或充分发展阶段? 这一阶段在物理过程及数学处理上都有些什么特点?

答：非稳态导热过程进行到一定程度，初始温度分布的影响就会消失，虽然各点温度仍随时间变化，但过余温度的比值已与时间无关，只是几何位置（x/δ）和边界条件（Bi 数）的函数，也即无量纲温度分布不变，这一阶段称为正规状况阶段或充分发展阶段。这一阶段的数学处理十分便利，温度分布计算只需取无穷级数的首项进行计算。

【例 3-6】 有人认为，当非稳态导热过程经历时间很长时，采用海斯勒图（主教材图 3-9）计算所得的结果是错误的。理由是：这个图表明，物体中各点的过余温度的比值与几何位置及 Bi 有关，而与时间无关。但当时间趋于无限大时，物体中各点的温度应趋近流体温度，所以两者是有矛盾的。你是否同意这种看法，说明你的理由。

答：这种看法不正确。因为随着时间的推移，虽然物体中各点过余温度的比值不变，但各点温度的绝对值在无限接近。这与物体中各点温度趋近流体温度的事实并不矛盾。

【例 3-7】 试说明 Bi 数的物理意义。$Bi \to 0$ 及 $Bi \to \infty$ 各代表什么样的换热条件? 有人认为，$Bi\to\infty$代表了绝热工况，你是否赞同这一观点，为什么？

答：Bi 数是物体内外热阻之比的相对值。$Bi\to 0$ 时说明传热热阻主要在边界，内部温度趋于均匀，可以用集总参数法进行分析求解；$Bi\to\infty$时，说明传热热阻主要在内部，可以近似认为壁温就是流体温度。认为 $Bi\to 0$ 代表绝热工况是不正确的，该工况是指边界热阻相对于内部热阻较大，而绝热工况下边界热阻无限大。

【例 3-8】 两块厚度为 30mm 的无限大平板，初始温度为 20℃，分别用铜和钢制成。平板两侧表面的温度突然上升到 60℃，试计算使两板中心温度均上升 56℃时两板所需时间之比。已知，铜和钢的热扩散率分别为 $103\times10^{-6}\mathrm{m^2/s}$ 和 $12.9\times10^{-6}\mathrm{m^2/s}$。

答：一维非稳态无限大平板内的温度分布有如下函数形式：

$$\frac{\theta(x,\tau)}{\theta_0}=f\left(Bi,Fo,\frac{x}{\delta}\right)$$

两块不同材料的无限大平板，均处于第一类边界（即 $Bi\to\infty$）。由题意，两种材料达到同样工况时，Bi 数和$\frac{x}{\delta}$相同，要使温度分布相同，则只需 Fo 数相等，因此

$$(Fo)_{\mathrm{cu}}=(Fo)_{\mathrm{st}}$$

即$\left(\frac{a\tau}{\delta^2}\right)_{\mathrm{cu}}=\left(\frac{a\tau}{\delta^2}\right)_{\mathrm{st}}$

而 δ 在两种情况下相等，因此

$$\frac{\tau_{\mathrm{cu}}}{\tau_{\mathrm{st}}}=\frac{a_{\mathrm{st}}}{a_{\mathrm{cu}}}=\frac{12.9\times10^{-6}}{103\times10^{-6}}=0.125$$

【例 3-9】 铜和混凝土在温度为 23℃的房间中已经放置很久。用手分别接触这两种材料，问哪一块材料使人感觉更凉？假定材料可当作半无限大物体，人手的温度为 37℃。

解： 手指的感觉与其感受到的热流密度有关。由无限大平板导热的分析解可知

$$q_{\mathrm{w}}=-\lambda\frac{\partial t}{\partial x}\bigg|_{x=0}=\lambda\frac{t_{\mathrm{w}}-t_0}{\sqrt{\pi a\tau}}=\sqrt{\lambda\rho c}\,\frac{(t_{\mathrm{w}}-t_0)}{\sqrt{\pi\tau}}$$

故$\frac{q_{\mathrm{w,铜}}}{q_{\mathrm{w,混凝土}}}=\sqrt{\frac{(\lambda\rho c)_{\mathrm{铜}}}{(\lambda\rho c)_{\mathrm{混凝土}}}}$

温度为 23℃时，铜和混凝土的物性值分别为

铜：$\lambda=401\mathrm{W/(m\cdot K)}$，$\rho=8933\mathrm{kg/m^3}$，$c=385\mathrm{J/(kg\cdot K)}$

混凝土：$\lambda=1.4\mathrm{W/(m\cdot K)}$，$\rho=2300\mathrm{kg/m^3}$，$c=880\mathrm{J/(kg\cdot K)}$

所以$\frac{q_{\mathrm{w,铜}}}{q_{\mathrm{w,混凝土}}}=\sqrt{\frac{401\times8933\times385}{1.4\times2300\times880}}=22.1$

即铜块上的热流是混凝土上热流的 20 多倍，因此，人手的感觉是铜块要比混凝土凉。

讨论：$\sqrt{\lambda\rho c}$称为吸热系数，它表征了物体向与其接触的高温物体吸热的能力。

3.3.2 分析计算题

【例 3-10】 一块单侧表面积为 A、初温为 t_0 的平板，一侧表面突然受到恒定热流密度 q_{w} 的加热，另一侧表面受到温度为 t_∞ 的气流冷却，表面传热系数为 h。试列出物体温度随时间变化的微分方程式并求解之。设内阻可以不计，其他的几何、物性参数均已知。

解： 由题意，物体内部热阻可以忽略，温度只是时间的函数，一侧的对流换热和另一侧恒热流加热作为内热源处理，根据热平衡方程可得控制方程为

$$\rho cV\frac{dt}{d\tau}+hA(t-t_{\infty})-Aq_{w}=0$$

初始条件：$t|_{\tau=0}=t_0$

引入过余温度 $\theta=t-t_{\infty}$，则

$$\begin{cases}\rho cV\dfrac{d\theta}{d\tau}+hA\theta-Aq_{w}=0\\ \theta|_{\tau=0}=\theta_0\end{cases}$$

上述控制方程的通解为 $\theta=Be^{-\frac{hA}{\rho cV}\tau}+\dfrac{q_w}{h}$

由初始条件，有 $B=\theta_0-\dfrac{q_w}{h}$

故温度分布为

$$\theta=t-t_{\infty}=\theta_0 e^{-\frac{hA}{\rho cV}\tau}+\frac{q_w}{h}(1-e^{-\frac{hA}{\rho cV}\tau})$$

【例 3-11】 一温度计的水银泡是圆柱形，长 20mm，内径 4mm，测量气体温度时的表面传热系数 $h=12.5W/(m^2 \cdot K)$，若要温度计的温度与气体的温度之差小于初始过余温度的 10%，求测温所需要的时间。水银的物性为 $\lambda=10.36W/(m \cdot K)$，$\rho=13\ 110kg/m^3$，$c=0.138kJ/(kg \cdot K)$

解： 首先判断能否用集总参数法求解

$$\frac{V}{A}=\frac{\pi R^2 l}{2\pi Rl+\pi R^2}=\frac{Rl}{2(l+0.5R)}=\frac{0.002\times 0.02}{2\times(0.02+0.001)}=0.953\times 10^{-3}(m)$$

$$Bi_V=\frac{h(V/A)}{\lambda}=\frac{12.5\times 0.953\times 10^{-3}}{10.36}=1.15\times 10^{-3}<0.05$$

故可以用集总参数法。

$$\frac{t-t_{\infty}}{t_0-t_{\infty}}=\frac{\theta}{\theta_0}=\exp(-Bi_V Fo_V)=\exp(-1.15\times 10^{-3}Fo)=10\%$$

解得

$$Fo_V=2002.25$$

$$\frac{\lambda\tau}{\rho c(V/A)^2}=\frac{10.36}{0.138\times 10^3\times 13\ 110\times(0.953\times 10^{-3})^2}\tau=2002.25$$

由上式解得 $\tau=333s=5.6min$

为了减小测温误差，测温时间应尽量加长。

讨论：①由计算结果可以看出，当用水银温度计测量流体温度时必须将温度计在流体中放置足够的时间；②当测量的流体温度场是非稳态时，水银温度计的热容量过大，无法跟上流体温度的变化，其温度响应特性很差。所以通常对非稳态流场温度的测量，采用时间常数很小的感温元件，如直径很小的热电偶。读者可以自行分析采用小直径热电偶能减少时间常数的原因。

【例 3-12】 将一个初始温度为 800℃、直径为 100mm 的钢球投入 50℃的液体中冷却，表面传热系数为 $h=50W/(m^2 \cdot K)$。已知钢球的密度 $\rho=7800kg/m^3$，比热容 $c_p=470J/(kg \cdot K)$，导热系数 λ 为 $35W/(m \cdot K)$。试求钢球中心温度达到 100℃所需要的时间。

解： 首先判断能否用集总参数法求解，毕渥数为

$$Bi_V=\frac{h(R/3)}{\lambda}=\frac{50\times(0.05/3)}{35}=0.0238<\frac{0.1}{3}$$

故可以用集总参数法求解。

$$\frac{\theta}{\theta_0}=\frac{t-t_\infty}{t_0-t_\infty}=e^{-Bi_V\cdot Fo_V}$$

将已知条件代入上式得

$$\frac{100-50}{800-50}=e^{-0.0238Fo_V}$$

可解得 $Fo_V=113.78$，即 $\frac{a\tau}{\left(\frac{R}{3}\right)^2}=113.78$

由此可得

$$\tau=\frac{113.78\left(\frac{R}{3}\right)^2}{\frac{\lambda}{\rho c_p}}=\frac{113.78\times(0.05/3)^2}{\frac{35}{7800\times 470}}=3311(\text{s})\approx 55(\text{min})$$

即钢球中心温度达到100℃需要55min。

【例3-13】 在太阳能集热器中采用直径为100mm的鹅卵石作为储存热量的媒介，其初始温度为20℃。从太阳能集热器中引来70℃的热空气通过鹅卵石，空气与卵石之间的表面传热系数为10W/(m^2·K)。试问3h后鹅卵石的中心温度为多少？每千克鹅卵石的储热量是多少？已知鹅卵石的导热系数 $\lambda=2.2$W/(m·K)，热扩散率 $a=11.3\times10^{-7}$m^2/s，比热容 $c=780$J/(kg·K)，密度 $\rho=2500$kg/m^3。

解： 本题是直径为100mm球形物体的非稳态导热问题，先判断 Bi 数

$$Bi=\frac{hR}{\lambda}=\frac{10\times50\times10^{-3}}{2.2}=0.227>0.1$$

不满足集总参数法，需用诺谟图求解。

$$Fo=\frac{a\tau}{R^2}=\frac{11.3\times10^{-7}\times3\times3600}{(50\times10^{-3})^2}=4.882,\ \frac{1}{Bi}=4.4$$

由主教材图3-14可得 $\frac{\theta_m}{\theta_0}=0.06$，即 $\frac{t_m-t_\infty}{t_0-t_\infty}=0.06$

$$t_m=t_\infty+0.06(t_0-t_\infty)=70+0.06(20-70)=67(℃)$$

由 $Bi=0.227$，$FoBi^2=4.882\times0.227^2=0.252$，查图（主教材图3-10）得 $\frac{Q}{Q_0}\approx0.95$。

对每一块鹅卵石有

$$Q_0=\rho cV(t_0-t_\infty)=2500\times780\times\frac{4}{3}\pi\times(50\times10^{-3})^3\times(20-70)=-5.105\times10^5(\text{J})$$

每千克鹅卵石含石头的个数

$$N=\frac{m}{\rho}\Big/\left(\frac{4}{3}\pi R^3\right)=\frac{1}{2500}\Big/\left[\frac{4}{3}\pi(50\times10^{-3})^3\right]=0.764$$

则每千克鹅卵石的储热量为

$$Q=0.95Q_0N=0.95\times0.764\times(-5.105\times10^5)=3.705\times10^5(\text{J})$$

【例3-14】 一块厚100mm的钢板放入温度为1000℃的炉中加热。钢板一面加热，另

一面可认为是绝热。钢板的导热系数 $\lambda=34.8\text{W}/(\text{m}\cdot\text{K})$，热扩散率 $a=0.555\times10^{-5}\text{m}^2/\text{s}$，初始温度 $t_0=20$℃，求受热面加热到 500℃所需时间，及剖面上最大温差。加热过程的表面传热系数 $h=174\text{W}/(\text{m}^2\cdot\text{K})$。

解： 这一问题相当于厚 200mm 平板对称受热问题，必须先求 θ_m/θ_0，再由 θ_m/θ_0 和 Bi 查图求 Fo，从而得出加热所需要的时间。由已知条件得

$$\frac{\theta_w}{\theta_0}=\frac{t_\infty-t_w}{t_\infty-t_0}=\frac{1000-500}{1000-20}=0.51$$

$$Bi=\frac{h\delta}{\lambda}=\frac{174\times0.1}{34.8}=0.5,\ \frac{1}{Bi}=2,\ \frac{x}{\delta}=1.0$$

查无限大平板诺谟图（主教材图 3-9）图可得

$$\frac{\theta_w}{\theta_m}=0.8$$

由此可算得中心温度为

$$\frac{\theta_m}{\theta_0}=\frac{\dfrac{\theta_w}{\theta_0}}{\dfrac{\theta_w}{\theta_m}}=\frac{0.51}{0.8}=0.637$$

根据 θ_m/θ_0 和 Bi 查主教材图 3-8 可得 $Fo=1.2$，故加热所需要的时间为

$$\tau=Fo\frac{\delta^2}{a}=1.2\times\frac{0.1^2}{0.555\times10^{-5}}=2.16\times10^3(\text{s})=0.6(\text{h})$$

再求中心温度，即绝热面温度，由于 $\theta_m/\theta_0=0.637$，所以

$$t_m=0.637\theta_0\times(20-1000)+1000=376(℃)$$

剖面最大温差为

$$\Delta t_{max}=500-376=124(℃)$$

【例 3-15】 在热处理工艺中，用银球试样来测定淬火介质在不同条件下的冷却能力。今有两个直径为 20mm 的银球，加热到 650℃后被分别置于 20℃的盛有静止水的大容器及 20℃的循环水中。用热电偶测得，当银球中心温度从 650℃变化到 450℃时，其降温速率分别为 180℃/s 及 360℃/s。试确定两种情况下银球表面与水之间的表面传热系数。已知在上述温度范围内银的物性参数为：$\lambda=360\text{W}/(\text{m}\cdot\text{K})$，$\rho=10\ 500\text{kg}/\text{m}^3$，$c=0.262\text{kJ}/(\text{kg}\cdot\text{K})$。

解： 本题表面传热系数未知，即 Bi 数为未知参数，所以无法判断是否满足集总参数法条件。为此，先假定满足集总参数条件，然后验算

（1）对静止水的情况，有

$$\frac{\theta}{\theta_0}=\exp\left(-\frac{hA}{\rho cV}\tau\right)$$

代入数据

$$\theta_0=650-20=630(℃),\ \theta=450-20=430(℃),$$

$$V/A=R/3=0.003\ 33(\text{m}),\ \tau=\frac{650-450}{180}=1.115(\text{s})$$

计算可得

$$h=\ln\frac{\theta_0}{\theta}\frac{\rho c(V/A)}{\tau}=\ln\frac{630}{430}\times\frac{10\ 500\times0.262\times0.003\ 33}{1.115}=3149\text{W}/(\text{m}^2\cdot\text{K})$$

验算 Bi 数

$$Bi_V=\frac{h(V/A)}{\lambda}=\frac{h(R/3)}{\lambda}=0.0291<0.0333$$

满足集总参数条件。

(2) 对循环水情况，同理 $\tau=\frac{650-450}{360}=0.56$ (s)

按集总参数法计算

$$h=\ln\left(\frac{\theta_0}{\theta}\right)\frac{\rho c(V/A)}{\tau}=\ln\frac{630}{430}\times\frac{10500\times0.262\times0.00333}{0.56}=6299[\mathrm{W/(m^2\cdot K)}]$$

验算 Bi 数：

$$Bi_V=\frac{h(V/A)}{\lambda}=\frac{h(R/3)}{\lambda}=0.0583>0.0333$$

不满足集总参数条件。

改用诺谟图，此时：

$$Fo=\frac{a\tau}{R^2}=\frac{\lambda}{\rho c}\times\frac{\tau}{R^2}=0.727;\ \frac{\theta_m}{\theta_0}=\frac{430}{630}=0.683$$

查主教材图 3-14 得 $\frac{1}{Bi}=4.5$

故 $h=Bi\times\frac{\lambda}{R}=\frac{360}{4.5\times0.01}=8000[\mathrm{W/(m^2\cdot K)}]$

【例 3-16】 寒冷地区水管必须选择合适的埋设深度，以保证即使在当地最寒冷的气象条件下也不会发生冻裂。试就某种理想化的严寒气象条件作一个概算。假设在初始处于均匀温度 15℃的土壤中埋一根水管，如果地表温度突然降到−20℃并将维持 50 天之久，那么管子要埋多深才能确保在此期间它周围的土壤温度在 0℃以上？已知：$a=1.65\times10^{-7}\mathrm{m^2/s}$。

解： 把土壤视作半无限大物体进行求解，埋管的深度应使五十天后该处的温度仍大于等于零度。因而有

$$\frac{\theta}{\theta_0}=\frac{t(x,\tau)-t_w}{t_0-t_w}=\frac{0-(-20)}{15-(-20)}=0.5714$$

根据 $\frac{\theta}{\theta_0}=\mathrm{erf}\left(\frac{x}{2\sqrt{a\tau}}\right)$

由误差函数表（主教材附录 12）查得 $\frac{x}{2\sqrt{a\tau}}=0.56$

所以

$$x=0.56\times2\times\sqrt{a\tau}=2\times0.56\times\sqrt{1.65\times10^{-7}\times50\times24\times3600}=0.946(\mathrm{m})$$

3.4 自 学 练 习

一、单项选择题

1. 在非稳态导热时，物体温度随着（　　）。

A. 形状变化　　B. 重量变化　　C. 时间变化　　D. 颜色变化

2. 下列哪种情况内燃机气缸温度场不会随时间变化（　　）？

A. 内燃机启动过程　　B. 内燃机停机过程

C. 内燃机变工况运行　　D. 内燃机定速运行

3. 材料的导热能力与吸热能力之比称为（　　）。

A. 放热系数　　B. 传热系数　　C. 导热系数　　D. 导温系数

4. 对流散热物体的温度计算适用集总参数法的条件是（　　）。

A. 傅里叶准则数大于某一数值　　B. 毕渥准则小于某一数值

C. 三维尺寸很接近　　D. 热系数较大

5. 毕渥准则 Bi 反映了对流散热物体的什么特点？（　　）

A. 反映了物体内部温度分布的均匀性，Bi 的值越大，代表温度分布越均匀

B. 反映了物体内部温度分布的均匀性，Bi 的值越大，代表温度分布越不均匀

C. 反映了物体散热能力的大小，Bi 的值越大，代表散热速度越快

D. 反映了物体散热能力的大小，Bi 的值越大，代表散热速度越慢

6. 下列说法错误的是？（　　）

A. 傅里叶准则是非稳态导热的无量纲时间

B. 毕渥准则是物体内部导热热阻与物体表面对流换热热阻的比值

C. 肋片效率是衡量肋片散热有效程度的指标

D. 傅里叶定律适用于一切材料导热问题

二、简答题

1. 试说明集总参数法的物理概念及数学处理的特点。

2. 在用热电偶测定气流的非稳态温度场时，怎么才能改善热电偶的温度响应特性？

3. 试说明“无限大平板”物理概念，并举出一两个可以按无限大平板处理的非稳态导热问题。

4. 写出 Bi 数的定义式并解释其意义。在 $Bi\to 0$ 的情况下，一初始温度为 t_0 的平板突然置于温度为 t_∞ 的流体中冷却（见图 3-3），粗略画出 $\tau=\tau_1>0$ 和 $\tau=\infty$ 时平板附近的流体和平板的温度分布。

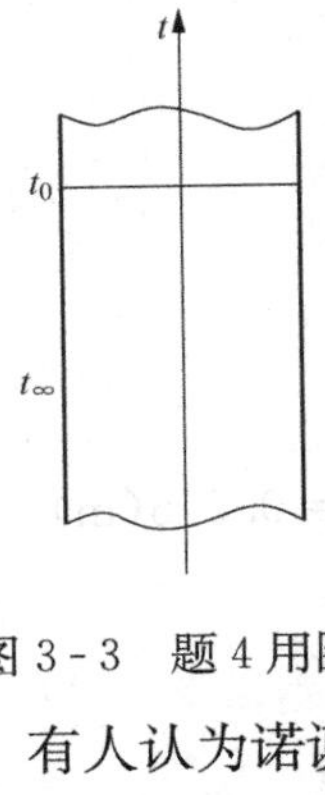

图 3-3　题 4 用图

5. 什么是非稳态导热问题的乘积解法，它的使用条件是什么？

6. 什么是“半无限大”的物体？半无限大物体的非稳态导热存在正规阶段吗？

7. 无内热源，常物性二维导热物体在某一瞬时的温度分布为 $t=2y^2\cos x$。试说明该导热物体在 $x=0$，$y=1$ 处的温度是随时间增加逐渐升高，还是逐渐降低。

8. 对一维无限大平板的非稳态导热问题的分析可知，θ/θ_m 与 Fo 数无关。实际上，经历的时间不同，温度分布 θ/θ_m 也应不同，当时间趋于无穷大时，θ/θ_m 应趋近于 1，且各处温度均应趋于流体温度。因此，有人认为诺谟图（海斯勒图）不能用于时间很大的情形，你对这种说法有何看法？

9. 初温相同的金属薄板，细圆柱体和小球放在同一种介质中加热。如薄板厚度，细圆柱体直径，小球直径相等，表面总传热系数相同，若把它们加热到同样温度，求所需时间之比。

10. 一块大平板，一侧被电加热器均匀加热，另一侧为第三类边界条件，通电前平板处

于环境温度，电热器给出恒定的热流密度 $q(\mathrm{W/m^2})$。现突然合上开关。画出初始状态和最后稳定以及中间两个时刻平板内的温度分布曲线。

11. 煤粉颗粒在进入炉膛的加热升温过程可以当作一个集总体来分析，试列出在着火之前描述其温度变化的微分方程式，并注明式中各符号的名称。

12. 用文字语言说明下面用数学描述给出的导热问题。

$$\begin{cases} \rho c \dfrac{\partial t}{\partial \tau} = \lambda \dfrac{\partial^2 t}{\partial x^2} \\ \tau = 0, 0 \leqslant x \leqslant \delta, t = t_0 \\ \tau > 0, x = 0, \dfrac{\mathrm{d}t}{\mathrm{d}x} = 0 \\ \tau > 0, x = \delta, -\lambda \dfrac{\mathrm{d}t}{\mathrm{d}x} = h(t - t_f) \end{cases}$$

三、计算题

1. 物体长期置于温度恒为 t_∞ 的空气。物体中有强度为 $q_v(\mathrm{W/m^3})$ 的内热源，并在某一时刻开始产生热量。内热源一开始产生热量，物体就在空气中升温。物体的体积为 V，表面积为 A，密度为 ρ，比热容为 c_p，与周围环境的总表面传热系数为 h。如该物体内部导热热阻可以忽略，试列出该物体升温过程中的导热微分方程并求解。

2. 一热电偶的 $\rho cV/A$ 之值为 2.094kJ/(m²·K)，初始温度为 20℃，后将其置于 320℃ 的气流中。试计算在气流与热电偶之间的表面传热系数为 58W/(m²·K) 及 116W/(m²·K) 两种情况下热电偶的时间常数并画出两种情况下热电偶读数的过余温度随时间变化的曲线。

3. 一厚 10mm 的大平壁（满足集总参数分析法求解的条件），初温为 300℃，密度为 7800kg/m³，比热容为 0.47kJ/(kg·℃)，导热系数为 45W/(m·K)，一侧有恒定热流 q= 100W/m² 流入，另一侧与 20℃的空气对流换热，传热系数为 70W/(m²·K)。试求 3min 后平壁的温度。

4. 一根体温计的水银泡长 10mm、直径 4mm，护士将它放入病人口中之前，水银泡维持 18℃，放入病人口中时，水银泡表面的传热系数为 85W/(m²·K)。如果要求测温误差不超过 0.2℃，试求体温计放入口中后，至少需要多长时间，才能将它从体温为 39.4℃的病人口中取出。已知水银泡的物性参数 ρ=13 520kg/m³，c=139.4J/(kg·℃)，λ=8.14 W/(m·K)。

5. 一质量为 5.5kg 的铝球，初始温度为 290℃，突然浸入 15℃的流体中，表面传热系数为 58W/(m²·K)。求铝球冷却到 90℃所需要的时间。

6. 一种火焰报警器采用低熔点的金属丝作为传热元件，当该导线受火焰或高温烟气的作用而熔断时报警系统即被触发，一报警系统的熔点为 500℃，其材料热物性参数为：λ= 210W/(m·K)，ρ=7200kg/m³，c=0.420kJ/(kg·K)，初始温度为 25℃。问当它突然受到 650℃烟气加热后，为在 1min 内发生报警讯号，导线的直径应限在多少以下？设对流加辐射的表面复合传热系数为 h=12W/(m²·K)。

7. 设有五块厚 30mm 的无限大平板，分别由银、铜、钢、玻璃及软木做成，初始温度为 20℃，两侧面温度突然上升到 60℃，试计算使中心温度上升到 56℃各板所需的时间。五种材料的热扩散率依次为 170×10^{-6}、103×10^{-6}、12.9×10^{-6}、$0.59\times10^{-6}\mathrm{m^2/s}$ 和 $0.155\times10^{-6}\mathrm{m^2/s}$。由此计算你可以得出什么结论？

8. 某一瞬间，一无内热源的无限大平板中的温度分布可以表示成 $t_1=C_1x^2+C_2$ 的形式，其中 C_1、C_2 为已知的常数，试确定：

(1) 此时刻在 $x=0$ 的表面处的热流密度。

(2) 此时刻平板平均温度随时间的变化率，物性已知且为常数。

9. 一种测量导热系数的瞬态法是基于半无限大物体的导热过程而设计的。设有一块厚材料，初温为 30℃，然后其一侧表面突然与温度为 100℃的沸水相接触。在离开此表面 10mm 处由热电偶测得 2min 后该处的温度为 65℃。已知材料的 $\rho=2200\text{kg/m}^3$，$c=0.700\text{kJ/(kg}\cdot\text{K)}$，试计算该材料的导热系数。

10. 医学知识告诉我们：人体组织的温度等于、高于 48℃的时间不能超过 10s，否则该组织内的细胞就会死亡。今有一劳动保护部门需要获得这样的资料，即人体表面接触到 60、70、80、90、100℃的热表面后，皮肤下烧伤程度随时间而变化的情况。人体组织物性取 37℃水的数值，计算的最大时间为 5min，假设一接触到热表面，人体表面温度就上升到了热表面的温度。求：用非稳态导热理论做出上述烧伤深度随时间变化的曲线。

11. 有一半无限大物体，$0\leqslant x<\infty$，初始温度均匀为 t_i；当时间 $\tau=0$ 时，$x=0$ 处边界面的温度突然变为 $t_w(t_w\neq t_i)$，且在 $\tau>0$ 时始终维持 t_w 不变，试用积分法对此问题进行近似求解。

12. 一温度为 21℃，横截面为 50mm×100mm 的矩形杆放入 593℃的热处理炉中消除热应力，宽 100mm 的一面置于炉子底面上。长杆表面与高温流体的总表面传热系数为 $114\text{W/(m}^2\cdot℃)$，根据工艺要求，要加热到 580℃以上才能消除应力，试说明加热 1h 后能否满足工艺要求？杆的 $\lambda=35\text{W/(m}\cdot℃)$，$a=0.037\text{m}^2/\text{h}$。

13. 工程上常用非稳态导热的方法得到燃气轮机叶片表面的总表面传热系数。一种做法是：把边长 6mm 的铜质立方体埋入叶片，使立方体只有一面与高温燃气接触。立方体与叶片间加有一薄层高温黏结剂。因黏结剂的导温系数较小，叶片和立方体之间可近似视为绝热。设初温 38℃的铜块与 538℃的高温烟气接触 3.7s 后温度升至 232℃。铜的物性参数为 $\lambda=380\text{W/(m}\cdot℃)$，$\rho=8940\text{kg/m}^3$，$c_p=358\text{J/(kg}\cdot℃)$。求此种情况下该叶片表面的总表面传热系数。

14. 将 28℃的苹果放入冷藏库中冷藏，冷库的温度维持 4℃不变，假设苹果可以当作直径为 80mm 的球体，苹果的导热系数为 $0.68\text{W/(m}\cdot℃)$，密度为 730kg/m^3，试计算冷藏库中放置 5h 后苹果中心温度，这时苹果与环境之间的表面传热系数为 $8.6\text{W/(m}^2\cdot℃)$，比热容为 $3559\text{J/(kg}\cdot℃)$。

3.5 自学练习解答

一、单项选择题

1. C　2. D　3. D　4. B　5. B　6. D

二、简答题

1.【提示】当内外热阻之比趋于零时，影响换热的主要环节是在边界上的换热能力。而内部由于热阻很小而温度趋于均匀，以至于不需要关心温度在空间的分布，温度只是时间的函数，数学描述上由偏微分方程转化为常微分方程、大大降低了求解难度。

2.【提示】要改善热电偶的温度响应特性，即最大限度降低热电偶的时间常数，形状上要降低体面比，要选择热容小的材料，强化热电偶表面的对流换热。

3.【提示】所谓“无限大”平板，是指其长宽尺度远大于其厚度，从边缘交换的热量可以忽略不计，当平板两侧换热均匀时，热量只垂直于板面方向流动。如薄板两侧均匀加热或冷却、炉墙或冷库的保温层导热等情况可以按无限大平板处理。

4.【提示】$Bi=hL/\lambda$，反映了导热系统同环境之间的换热性能与其导热性能的对比关系。

5.【提示】对于二维或三维非稳态导热问题的解等于对应几个一维问题解的乘积，其解的形式是无量纲过余温度，这就是非稳态导热问题的乘积解法，其使用条件是恒温介质，第三类边界条件或边界温度为定值、初始温度为常数的情况。

6.【提示】所谓“半无限大”物体是指平面一侧空间无限延伸的物体：因为物体向纵深无限延伸，初始温度的影响永远不会消除，所以半无限大物体的非稳态导热不存在正规状况阶段。

7.【提示】由导热控制方程$\dfrac{\partial t}{\partial \tau}=a\left(\dfrac{\partial^2 t}{\partial x^2}+\dfrac{\partial^2 t}{\partial y^2}\right)$，得$\dfrac{\partial t}{\partial \tau}=a(-2y^2\cos x+4\cos x)$。当$x=0$，$y=1$时，$\dfrac{\partial t}{\partial \tau}=2a>0$，故该点温度随时间增加而升高。

8.【提示】这种说法不正确。因为随着时间的推移，虽然物体中各点过余温度的比值不变，但各点温度的绝对值在无限接近。这与物体中各点温度趋近流体温度的事实并不矛盾。

9.【提示】它们的尺寸小，导温系数大，均可用集总参数法简化分析。

$\dfrac{\theta}{\theta_0}=e^{-\frac{hA}{\rho cV}\tau}$，由于三者的$\dfrac{\theta}{\theta_0}$相同，则$\left(\dfrac{\tau}{l}\right)_{板}=\left(\dfrac{\tau}{l}\right)_{柱}=\left(\dfrac{\tau}{l}\right)_{球}$

于是有 $\tau_{板}:\tau_{柱}:\tau_{球}=l_{板}:l_{柱}:l_{球}=\dfrac{\delta}{2}:\dfrac{R}{2}:\dfrac{R}{3}=\dfrac{\delta}{2}:\dfrac{\delta}{4}:\dfrac{\delta}{6}=6:3:2$

10.【提示】如图3-4所示，初始时刻为1线，此时大平板的温度为t_f℃；中间时刻两条曲线为1和2线；最后稳定后的温度分布为4线。

11.【提示】对于集总体，有$Bi\to 0$，即煤颗粒内部温度均匀，则有微分方程式及定解条件为

$$\begin{cases}\dfrac{3h(t-t_f)}{r}=-\rho c\,\dfrac{dt}{d\tau}\\ \tau=0,t=t_0\end{cases}$$

其中，r为煤粉颗粒半径，ρ为煤粉颗粒密度，c为煤粉颗粒比热容，h为对流换热表面传热系数，t为煤粉颗粒任一时刻的温度，t_f为烟气温度，τ为加热时间。

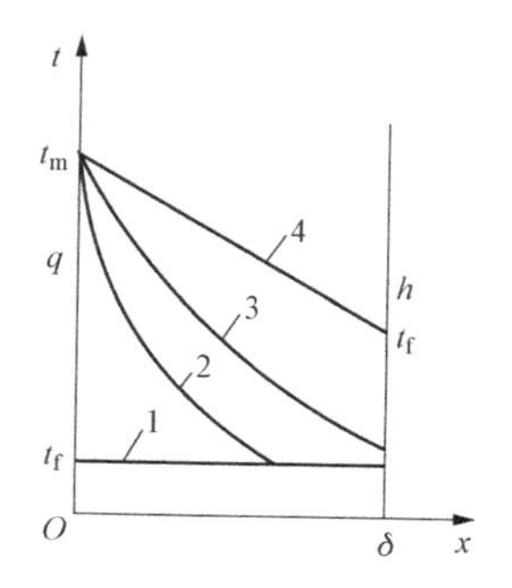

图3-4 自学练习解答10用图

12.【提示】常物性、无内热源、一维非稳态、无限大平板导热问题。平板一侧绝热，另一侧为第三类边界条件，对流换热表面传热系数为h，流体温度为t_f，初始时刻温度为t_0。

三、计算题

1.【提示】由于物体内热阻可以忽略，因而构成一个集总参数系统。

系统的热平衡关系为$q_V\cdot Vd\tau-hA\ (t-t_\infty)\ d\tau=\rho cVdt$，

令 $\theta=t-t_\infty$ 代入得：$q_V V\mathrm{d}\tau-hA\theta=\rho cV\mathrm{d}\theta$，

改写为 $\dfrac{q_V V}{\rho cV}-\dfrac{hA\theta}{\rho cV}=\dfrac{\mathrm{d}\theta}{\mathrm{d}\tau}$ 或 $-\dfrac{hA}{\rho cV}\left(\theta-\dfrac{q_V V}{hA}\right)=\dfrac{\mathrm{d}\theta}{\mathrm{d}\tau}$，

分离变量得 $-\dfrac{hA}{\rho cV}\mathrm{d}\tau=\dfrac{\mathrm{d}\theta}{\theta-\dfrac{q_V V}{hA}}$

积分：$-\displaystyle\int_0^\tau \frac{hA}{\rho cV}\mathrm{d}\tau=\int_0^\theta \frac{\mathrm{d}\theta}{\theta-\dfrac{q_V V}{hA}}$

得到 $-\dfrac{hA}{\rho cV}\tau=\ln\left(\theta-\dfrac{q_V V}{hA}\right)-\ln\left(\dfrac{q_V V}{hA}\right)$，或 $\exp\left(-\dfrac{hA}{\rho cV}\right)\tau=\dfrac{\theta-\dfrac{q_V V}{hA}}{\dfrac{q_V V}{hA}}$，以及 $\theta=\dfrac{q_V V}{hA}(1-e^{-\frac{hA}{\rho cV}\tau})$。

2. 【提示】如图 3-5 所示，时间常数 $\tau_s=\dfrac{\rho cV}{hA}$，已知 $\dfrac{\rho cV}{A}=2.094$

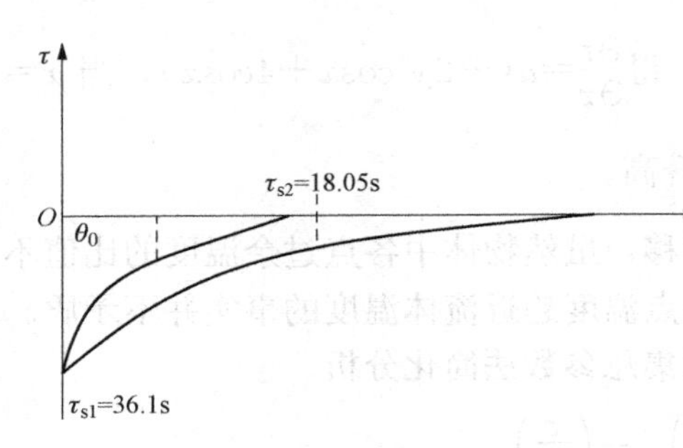

图 3-5 计算题 2 用图

当 $h=58\mathrm{W/(m^2\cdot K)}$ 时，$\tau_{s1}=2.094\times10^3/58=36.1(\mathrm{s})$

当 $h=116\mathrm{W/(m^2\cdot K)}$ 时，$\tau_{s2}=2.094\times10^3/116=18.05(\mathrm{s})$

过余温度：

$$\theta=\theta_0\cdot \mathrm{e}^{-\tau/\tau_s}=-300\mathrm{e}^{-\tau/\tau_s}$$

3. 【提示】根据能量守恒原理，有

$$\rho cV\frac{\mathrm{d}t}{\mathrm{d}\tau}=qA-hA(t-t_\infty)$$

对单位面积而言，其体积为

$$V=A\cdot S=1\times0.01=0.01(\mathrm{m^3})$$

代入其他参数，可得

$$7800\times0.47\times10^3\times0.01\frac{\mathrm{d}t}{\mathrm{d}\tau}=100-70(t-20)$$

$$\Rightarrow 36\,660\frac{\mathrm{d}t}{\mathrm{d}\tau}=-70(t-150/7)$$

$$\Rightarrow \frac{\mathrm{d}t}{\mathrm{d}\tau}=-\frac{7}{3666}(t-150/7)$$

分离变量积分 $\displaystyle\int_{300}^{t}\frac{\mathrm{d}(t-150/7)}{t-150/7}=\int_0^\tau-\frac{7}{3666}\mathrm{d}\tau$

$\Rightarrow \ln(t-150/7)\big|_{300}^{t}=-\dfrac{7}{3666}\tau$

令 $\tau=180\Rightarrow t=218.975$

4. 【提示】首先判断能否用集总参数法求解

$$\frac{V}{A}=\frac{\pi R^2 l}{2\pi Rl+\pi R^2}=\frac{Rl}{2(l+0.5R)}=\frac{0.002\times0.01}{2\times(0.01+0.001)}=0.91\times10^{-3}(\mathrm{m})$$

$$Bi_V=\frac{h(V/A)}{\lambda}=\frac{85\times0.91\times10^{-3}}{8.14}=9.5\times10^{-3}<0.05$$

故可用集总参数法。

根据题意，有

$$\frac{t-t_\infty}{t_0-t_\infty}=\exp(-Bi_V Fo_V)=\exp(-9.5\times10^{-3}Fo)\leqslant\frac{-0.2}{18-39.4}=0.0093$$

$\Rightarrow Fo>492.4$，即$\dfrac{\lambda\tau}{\rho c(V/A)^2}>492.4$

$\Rightarrow\tau>94.4\text{s}$

5. 【提示】$\lambda_{铝}=236\text{W}/(\text{m}\cdot\text{K})$，$Bi_V=\dfrac{h\dfrac{\delta}{2}}{\lambda}=0.02966<0.1$

满足集总参数法条件。

$$\frac{\theta}{\theta_0}=\exp(-Bi_V Fo_V)$$

$$\Rightarrow\frac{180-90}{400-90}=\exp(-0.02966Fo)$$

$\Rightarrow Fo=41.7\Rightarrow\tau=10.8\text{s}$

6. 【提示】假设可以采用集总参数法，则

$\dfrac{\theta}{\theta_0}=\exp\left(-\dfrac{hA}{\rho cV}\tau\right)$，要使元件报警则 $\tau\geqslant500℃$

$\dfrac{500-650}{25-650}=\exp\left(-\dfrac{hA}{\rho cV}\tau\right)$，代入数据得 $D=0.669\text{mm}$

验证 Bi 数：

$Bi=\dfrac{h(V/A)}{\lambda}=\dfrac{hD}{4\lambda}=0.0095\times10^{-3}<0.05$，故可采用集总参数法。

7. 【提示】$\dfrac{\theta_m}{\theta_0}=\dfrac{56-60}{20-60}=0.1$

两侧突然上升到60℃，所以是第一类边界条件，$Bi\to\infty$，$1/Bi\to0$

由$\dfrac{\theta_m}{\theta_0}=0.1$，$\dfrac{1}{Bi}=0$ 查诺谟图，得 $F_o=\dfrac{a\tau}{\delta^2}=1\Rightarrow\tau=\dfrac{\delta^2}{a}$

代入得 $\tau_1=\dfrac{(15\times10^{-3})^2}{170\times10^{-6}}=1.32$ (s)，$\tau_2=\dfrac{(15\times10^{-3})^2}{103\times10^{-6}}=2.18$ (s)

$\tau_3=\dfrac{(15\times10^{-3})^2}{12.9\times10^{-6}}=17.44$ (s)，$\tau_4=\dfrac{(15\times10^{-3})^2}{0.59\times10^{-6}}=381.36$ (s)

$\tau_5=\dfrac{(15\times10^{-3})^2}{0.155\times10^{-6}}=1451.61$ (s)

结论：热扩散率越大，内部温度前迁就越快。

8. 【提示】(1) 由题得$\dfrac{\text{d}t}{\text{d}x}=2c_1x$

则 $q|_{x=0}=-\lambda\dfrac{\text{d}t}{\text{d}x}\Big|_{x=0}=0$，$q|_{x=\delta}=-\lambda\dfrac{\text{d}t}{\text{d}x}\Big|_{x=\delta}=-2\lambda c_1\delta$

(2) 由能量平衡：$\rho cA\delta\dfrac{\text{d}t}{\text{d}\tau}=-q|_{x=\delta}\times A$

则$\dfrac{\text{d}t}{\text{d}\tau}=\dfrac{2c_1\lambda\delta A}{\rho cA\delta}=2ac_1$

9.【提示】$t_w=100℃$，$t_0=30℃$，$x=0.01\text{m}$，$t=65℃$；

$\tau=2\times60=120\text{s}$，$\rho=2200\text{kg/m}^3$，$c=700\text{J/(kg}\cdot\text{K)}$

$\dfrac{\theta}{\theta_0}=\dfrac{65-100}{30-100}=0.5=\text{erf}\eta$，查误差函数表（主教材附录12）可得 $\eta=0.477$

由 $\eta=\dfrac{x}{2\sqrt{a\tau}}$

则 $\lambda=\rho ca=\dfrac{\rho cx^2}{4\tau\eta^2}=\dfrac{2200\times700\times0.01^2}{4\times120\times0.477^2}=1.41[\text{W/(m}\cdot\text{K)}]$

10.【提示】按半无限大物体处理，37℃时 $a=15.18\times10^{-8}\text{m}^2/\text{s}$

利用所给出的数据，可得 $\text{erf}\left(\dfrac{x}{2\sqrt{a\tau}}\right)$之值。

由误差函数表可查得相应的$\dfrac{x}{2\sqrt{a\tau}}$的数值，从而确定不同 τ(单位为 s) 下温度为 48℃的地点的 x 值，即皮下烧伤深度。

11.【提示】在常物性条件下，问题的数学描述为

$$\frac{\partial^2 t(x,\tau)}{\partial x^2}=\frac{1}{a}\frac{\partial t(x,\tau)}{\partial\tau} \tag{1}$$

$$x=0,\ t=t_w \tag{2}$$

$$x\to\infty,\ t=t_i \tag{3}$$

$$\tau=0,\ t=t_i \tag{4}$$

用积分法进行近似求解可以归纳为以下五个步骤。

(1) 引入渗透深度 $\delta(\tau)$ 将半无限大物体中的温度场分成了两个部分：

$x\geqslant\delta(\tau)$　　$t=t_i$，$\partial t/\partial x=0$　没有导热；

$0<x<\delta(\tau)$　　$t\ (x,\ \tau)\ \neq t_i$　有导热存在。

通常取温度变化（t_w-t）达到（t_w-t_i）99%的地方为渗透深度 $\delta(\tau)$ 的外边缘。

(2) 建立积分形式的热传导方程。将导热微分方程式（1）对 x 进行积分，方程变为

$$\int_0^{\delta(\tau)}\frac{\partial^2 t}{\partial x^2}\mathrm{d}x=(1/a)\int_0^{\delta(\tau)}\frac{\partial t}{\partial\tau}\mathrm{d}x \tag{5}$$

对上式进行运算，并利用含参数积分的运算规则处理右边的积分，可得

$$\left.\frac{\partial t}{\partial x}\right|_{x=\delta}-\left.\frac{\partial t}{\partial x}\right|_{x=0}=\frac{1}{a}\left[\frac{\mathrm{d}}{\mathrm{d}\tau}\int_0^{\delta(\tau)}t(x,\tau)\mathrm{d}x-t_i\frac{\mathrm{d}\delta}{\mathrm{d}\tau}\right] \tag{6}$$

根据渗透深度的定义，$\partial t/\partial x|_\delta=0$，则式（6）变成

$$\frac{\mathrm{d}}{\mathrm{d}\tau}\int_0^{\delta(\tau)}t(x,\tau)\mathrm{d}x-t_i\frac{\mathrm{d}\delta}{\mathrm{d}\tau}=-a\left.\frac{\partial t}{\partial x}\right|_{x=0} \tag{7}$$

式（7）即为该导热问题的积分方程。

(3) 选用适当的温度分布表达式。温度分布的函数形式为

$$t(x,\tau)=X(x)\Gamma(\tau) \tag{8}$$

取 $X(x)=A_1+B_1x+C_1x^2$，让时间变量函数 $\Gamma(\tau)$ 待定，则有

$$t(x,\tau)=(A_1+B_1x+C_1x^2)\cdot\Gamma(\tau)=A+Bx+Cx^2,\ 0\leqslant x\leqslant\delta(\tau)$$

式中的系数 A、B 及 C 一般是时间 τ 的函数。

(4) 确定多项式中的系数。对于上式所示的温度分布，有 A、B、C、三个系数，需要

三个条件，可以由渗透深度两个边界 $x=0$ 及 $x=\delta(\tau)$ 处的边界条件得

$$t|_{x=0}=t_w, t|_{x=\delta}=t_i, \left.\frac{\partial t}{\partial x}\right|_{x=\delta}=0 \tag{9}$$

将此三个条件应用于求出 A、B、C。于是得到形式上的温度分布为

$$\frac{t(x,\tau)-t_i}{t_w-t_i}=\left(1-\frac{x}{\delta}\right)^2 \tag{10}$$

上式中含有一个未知的时间函数即渗透深度 $\delta(\tau)$。

（5）求解积分形式的热传导方程，确定函数 $\delta(\tau)$。将式（10）代入积分方程式（7）并完成规定运算，经整理后得到关于 $\delta(\tau)$ 的如下常微分方程，即

$$\delta \mathrm{d}\delta/\mathrm{d}\tau=6a$$

这是一个初值问题，由 $\tau=0$，$\delta=0$ 得上式的解为

$$\delta(\tau)=\sqrt{12a\tau}$$

将其代入形式温度分布式（10）中得到温度分布 t（x，τ）的最终近似解，即

$$(t-t_i)/(t_w-t_i)=(1-x/\sqrt{12a\tau})^2 \tag{11}$$

12. 【提示】本题物体温度最低在绝热面中心，相当于 100mm×100mm 的长杆的中心轴。

$$\frac{\theta_m}{\theta_0}=\left(\frac{\theta_m}{\theta_0}\right)_{p1}\left(\frac{\theta_m}{\theta_0}\right)_{p2}=\left(\frac{\theta_m}{\theta_0}\right)_p^2, \theta_0=t_0-t_\infty=-572(℃)$$

$$Bi=\frac{h\delta}{\lambda}=0.163, Fo=\frac{a\tau}{\delta^2}=14.8$$

查无限大平板的中心温度诺谟图可得 $\left(\frac{\theta_m}{\theta_0}\right)_p=0.11$，则 $\left(\frac{\theta_m}{\theta_0}\right)=\left(\frac{\theta_m}{\theta_0}\right)_p^2=0.11^2=0.021\Rightarrow$

$\frac{t_m-t_\infty}{t_0-t_\infty}=\frac{t_m-593}{21-593}=0.021$

解得：$t_m=586℃>580℃$，满足工艺要求。

13. 【提示】由于铜块不大，热扩散系数较大，与叶片间有热扩散系数较小的黏结剂，叶片热扩散系数比铜块小得多，黏结剂处可近似认为绝热。设铜块可用集总参数法简化分析：

$$\frac{t-t_\infty}{t_0-t_\infty}=e^{-\frac{hA}{\rho cV}\tau}\Rightarrow\frac{232-538}{38-538}=\exp\left[-\frac{h\times(0.006)^2}{8940\times358\times(0.006)^3}\times3.7\right]$$

解得 $h=2741\mathrm{W/(m^2\cdot℃)}$。

验证：$Bi_V=\frac{hL}{\lambda}=0.0433<0.1M$

14. 【提示】已知 $r_o=0.04\mathrm{m}$，$t_0=28℃$，$t_\infty=4℃$，$\lambda=0.68\mathrm{W/(m\cdot℃)}$，$\rho=730\mathrm{kg/m^3}$ $h=8.6\mathrm{W/(m^2\cdot℃)}$，$c_p=3559\mathrm{J/(kg\cdot℃)}$，$\tau=5\times3600=10\ 000$（s）

$a=\frac{\lambda}{\rho c}=2.617\times10^{-6}\mathrm{m^2/s}$，$Fo=\frac{a\tau}{r_0^2}=2.94$，$\frac{1}{Bi}=\frac{1}{hr_0}=1.98$

由球体中心温度诺谟图可得 $\frac{\theta_0}{\theta_i}=0.02$，则

$$t_m=t_\infty+0.02(t_0-t_\infty)=4+0.02\times(28-4)=4.48(℃)$$

第4章　对流换热原理

4.1　学　习　指　导

4.1.1　学习内容

(1) 对流传热及表面传热系数的基本概念理解；

(2) 对流传热问题的数学描述；

(3) 边界层对流传热问题的数学描述；

(4) 用实验方法求解对流换热问题的思路——相似原理；

(5) 对流换热过程的相似理论求解方法和准则数定义；

(6) 湍流流动和传递特征以及动量和热量传递的类比。

4.1.2　学习重点

(1) 对流换热机理和影响因素的定性分析；

(2) 基本微分方程和求解思路；

(3) 数量级分析法及相似原理的主要思想；

(4) 边界层概念的重要意义；

(5) 流动边界层及热边界层的定义及关系；

(6) 动量及热量传递的类比关系及其在求解湍流问题中的应用。

4.2　要　点　归　纳

4.2.1　对流换热过程的理解

1. 对流换热的定义

流体流过一个温度不同的物体表面时引起的热量传递称为对流换热。在对流换热中，流体与固体壁面必须直接接触，且导热与对流共同起作用。

牛顿冷却公式 $q_c=h(t_w-t_\infty)$ 是计算对流换热的基本公式，但它仅仅是表面传热系数 h 的定义式。h 是和具体换热过程有关的量，它不是物性参数，单位为 $W/(m^2 \cdot K)$。研究对流换热的目的是揭示表面传热系数与影响它的有关量之间的内在关系，并能定量计算对流换热的表面传热系数 h。

2. 对流换热过程热量传递的机理

以流体外掠等温平板的稳态换热为例。如图 4-1 所示，流体以来流速度 u_∞ 和来流温度 t_∞ 流过一个温度为 $t_w(t_\infty<t_w)$ 的固体壁面的流动换热问题。由于流体的分子在固体壁面上被吸附而处于不流动的状态，因而使流体速度从壁面上的零值逐步变化到来流的速度值。图 4-1 示意性地表示了流体在壁面附近的速度和温度分布。

对流换热过程中热量传递过程与流动息息相关。如图 4-2 所示，温度较低的流体掠过平板，紧贴壁面的流体薄层内，通过分子导热将热量从板面传递到流体中，使流体得到加热。被加热的流体同时向前运动，带走了一部分热量，从而使继续向垂直于板面方向传递的热量逐渐减少，到边界层的外边界时，从壁面传递到流体中的热量已经全部被运动着的流体带走，使该处垂直于板面方向的导热为零。

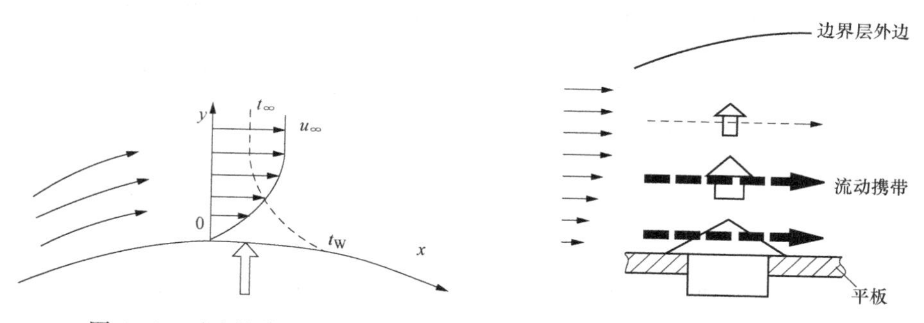

图4-1 对流换热过程示意

图4-2 对流换热过程中热量的传递机理

由上面的分析可知，对流换热过程取决于两个机理：微观粒子的分子导热（热传导）以及宏观运动的对流换热（热对流）。

3. 对流换热的影响因素

对这两种机理产生影响的因素都会对对流换热过程产生影响。影响对流换热的因素较多，大致上可以分为五类，见表4-1。

表4-1 **对流换热影响因素**

流动起因	自然对流、强制对流
流动状态	层流、湍流
流体与壁面接触方式	内部流动、外部流动
有无相变	凝结、沸腾、升华、凝固、融化等
流体的热物理性质	导热系数 λ、比热容 c、密度 ρ、黏性系数 η

关于影响因素的研究，在定性上可以得到如下结论：

(1) 通常外部动力源引起的强制对流流速高于流体内部密度差异引起的自然对流，因而更有利于对流换热，即 $h_{强制}>h_{自然}$。

(2) 层流状态下流体微团沿着主流方向作有规则的分层流动；而湍流流动时流体各部分之间发生剧烈的混合，因而对流换热效果更好，即 $h_{湍流}>h_{层流}$。

(3) 换热面的几何因素，换热面的形状、大小、相对位置及表面粗糙度直接影响着流体和壁面间的对流换热。一般能够破坏贴壁处边界层的几何因素，都有利于对流换热。

(4) 相变中有流体的潜热参与换热，因此，同种流体发生相变的对流换热强度比无相变时大得多。

(5) 流体的密度和比热容的乘积表征了单位体积流体携带并转移热量，$\rho c_p\uparrow$，$h\uparrow$。流体的导热系数直接影响流体内部的热量传递过程和温度分布状态，特别是对紧贴固体壁面的那部分流体来说，导热系数更是起着关键的作用，$\lambda\uparrow$，$h\uparrow$。因此，相同条件下水的冷却能力必定大大强于空气。生活和工业中通常采用水作为冷却介质。

(6) 黏度越大的流体，相同流速下越不容易发展成湍流状态，所以 $\mu\uparrow$，$h\downarrow$。高黏度油类易处于层流状态，表面传热系数较小。

4.2.2 对流换热的数学描述

1. 对流换热微分方程的建立

从对流换热过程的能量传递特征来看，对流换热量 q_c 就等于贴壁流体层的导热量 q_w，$q_w=q_c$。将傅里叶定律应用于贴壁流体层，有 $q_w=-\lambda\left.\frac{\partial t}{\partial y}\right|_{y=0}$。将牛顿冷却公式应用于对流换热有 $q_c=h(t_w-t_\infty)$。两式联立可得到如下关系：

$$h=-\frac{\lambda}{\Delta t}\left.\frac{\partial t}{\partial y}\right|_{y=0} \tag{4-1}$$

式中，$\Delta t=t_w-t_\infty$。

式（4-1）称为对流换热微分方程，它给出了表面传热系数与流体温度场之间的关系。对流换热微分方程说明，用分析法求解对流换热的实质就是获得流体内温度分布和速度分布，特别是近壁处流体内的温度分布和速度分布。建立对流换热的完整数学描述是获得分析解的前提。

2. 对流换热问题的数学描述

对流换热微分方程组由连续性方程、动量方程及能量方程组成，它们分别由质量守恒定律、动量守恒定律和能量守恒定律推导而得。常物性、无内热源、二维、不可压缩牛顿流体的微分方程组如下：

$$\left.\begin{aligned}
&\frac{\partial u}{\partial x}+\frac{\partial v}{\partial y}=0\\
&\rho\Big(\frac{\partial u}{\partial \tau}+u\frac{\partial u}{\partial x}+v\frac{\partial u}{\partial y}\Big)=F_x-\frac{\partial p}{\partial x}+\mu\Big(\frac{\partial^2 u}{\partial x^2}+\frac{\partial^2 u}{\partial y^2}\Big)\\
&\rho\Big(\frac{\partial v}{\partial \tau}+u\frac{\partial v}{\partial x}+v\frac{\partial v}{\partial y}\Big)=F_y-\frac{\partial p}{\partial y}+\mu\Big(\frac{\partial^2 v}{\partial x^2}+\frac{\partial^2 v}{\partial y^2}\Big)\\
&\rho c_p\Big(\frac{\partial t}{\partial \tau}+u\frac{\partial t}{\partial x}+v\frac{\partial t}{\partial y}\Big)=\lambda\Big(\frac{\partial^2 t}{\partial x^2}+\frac{\partial^2 t}{\partial y^2}\Big)
\end{aligned}\right\} \tag{4-2}$$

方程组（4-2）对层流、湍流均适用，湍流时需要瞬时值。同导热问题一样，上式的定解条件也可分为初始条件和边界条件。但对流换热问题一般只有第一类（给定温度）和第二类（给定热流）边界条件，没有第三类边界条件。读者应掌握对流换热微分方程建立的基本思想以及方程中各项的物理意义。

方程组（4-2）的直接求解十分困难，在引入边界层概念后，使用分析法求解对流换热问题成为可能。

4.2.3 相似理论

影响对流换热表面传热系数的因素很多。为了最大限度地减少实验次数，又可以使所得出的实验结果具有一定通用性，必须在相似原理的指导下进行实验。学习相似原理时，应充分理解相似理论对实验的指导意义。

1. 物理现象相似的概念

物理现象相似的概念：对于两个同类的物理现象，如果在相应的时刻与相应的地点上与现象有关的物理量一一对应成比例，则称此两现象相似。

由这一概念可知，物理现象相似必须满足以下三个判定条件：

（1）同类现象，指相同形式和内容的微分方程式（控制方程＋单值性条件方程）所描述的现象。电场和温度场不同类。

（2）单值条件相似。如几何相似，即几何形状相似且各对应边成比例。

（3）对应物理量成比例。几何相似的基础上，同名的物理量在所有对应时刻、对应地点的数值成比例。例如：图 4－3 所示的流体在圆管内稳态流动时速度场相似。物理量需满足下式：

$$\frac{v_1'}{v_1''}=\frac{v_2'}{v_2''}=\frac{v_3'}{v_3''}=\cdots=\frac{v_{\max}'}{v_{\max}''}=c_u$$

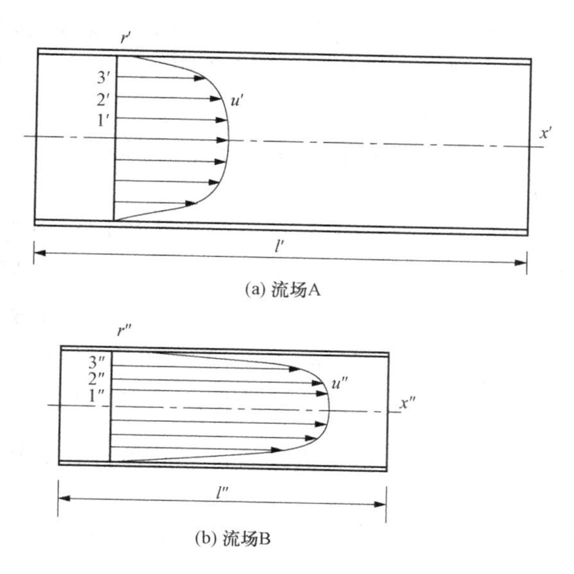

图 4－3 管内速度场相似的概念

2. 物理现象相似的性质

以 A 与 B 单相对流换热现象相似为例。对现象 A，有 $h'=-\frac{\lambda'}{\Delta t'}\frac{\partial t'}{\partial y'}\bigg|_{y'=0}$；对现象 B 有：$h''=-\frac{\lambda''}{\Delta t''}\frac{\partial t''}{\partial y''}\bigg|_{y''=0}$。根据物理量相似，则各个物理量成比例，即$\frac{x'}{x''}=\frac{y'}{y''}=\frac{l'}{l''}=c_l$，$\frac{\lambda'}{\lambda''}=c_\lambda$，$\frac{\Delta t'}{\Delta t''}=\frac{t'}{t''}=c_t$，$\frac{h'}{h''}=c_h$。其中，$c_l$、$c_\lambda$、$c_t$、$c_h$ 均为比例常数。用比例常数和现象 B 的物理量来表示现象 A 的物理量，代入对流换热微分方程中，则

$$\frac{c_h c_l}{c_\lambda}h''=\frac{\lambda''}{\Delta t''}\frac{\partial t''}{\partial y''}\bigg|_{y''=0}$$

与现象 B 的对流换热微分方程对比可知：$\frac{c_h c_l}{c_\lambda}=1$。将比例常数 c_h、c_l、c_λ 的定义式代入，可得$\frac{h'l'}{\lambda'}=\frac{h''l''}{\lambda''}$。$\frac{hl}{\lambda}$组成了一个无量纲准则数，定义为努塞尔数 Nu。由上面推导可知：$Nu_A=Nu_B$。

上面的举例分析说明了物理现象相似的重要特征：

（1）彼此相似的物理现象，同名的相似特征数相等。

（2）物理现象中的各物理量不是单个起作用，而是由各个准则数共同起作用。所以方程的解一定可以整理为由这些准则数组成的函数关系式，称准则关系式或准则方程式，如：$Nu=f(Re, Pr)$。由于彼此相似物理现象同名准则数相等，必定可以用同一个准则方程描述。

3. 相似理论对实验研究的指导意义

（1）实验中应测哪些量？是否所有的物理量都测？

实验中只需要测量相似特征数所包含的各个物理量。

（2）实验数据如何整理？整理成什么样的函数关系？

实验数据按照相似准则方程式的内容进行整理；对于对流换热问题，一般整理成准则数的幂函数形式。

（3）实验结果推广应用的条件是什么？如果实物实验无法开展怎么办？

只要物理现象间满足相似条件，则实验关联式（准则方程）可以推广；实物实验可由满足相似的模型实验代替（模化实验）。

4. 获得相似准则数的方法

本课程主要介绍相似分析法，即通过方程无量纲化的方法来获得无量纲准则数。具体步骤如下：

（1）变量的无因次化。以流体流过平板为例，选取流场的基本特征量：特征几何尺寸——板长 L，特征流速——来流流速 u_∞，特征温度量——温度差 $\Delta t=t_w-t_\infty$ 和特征压力量——压力降 $\Delta p=P_{in}-P_{out}$。以特征量为参考量，将方程中的变量无因次化，即

$$U=u/u_\infty, V=v/u_\infty, X=x/L, Y=y/L, P=p/\Delta p, \Theta=(t-t_\infty)/(t_w-t_\infty)$$

用无量纲变量替代方程组中的相应变量，可得出无量纲变量组成的方程组。方程各项的系数均由变量的参考值组成，它们各自表征其所在项的物理特征，如 $\frac{\rho u_\infty^2}{L}$ 表征流场的惯性力；$\frac{\mu u_\infty}{L^2}$ 表征流场的黏性力；$\frac{\rho c_p u_\infty \Delta T}{L}$ 表征流场的热对流能量；$\frac{\lambda \Delta t}{L^2}$ 表征流场的热传导能量。

（2）方程无量纲化。进一步将方程变成无量纲形式，则方程中出现的由参考量组成的无量纲准则就是我们需要的相似准则，如 $Re=\frac{\rho u_\infty^2}{L}\Big/\frac{\mu u_\infty}{L^2}=\frac{u_\infty L}{\nu}$。基于方程无量纲化获得相似准则的过程简单明了，且相似准则的物理意义十分明确。表 4-2 给出了层流对流换热问题的准则数。

表 4-2　层流对流换热问题的准则数

特征数表达式	物理意义
$Eu=\Delta p/(\rho u_\infty^2)$	欧拉（Euler）数，它反映了流场压力降与其动压头之间的相对关系
$Re=\frac{\rho u_\infty L}{\mu}=\frac{u_\infty}{\nu}$	雷诺数（Reynolds），表征了给定流场的惯性力与其黏性力的对比关系
$Pr=\frac{\nu}{a}$	普朗特（Prandtl）数，它反映了流体的动量扩散能力与其热量扩散能力的对比关系
$Nu=\frac{hL}{\lambda}=-\frac{\partial\Theta}{\partial Y}\Big\vert_{Y=0}$	努塞尔（Nusselt）数，它反映了给定流场的换热能力与其导热能力的对比关系

（3）解的无量纲函数形式。对无量纲方程组无论采取什么方式求解，总可以得出如下形式的速度场和温度场的函数形式：

速度分布 $U=f_u(Re,Eu,P,X,Y)$、$V=f_v(Re,Eu,P,X,Y)$；

压力分布 $P=f_p(Eu,X,Y)$，$Eu=f_e(Re)$；

温度分布 $\Theta=f_\theta(Re,Pr,U,V,X,Y)=f_\theta(Re,Pr,X,Y)$。

将确定局部表面传热系数的式（4-1）也无量纲化，可得

$$Nu_x=\frac{h_x x}{\lambda}=\frac{\partial\Theta}{\partial Y}\Big|_{Y=0} \tag{4-3}$$

由上式可知，努塞尔数是流体与固体表面之间对流换热强弱的一种度量，它实际上反映了表面上的无量纲过余温度梯度。将温度的函数形式代入上式，可得 $Nu_x=f_\theta'(Re, Pr, X)$。

取从 0 到 L 之间的 Nu_x 的平均值，应有

$$Nu = \frac{hL}{\lambda} = f'_{\theta}(Re_L, Pr) \tag{4-4}$$

式（4-4）即为对流换热的准则数之间的函数关系。

5. 整理实验数据的方法

通常，对流换热问题的准则关联式表示成如下形式：

$$Nu = CRe^m Pr^n \tag{4-5}$$

其中常数 C、m、n 等由实验数据确定。当实验数据点较少时，可用图示法确定，当有大量数据点时，可采用最小二乘法。本书第五章介绍的各种实验关联式即为研究人员根据大量实验数据整理的结果。因此，在使用时，要求满足相似条件，且所有参数均在试验范围内。但应注意三大特征量（定性温度、特征长度、特征流速）的选取方式必须与得出所给关联式的实验验证范围相同。

4.2.4　边界层概念及应用

1. 边界层的主要特点

边界层理论在研究对流换热现象时扮演了极重要的角色。边界层概念归根结底就是从数量级的观点出发，忽略主流中速度和过余温度 1%的差异。边界层的主要特点如下：

（1）边界层分为速度边界层和温度边界层，其层厚度分别为 δ、δ_t。在尺度上，δ 与 δ_t 被认为是同一数量级的量，二者与壁面尺寸相比则是很小的量。

（2）边界层内速度梯度和温度梯度很大，即$\frac{\partial u}{\partial y}$、$\frac{\partial t}{\partial y}$很大。

（3）引入边界层概念后，流动区域可分为边界层区和主流区。主流区可认为是等温、理想流体的流动。

（4）边界层内也有层流和湍流两种状态。湍流边界层底部存在一个极薄的黏性底层，仍保持着层流的主要性质，称为层流底层。

（5）对流换热的热阻主要集中在层流边界层的导热热阻，湍流边界层则集中在层流底层的导热热阻。

2. 边界层微分方程的导出

数量级对比法是推导边界层微分方程组的通常做法。由边界层概念导出的如下量级关系是边界层微分方程导出的基础，即 $\delta \ll l$，$\delta \sim \delta_t$，$x \sim l$，$y \sim \delta$，$u \sim u_\infty$，$t \sim \Delta t = t_\infty - t_w$。令：$l$ 表示量级较大的量，δ 表示量级较小的量。下面基于无量纲层流对流换热微分方程来推导。

（1）连续性方程的量级分析。

$$\frac{\partial U}{\partial X} + \frac{\partial V}{\partial Y} = 0$$

$$\left(\frac{1}{1} \quad \frac{\delta}{\delta}\right)$$

注意：y 方向上的速度与 x 方向相比量级很小，即 $V \sim \delta$。

（2）动量方程的量级分析。对 x 方向动量方程进行量级分析：

$$U\frac{\partial U}{\partial X} + V\frac{\partial U}{\partial Y} = -Eu\frac{\partial P}{\partial X} + \frac{1}{Re}\left(\frac{\partial^2 U}{\partial X^2} + \frac{\partial^2 U}{\partial Y^2}\right)$$

$$1\,\frac{1}{1} + \delta\,\frac{1}{\delta} = -\frac{1}{1} + \frac{1}{Re}\left(\frac{1}{1^2} + \frac{1}{\delta^2}\right)$$

注意：1）$\frac{\partial^2 U}{\partial X^2}$与$\frac{\partial^2 U}{\partial X^2}$相比足够小，可忽略。

2）按照边界层假设，在边界层中惯性力与黏性力应有相同的数量级，则$\frac{1}{Re}\left(\frac{1}{1^2}+\frac{1}{\Delta^2}\right)$的数量级应为1，不难判明$Re$的数量级为$\frac{1}{\delta^2}$。这表明：只有$Re$足够大$\left(Re\sim\frac{1}{\delta^2}\right)$时才能满足边界层具有薄层性质。

对y方向上的动量方程进行量级分析：

$$U\frac{\partial V}{\partial X}+V\frac{\partial V}{\partial Y}=-Eu\frac{\partial P}{\partial Y}+\frac{1}{Re}\left(\frac{\partial^2 V}{\partial X^2}+\frac{\partial^2 V}{\partial Y^2}\right)$$

$$1\,\frac{\delta}{1}+\delta\,\frac{\delta}{\delta}=-\frac{\delta}{1}+\delta^2\left(\frac{1}{\delta^2}+\frac{1}{\delta^2}\right)$$

注意：1）y方向动量微分方程相对于x方向（主流方向）成为一个小量δ，因此整个y方向动量方程可以忽略不计。

2）可以得出$-\frac{\partial P}{\partial Y}\sim 0$，在边界层中压力不随$Y$的变化而变化，仅仅是$X$的函数，即$\frac{\partial P}{\partial X}=\frac{\mathrm{d}P}{\mathrm{d}X}$。

（3）能量方程的量级分析。

$$U\frac{\partial \Theta}{\partial X}+V\frac{\partial \Theta}{\partial Y}=\frac{1}{RePr}\left(\frac{\partial^2 \Theta}{\partial X^2}+\frac{\partial^2 \Theta}{\partial Y^2}\right)$$

$$1\,\frac{1}{1}+\delta\,\frac{1}{\delta}=\frac{1}{Re\cdot Pr}\left(\frac{1}{1^2}+\frac{1}{\delta^2}\right)$$

注意：1）$\frac{\partial^2 \Theta}{\partial X^2}$与$\frac{\partial^2 \Theta}{\partial Y^2}$相比足够小，可忽略。

2）由于边界层内分子扩散（导热）与对流具有相同的数量级，因而要求$Re\cdot Pr$的数量级为$\frac{1}{\delta^2}$，也就是温度边界层厚度δ_t足够薄，必须要求$Re\cdot Pr$足够大。

3. 边界层微分方程组及特点分析

二维、稳态、常物性、不可压缩、不计重力、无内热源的强制对流换热问题，其边界层方程组由一个连续方程、一个主流方向的动量微分方程和一个能量方程组成。

$$\left.\begin{aligned}&\frac{\partial u}{\partial x}+\frac{\partial v}{\partial y}=0\\&\rho\left(u\frac{\partial u}{\partial x}+v\frac{\partial u}{\partial y}\right)=-\frac{\mathrm{d}p}{\mathrm{d}x}+\mu\frac{\partial^2 u}{\partial y^2}\\&\rho c_p\left(u\frac{\partial \theta}{\partial x}+v\frac{\partial \theta}{\partial y}\right)=\lambda\frac{\partial^2 \theta}{\partial y^2}\end{aligned}\right\}\tag{4-6}$$

边界层微分方程组（4-6）的特点：

（1）经过在边界层中简化后，由于动量方程和能量方程分别略去了主流方向上的动量扩散项$\frac{\partial^2 u}{\partial x^2}$和热量扩散项$\frac{\partial^2 \theta}{\partial x^2}$，使得动量方程和能量方程由原来的椭圆形变成了抛物型的非线性偏微分方程。

(2) 方程组 (4-6) 的变量个数为四个 (u、v、t、p)，而简化后的方程组个数为 3 个 (u、v、t)。此时方程组仍然封闭，因为压力 p 不再是变量。$\frac{dp}{dx}$项可在边界层的外边缘上利用理想流体伯努利方程变成$-\rho u_\infty \frac{du_\infty}{dx}$的形式。

4. 流体外掠等温平壁的对流换热的分析解

对于外掠平板的层流流动，主流场速度是均速 u_∞，温度是均温 t_∞，平板为恒温 t_w。控制方程为式 (4-6)，定解条件可以表示为

$$y=0: u=v=0, t=t_w$$

$$y=\infty: u=u_\infty, t=t_\infty$$

直接对微分方程组 (4-6) 进行求解，可以获得温度和速度分布的精确解。利用温度分布代入对流换热系数的微分方程，可求得流体外掠平板的层流流动问题的局部表面传热系数 h_x 的表达式为

$$h_x = 0.332\frac{\lambda}{x}\left(\frac{u_\infty x}{\nu}\right)^{1/2}\left(\frac{\nu}{a}\right)^{1/3} \tag{4-7}$$

或者以无量纲数的形式改写为局部 Nusselt 数的表达式，即

$$Nu_x = 0.332Re_x^{1/2}Pr^{1/3} \tag{4-8}$$

此外，还可以应用边界层积分非常获得近似解

5. 流动边界层和热边界层的比较

对于外掠平板的层流流动，$u_\infty=\text{const}$，此时$\frac{dp}{dx}=-\rho u_\infty\frac{du_\infty}{dx}=0$。观察式 (4-6) 中的动量方程与能量方程具有完全相同的数学形式，且边界条件的形式也一样，故$\frac{u-u_w}{u_\infty-u_w}$与$\frac{t-t_w}{t_\infty-t_w}$两者的分布完全相似。温度边界层的厚度 $\delta_t(x)$ 与速度边界层的厚度 $\delta_t(x)$ 的相对大小则取决于普朗特数的大小$\left(Pr=\frac{\nu}{a}=\frac{\mu c_p}{\lambda}\right)$。

上面的分析给出了 Pr 的另一层物理意义：表示流动边界层和温度边界层的相对厚度。根据 Pr 的大小，两种边界层厚度存在以下三种关系：

(1) $Pr=1$ 时，$\nu=a$，黏性扩散能力与热扩散能力相当，速度边界层厚度与温度边界层厚度相等，即 $\delta=\delta_t$。

(2) $Pr>1$ 时，$\nu>a$，黏性扩散能力大于热扩散能力，速度边界层厚度大于温度边界层厚度，即 $\delta>\delta_t$。

(3) $Pr<1$ 时，$\nu<a$，黏性扩散能力小于热扩散能力，速度边界层厚度小于温度边界层厚度，即 $\delta<\delta_t$。

4.2.5 湍流边界层换热的类比分析

1. 比拟理论的基本思想

由于紊流动量和能量的交换都起因于速度的横向脉动，可以说一个起因产生两种结果，由此可预见，动量交换与能量交换间必存在着某种类比关系。依据这种关系就可以在已知阻力系数的情况下推算出与之对应的传热系数。

2. 雷诺比拟

采用与层流相同的无量纲参数定义，沿平壁湍流边界层的动量和能量微分方程能够表示为如下形式：

$$U\frac{\partial U}{\partial X}+V\frac{\partial U}{\partial Y}=\frac{1}{Re_L}\left(1+\frac{\nu_t}{\nu}\right)\frac{\partial^2 U}{\partial Y^2} \tag{4-9a}$$

$$U\frac{\partial \Theta}{\partial X}+V\frac{\partial \Theta}{\partial Y}=\frac{1}{Re_L Pr}\left(1+\frac{a_t}{a}\right)\frac{\partial^2 \Theta}{\partial Y^2} \tag{4-9b}$$

式中：ν_t 和 a_t 分别表示湍流动量扩散率和湍流热量扩散率。

仿照物性普利特数定义湍流普利特数 $Pr_t=\nu_t/a_t$。假设 Pr_t 和 Pr 均取作 1，式（4-9）两式将具有完全相同的解，即

$$\left.\frac{\partial U}{\partial Y}\right|_{Y=0}=\left.\frac{\partial \Theta}{\partial Y}\right|_{Y=0}$$

上式中

$$\left.\frac{\partial U}{\partial Y}\right|_{Y=0}=\left.\frac{\partial (u/u_\infty)}{\partial (y/L)}\right|_{Y=0}=\left.\frac{\partial u}{\partial y}\right|_{y=0}\frac{L}{u_\infty}=\mu\left.\frac{\partial u}{\partial y}\right|_{y=0}\cdot\frac{L}{\mu u_\infty}=\tau_w\cdot\frac{1}{\frac{1}{2}\rho u_\infty^2}\cdot\frac{\rho u_\infty L}{2\mu}=c_f\frac{Re}{2}$$

类似地

$$\left.\frac{\partial \Theta}{\partial Y}\right|_{Y=0}=\left.\frac{\partial[(t-t_w)/(t_\infty-t_w)]}{\partial (y/L)}\right|_{Y=0}=-\lambda\left(\frac{\partial t}{\partial y}\right)_{y=0}\frac{-L}{(t_\infty-t_w)\lambda}=\frac{q_w}{(t_w-t_\infty)}\frac{L}{\lambda}=\frac{h_{x=L}L}{\lambda}=Nu$$

从而可得到

$$Nu_x=c_f\frac{Re_x}{2}$$

以上就是著名的雷诺比拟，它成立的前提是 $Pr=1$。雷诺比拟的意义：将较难测定的湍流传热量和相对比较容易测定的湍流阻力关联起来。针对 $Pr\neq1$ 的更普遍的情况，有挈尔顿—科尔本比拟（修正雷诺比拟）、普朗克比拟和卡门比拟等。

4.3 典 型 例 题

4.3.1 简答题

【例 4-1】 由对流换热微分方程知，该式中没有出现流速，有人因此得出结论：表面传热系数 h 与流体速度场无关。试判断这种说法的正确性。

答：这种说法不正确。因为在描述流动的能量微分方程中，对流项含有流体速度，即要获得流体的温度场，必须先获得其速度场，“流动与换热密不可分”。因此表面传热系数必与流体速度场有关。

【例 4-2】 对流换热问题的支配方程有哪些？将这些方程无量纲化我们能够得出哪些重要的无量纲数（准则）？

答：对流换热问题的支配方程有连续性方程、动量微分方程、能量微分方程以及换热微分方程。将这些方程无量纲化我们能够得出雷诺数 Re、贝克莱数 Pe、普朗特数 Pr、格拉晓夫数 Gr 和努赛尔数 Nu 等重要的无量纲数（准则）。

【例 4-3】 在流体温度边界层中，何处温度梯度的绝对值最大？为什么？有人说对一定表面传热温差的同种流体，可以用贴壁处温度梯度绝对值的大小来判断表面传热系数 h 的大

小，你认为对吗？

答：在温度边界层中，贴壁处流体温度梯度的绝对值最大。因为壁面与流体间的热量交换都要通过贴壁处不动的薄流体层，因而这里换热最剧烈。由对流换热微分方程 $h_x=-\frac{\lambda}{\Delta t_x}\left(\frac{\partial t}{\partial y}\right)_{y=0}$，对一定表面传热温差的同种流体，$\lambda$ 与 Δt 均保持为常数，因而可用 $\left(\frac{\partial t}{\partial y}\right)_{y=0}$ 绝对值的大小来判断表面传热系数 h 的大小。

【例 4-4】 对流换热边界层微分方程组是否适用于黏度很大的油和 Pr 数很小的液态金属？为什么？

答：对黏度很大的油类，Re 数很低，速度边界层厚度 δ_x 与 x 为同一数量级，因而动量方程中 $\frac{\partial^2 u}{\partial x^2}$ 和 $\frac{\partial^2 u}{\partial y^2}$ 为同一量级，不可忽略，且此时由于 $\delta_x \sim x$，速度 u 和 v 为同一量级，y 方向的动量微分方程不能忽略。

对 Pr 数很小的液态金属，速度边界层厚度 δ_x 与温度边界层厚度 δ_t 相比，$\delta_x \ll \delta_t$，在边界层内 $\frac{\partial^2 t}{\partial x^2} \sim \frac{\partial^2 t}{\partial y^2}$，因而能量方程中 $\frac{\partial^2 t}{\partial x^2}$ 不可忽略。

因此，对流换热边界层微分方程组不适用于黏度大的油和 Pr 数很小的液态金属。

【例 4-5】 试比较准则数 Nu 和 Bi 的异同。

答：从形式上看，Nu 数 $\left(Nu=\frac{hL}{\lambda}\right)$ 和 Bi 数 $\left(Bi=\frac{hL}{\lambda}\right)$ 完全相同，但二者物理意义却不同。Nu 数中的 λ 为流体的导热系数，而一般 h 未知，因而 Nu 数一般是待定准则。Nu 数的物理意义表示壁面附近流体的无量纲温度梯度，它表示流体对流换热的强弱。而 Bi 数中的 λ 为导热物体的导热系数，且一般情况下 h 已知，Bi 数一般是已定准则。Bi 数的物理意义是导热体内部导热热阻和外部对流热阻的相对大小。

【例 4-6】 为什么热量传递和动量传递过程具有类比性？

答：如果用形式相同的无量纲方程和边界条件能够描述两种不同性质的物理现象，就称这两种现象是可类比的或者可比拟的。把它们的有关变量定量地联系起来的关系式就是类比律。可以证明，沿平壁湍流时的动量和能量微分方程就能够表示成如下形式：

$$U\frac{\partial U}{\partial X}+V\frac{\partial U}{\partial Y}=\frac{1}{Re_L}\left(1+\frac{\nu_t}{\nu}\right)\frac{\partial^2 U}{\partial Y^2}$$

$$U\frac{\partial \Theta}{\partial X}+V\frac{\partial \Theta}{\partial Y}=\frac{1}{Re_L Pr}\left(1+\frac{a_t}{a}\right)\frac{\partial^2 \Theta}{\partial Y^2}$$

其中，$X=\frac{x}{L}$，$Y=\frac{y}{L}$，$\Theta=\frac{t-t_w}{t_f-t_w}$，$U=\frac{u}{u_w}$，$V=\frac{v}{u_\infty}$，$p=\frac{p}{\rho u_\infty^2}$。

【例 4-7】 有若干个同类物理现象，怎样才能说明其单值性条件相似？试设想用什么方法可以实现物体表面温度恒定、表面热流量恒定的边界条件？

答：所谓单值条件是指包含在准则中的各已知物理量，即影响过程特点的那些条件——时间条件、物理条件、边界条件。所谓单值性条件相似，首先是时间条件相似（稳态过程不存在此条件）。然后，几何条件、边界条件及物理条件要分别成比例。采用饱和蒸汽（或饱和液体）加热（或冷却）可实现物体表面温度恒定的边界条件，而采用电加热可实现表面热流量恒定的边界条件。

【例 4-8】 微分方程的无量纲化可以产生无量纲的准则，试问 Re 和 $RePr$ 各自是从什么微分方程中导出的？它们各自的物理意义如何？

答：对流换热问题的支配方程有连续性方程，动量微分方程无量纲化能够得出 Re，能量微分方程无量纲化能得出 $Pe=RePr$。这些准则的物理意义分别是：Re 表征给定流场的流体惯性力与其黏性力的对比关系；Pe 表征给定流场的流体热对流能力与其热传导（扩散）能力的对比关系；Pr 反映物质的动量扩散特性与其热量扩散特性的对比关系。

【例 4-9】 边界层能量方程的形式为 $\rho c_p\left(u\frac{\partial\theta}{\partial x}+v\frac{\partial\theta}{\partial y}\right)=\lambda\frac{\partial^2\theta}{\partial y^2}$，试指出各项反映出的物理过程的实质。这是什么类型的偏微分方程？其物理特征如何？

答：方程左边为热对流项，表现流场的热量宏观输运能力；右边则为热扩散项，表明流体微观的热量传递能力。此为抛物形偏微分方程，表现出上游物理量影响下游物理量的物理特征，是单通道型的问题。

【例 4-10】 管内紊流受迫对流换热时，Nu 数与 Re 数和 Pr 数有关。试以电加热方式加热管内水的受迫对流为例，说明如何应用相似理论设计实验，并简略绘制出其实验系统图。

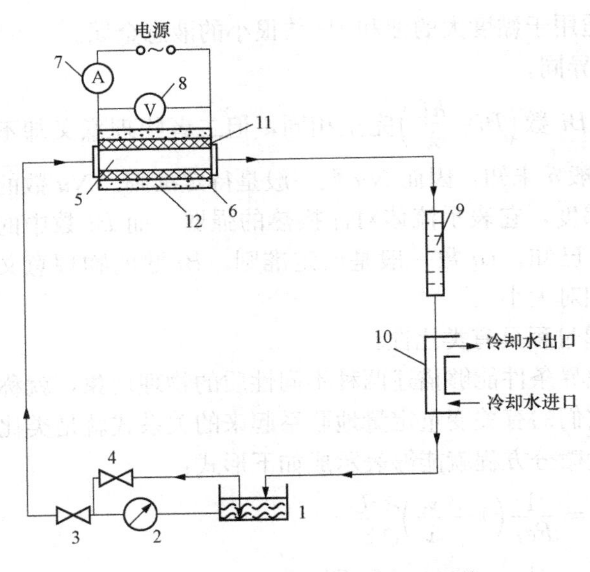

图 4-4 例 4-10 简单的实验系统

1—水箱；2—水泵；3—调节阀；4—旁通阀；5—实验段；6—热电偶；7—电流表；8—电压表；9—流量计；10—冷却器；11—电加热器；12—绝热层

答：(1) 模型的选取和实验系统。依据判断相似的条件，首先应保证是同类现象，包括单值性条件相似；其次是保证同名已定准则数相等。选取无限长圆管，圆管外套设有电加热器。属于管内水的纯受迫流动。简单的实验系统如图 4-4 所示。

(2) 需要测量的物理量。

准则数方程式形式为 $Nu=f(Re, Pt)$。由 $Re=\frac{ud}{\nu}$、$Nu=\frac{hd}{\lambda}$、$Pr=\frac{\nu}{a}$、$\Phi=IU$、牛顿冷却公式 $h=\frac{\Phi_{\text{heat}}}{\pi dl(t_w-t_f)}=\frac{IU}{\pi dl\left(t_w-\frac{t_{f,in}+t_{f,out}}{2}\right)}$，以及 $u=\frac{Q_v}{\frac{\pi d^2}{4}}$，可确定需要测量的物理量有：加热器的电流 I、电压 U，管内壁面温度 t_w，进出口水流温度 $t_{f,in}$ 和 $t_{f,out}$，管内水的体积流量 q_V，管子的内径 d 和长度 L。所有流体物性由定性温度 $t_f=\frac{t_{f,in}+t_{f,out}}{2}$ 查取水的物性而得。

(3) 实验数据的整理方法。根据相似准则数之间存在由微分方程式决定的函数关系，对流传热准则数方程式形式应为 $Nu=f(Re, Pr)=CRe^nPr^{1/3}$，实验数据整理的任务就是确定 C 和 n 的数值，为此必须有多组的实验数据。由多组的实验数据得 $(Re、Pr)_i\rightarrow Nu_i$。

将 $Nu=cRe^nPr^{1/3}$ 转化为直线方程：$Y=nX+1nc$；由 $(Re、Pr)_i\rightarrow Nu_i$ 得 $X_i\rightarrow Y_i$，确

定系数 n 和 c。

确定系数 n 和 c 的方法有图解法（见图 4-5）和最小二乘法。图中的直线斜率即准则关联式的 n，截距即式中的 $\lg C$，即 $n=\tan(\varphi)$，$C=Nu/Re^n$。

注意：为保证结果的准确性，直线应尽量使各点处在该线上或均匀分布在其两侧。

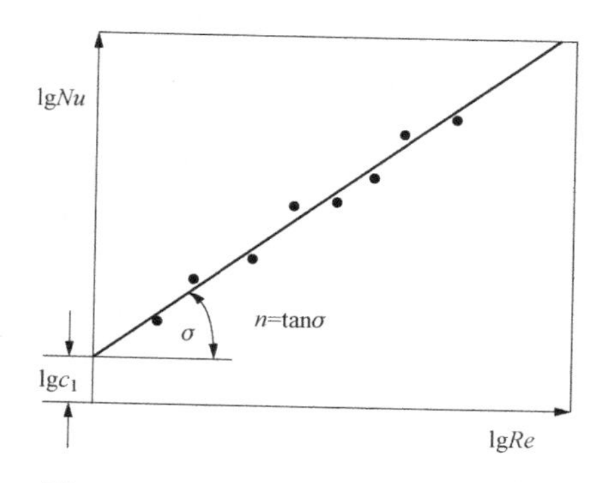

图 4-5 准则关系式的作图确定示意

(4) 实验结果的应用。根据相似的性质，所得的换热准则数可以应用到无数的与模型物理相似的现象群，而不仅仅是实物的物理现象。之所以说是现象群，是因为每一个 Re 均对应着一个相似现象群。

【例 4-11】 绘图说明气体掠过平板时的流动边界层和热边界层的形成和发展。

答：当温度为 t_f 的流体以 u_∞ 速度流入平板前缘时，边界层的厚度 $\delta=\delta_t=0$，沿着 x 方向，随着 x 的增加，由于壁面黏滞力影响逐渐向流体内部传递，边界层厚度逐渐增加，在达到 x_c 距离（临界长度 x_c 由 Re_c 来确定）之前，边界层中流体的流动为层流，称为层流边界层，在层流边界层截面上的流速分布，温度分布近似一条抛物线，如图 4-6 所示。在 x_c 之后，随着边界层厚度 δ 的增加，边界层流动转为紊流称为紊流边界层，即使在紊流边界层中，紧贴着壁面的薄层流体，由于黏滞力大，流动仍维持层流状态，此极薄层为层流底层 δ_t，在紊流边界层截面上的速度分布和温度分布在层流底层部分较陡斜，近于直线，而底层以外区域变化趋于平缓。

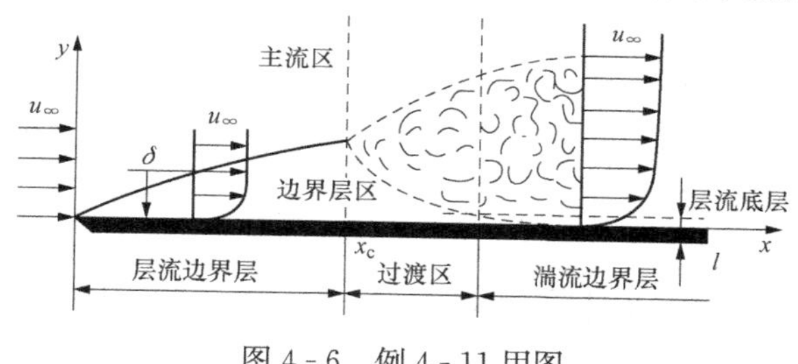

图 4-6 例 4-11 用图

4.3.2 分析与计算

【例 4-12】 对于流体外掠平板的流动，试利用数量级分析的方法，从动量方程引出边界层厚度的如下变化关系式：$\delta/x\approx1\ \sqrt{Re_x}$。

解： 由边界层理论可知，外掠平板流动的连续性方程为

$$\frac{\partial u}{\partial x}+\frac{\partial v}{\partial y}=0 \tag{a}$$

从量级关系上分析，有 $u\sim u_\infty$，$x\sim x$，$y\sim\delta$，代入（a）式，可得

$$v\sim\frac{u_\infty}{x}\delta$$

外掠平板流动的边界层动量微分方程为

$$u\frac{\partial u}{\partial x}+\nu\frac{\partial u}{\partial y}=\nu\frac{\partial^2 u}{\partial y^2}$$

式中各项的数量级如下：

$$u\frac{\partial u}{\partial x}\sim u_\infty\frac{u_\infty}{x},\quad \nu\frac{\partial u}{\partial y}\sim\frac{u_\infty}{x}\delta\frac{u_\infty}{\delta},\quad \nu\frac{\partial^2 u}{\partial y^2}\sim\nu\frac{u_\infty}{\delta^2}$$

在边界层内，黏性力项与惯性力项具有相同的数量级，也就是

$$\frac{u_\infty^2}{x} \sim \nu \frac{u_\infty}{\delta^2}$$

即$\dfrac{\delta^2}{x^2} \sim \dfrac{\nu}{u_\infty x}$，所以$\dfrac{\delta}{x} \sim \dfrac{1}{\sqrt{Re_x}}$

【例 4-13】 已知边界层内速度分布为$u=u_\infty\left[2\dfrac{y}{\delta}-\left(\dfrac{y}{\delta}\right)^2\right]$，求边界层厚度

解：边界层动量积分方程为

$$\rho\frac{\mathrm{d}}{\mathrm{d}x}\int_0^\delta u(u_\infty-u)\mathrm{d}y=\mu\left.\frac{\mathrm{d}u}{\mathrm{d}y}\right|_{y=0} \tag{4-10}$$

将$u=u_\infty\left[2\dfrac{y}{\delta}-\left(\dfrac{y}{\delta}\right)^2\right]$代入（a）式。（a）式左边的积分项计算如下：

$$\begin{aligned}\int_0^\delta u(u_\infty-u)\mathrm{d}y&=\int_0^\delta u_\infty\left(\frac{2y}{\delta}-\frac{y^2}{\delta^2}\right)\left[u_\infty-u_\infty\left(\frac{2y}{\delta}-\frac{y^2}{\delta^2}\right)\right]\mathrm{d}y\\&=u_\infty^2\int_0^\delta\left(\frac{2y}{\delta}-\frac{y^2}{\delta^2}\right)\left(1-\frac{2y}{\delta}+\frac{y^2}{\delta^2}\right)\mathrm{d}y\\&=u_\infty^2\int_0^\delta\left(\frac{2y}{\delta}-\frac{5y^2}{\delta^2}+\frac{4y^3}{\delta^3}-\frac{y^4}{\delta^4}\right)\mathrm{d}y\\&=u_\infty^2\left(\frac{2y^2}{2\delta}-\frac{5}{\delta^2}\frac{y^3}{3}+\frac{4}{\delta^3}\frac{y^4}{4}-\frac{1}{\delta^4}\frac{y^5}{5}\right)\Bigg|_0^\delta\\&=\frac{2}{15}u_\infty^2\delta\end{aligned} \tag{4-11}$$

式（4-10）右侧的微分项计算如下：

$$\left.\frac{\mathrm{d}u}{\mathrm{d}y}\right|_{y=0}=\frac{\mathrm{d}}{\mathrm{d}y}\left[u_\infty\left(\frac{2y}{\delta}-\frac{y^2}{\delta^2}\right)\right]_{y=0}=u_\infty\left(\frac{2}{\delta}-\frac{2y}{\delta^2}\right)_{y=0}=\frac{2u_\infty}{\delta} \tag{4-12}$$

将式（4-11）、式（4-12）代入式（4-10）可得

$$\rho\frac{\mathrm{d}}{\mathrm{d}x}\left(\frac{2}{15}u_\infty^2\delta\right)=\frac{2\mu u_\infty}{\delta} \tag{4-13}$$

对式（4-13）分离变量可得$\delta\mathrm{d}\delta=\dfrac{15\mu}{\rho\mu_\infty}\mathrm{d}x$

两边积分得

$$\frac{\delta^2}{2}=\frac{15\mu}{\rho\mu_\infty}x+c \tag{4-14}$$

代入边界条件：$x=0$：$\delta=0$，可得$c=0$。由式（4-14）可得

$$\delta=\sqrt{\frac{30vx}{u_\infty}}=5.477\sqrt{\frac{vx}{u_\infty}}=5.477x\sqrt{\frac{v}{u_\infty x}}=5.477xRe_x^{0.5}$$

【例 4-14】 为了解某空气预热器的换热性能，用尺寸为实物 1/8 的模型来预测。模型中用 40℃的空气模拟空气预热器中 133℃的空气。空气预热器中空气的流速为 6.03m/s，问模型中空气的流速应该为多少？如果模型中测得的表面传热系数为 412W/(m^2·℃)，则空气预热器中对应的表面传热系数为多少？

解：由相似理论可知，要使模型与实物中的对流换热现象相似，就应使它们的同名相似准则数相等。以下用下标 m 表示模型的参数，下标 p 表示实物的参数。

1. 求模型中空气的流速

由相似原理，$Re_\mathrm{m}=Re_\mathrm{p}$，即$\dfrac{u_\mathrm{m}l_\mathrm{m}}{v_\mathrm{m}}=\dfrac{u_\mathrm{p}l_\mathrm{p}}{v_\mathrm{p}}$，可得$u_\mathrm{m}=u_\mathrm{p}\dfrac{l_\mathrm{p}v_\mathrm{m}}{l_\mathrm{m}v_\mathrm{p}}$。

查主教材附录4得空气的物性参数：40℃时，$\upsilon_m=16.96\times10^{-6}m^2/s$，$\lambda_m=0.0276W/(m\cdot℃)$；133℃时，$\upsilon_p=26.98\times10^{-6}m^2/s$，$\lambda_p=0.0344W/(m\cdot℃)$。计算得 $u_m=30.32m/s$。

2. 空气预热器的表面传热系数

显然，应有 $Nu_m=Nu_p$，即$\frac{h_m l_m}{\lambda_m}=\frac{h_p l_p}{\lambda_p}$，得 $h_p=h_m\frac{l_m\lambda_p}{l_p\lambda_m}=64.19[W/(m^2\cdot℃)]$

讨论：由相似原理可知，模型和实物中空气的普朗特数也应该相等。但本题中两者的温度不同，40℃时的 $Pr_m=0.699$，133℃时的 $Pr_p=0.685$。两者其实相差不大，近似相等，可认为模型和实物中的对流换热是基本相似的，由模型得到的数据仍具有参考价值。

【例4-15】 表4-3是空气横向绕流单根圆管对流换热实验中所测得的数据，试将表中数据整理为准则关系式 $Nu=cRe^m$ 的形式。

表4-3 **测 量 数 据**

c	1	2	3	4	5	6	7	8	9	10
$Re\times10^{-3}$	5.00	6.87	8.04	9.55	11.60	14.00	15.10	20.20	22.40	25.00
Nu	37.8	45.1	50.6	56.4	62.5	70.0	74.5	86.1	90.9	100.0

解： 本题就是要得到 c 和 m 的具体数值。可以先转换为 $\lg Nu=m\lg Re+\lg c$ 的形式，相应的数据转换见表4-4。

表4-4 **数 据 转 换**

	1	2	3	4	5	6	7	8	9	10
$\lg Re$	3.699	3.837	3.905	3.980	4.064	4.146	4.179	4.305	4.350	4.398
$\lg Nu$	1.577	1.654	1.704	1.751	1.796	1.845	1.872	1.935	1.959	2.000

这里采用作图法。在图中先标上实验数据点，如图4-7所示，再作一条最接近这些点的一条直线。该直线的斜率为 $m=0.60$。

c 可按照 $c=Nu/Re^{0.6}$ 来计算 c 值。在直线上取若干个点，如点1，可得 $C_1=37.8/5000^{0.6}=0.228$；点6可得 $C_2=70.0/14\,000^{0.6}=0.228$；点10可得 $c_3=100.0/2\,5000^{0.6}=0.230$。最后求它们的平均值得 $c=0.229$。所求准则关系式为 $Nu=0.229Re^{0.6}$。

讨论：作图法有一定的人为误差，也可以采用最小二乘法，精确度要高些。

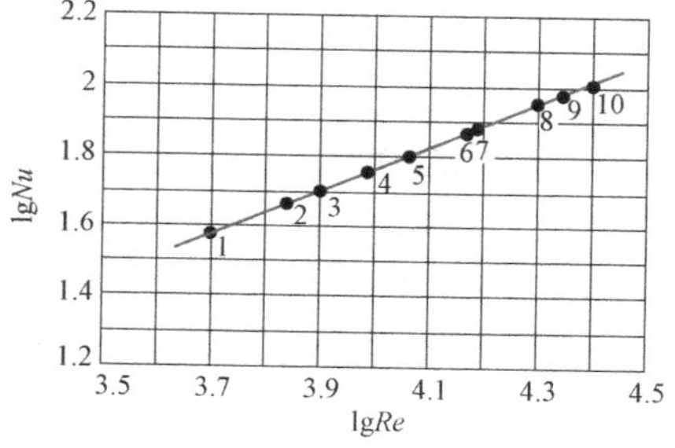

图4-7 例4-15附图

【例4-16】 在1.2个大气压力下，温度为27℃的空气以2m/s的速度流过壁面温度为53℃、长度为1m的平板。试计算距前沿分别为30cm、50cm处的边界层厚度、局部表面传热系数，并求单位板宽的换热量。

解： 由理想气体状态方程计算气体的密度为

$$\rho=p/RT=1.41(kg/m^3)$$

按定性温度 $t_m=(27+53)/2=40℃$，由主教材附录5查取空气的物性参数：

$$\lambda=2.76\times10^{-2}W/(m\cdot℃),\ \mu=19.1\times10^{-6}kg/(m\cdot s),\ Pr=0.699$$

(1) 在 $x=30cm$ 处，$Re_x=\rho ux/\mu=4.43\times10^4<5\times10^5$，为层流。

边界层厚度为 $\delta=4.64xRe_x^{-1/2}=0.6$（mm）

局部表面传热系数 $h_x=0.332\dfrac{\lambda}{x}Re_x^{1/2}Pr^{1/3}=5.71$[W/(m²·℃)]

（2）在 $x=50$cm 处，$Re_x=7.38\times10^4<5\times10^5$，为层流。

边界层厚度为 $\delta=8.54$mm

局部表面传热系数：$h_x=4.42$W/(m²·℃)

（3）在 $x=1$m 处，$Re_x=1.476\times10^5<5\times10^5$，仍为层流，$h_x=3.14$W/(m²·℃)。

全板平均表面传热系数 $h=2h_x=6.28$W/(m²·℃)

（4）单位板宽换热量 $\Phi=h(t_w-t_\infty)\cdot L\cdot 1=163.3$（W）

【例 4-17】 空气以 40m/s 的速度流过长宽均为 0.2m 的薄板，$t_f=20$℃，$t_w=120$℃，实测空气掠过此板上下两表面时的摩擦力为 0.075N，试计算此板与空气间的换热量（设此板仍作为无限宽的平板处理，不计宽度 z 方向的变化）。

解：应用柯尔朋类比律，有

$$\frac{\tau_w}{\rho u_w^2}=\frac{c_f}{2}=StPr^{2/3}=\frac{h}{\rho c_p u_\infty}Pr^{2/3}$$

其中 ρ、c_p 用定性温度 $t_m=\dfrac{t_w+t_f}{2}=70$(℃) 查主教材附录 5 干空气的热物理性质确定：$\rho=1.029$kg/m³，$c_p=1.009$kJ/(kg·℃)，$Pr=0.694$，代入上式可得

$$\frac{0.075/(0.2^2\times2)}{1.029\times40^2}=\frac{h}{1.029\times1.009\times10^3\times40}\times0.694^{2/3}$$

得 $h=30.17$W/(m²·℃)。

换热量为

$$\Phi=hA(t_w-t_f)=30.17\times(0.2^2\times2)\times(120-20)=241.4(\text{W})$$

4.4 自 学 练 习

一、单项选择题

1. 流体在泵、风机或水压头等作用下产生的流动称为（　　）。

A. 自然对流　　B. 层流　　C. 强制对流　　D. 湍流

2. 下列哪种物质中不可能产生热对流？（　　）

A. 空气　　B. 水　　C. 油　　D. 铜板

3. 下列哪个准则数反映了流体物性对对流换热的影响？（　　）

A. 雷诺数　　B. 雷利数　　C. 普朗特数　　D. 努塞尔数

4. 绝大多数情况下强制对流时的对流换热系数（　　）自然对流。

A. 小于　　B. 等于　　C. 大于　　D. 无法比较

5. 雷诺数反映了（　　）的对比关系。

A. 重力和惯性力　　B. 惯性力和黏性力

C. 重力和黏性力　　D. 浮升力和黏性力

6. 努塞尔准则 Nu 中的导热系数指的是（　　）。

A. 流体的导热系数

B. 固体壁面的导热系数

C. 流体的导热系数和固定壁面的导热系数的平均值

D. 依具体条件而定

7. 壁面与温度为 t 的流体接触。若对流换热系数 h 无穷大，那么该条件相当于（　　）。

A. 壁面温度 $t_w=t_f$　　B. 壁面热流 $q_w=$常数

C. 绝热　　D. 稳态

8. 壁面与温度为 t_f 的流体接触。如果对流换热系数 h 为零，那么该条件相当于（　　）。

A. $t_w=t_f$　　B. $t_w=$常数　　C. 绝热　　D. 稳态

9. 某流体的 Pr 大于 1，那么该流体的速度边界层与温度边界层（　　）。

A. 一样厚　　B. 不一定

C. 温度边界层较厚　　D. 速度边界层较厚

10. 判断同类现象是否相似的充分必要条件为（　　）。

A. 单值性条件相似，已定的同名准则相等

B. 物理条件和几何条件相似，已定的同名准则相等

C. 物理条件和边界条件相似，已定的同名准则相等

D. 几何条件和边界条件相似，已定的同名准则相等

11. 流体掠过平板对流换热时，在下列边界层各区，温度降主要发生在（　　）。

A. 主流区　　B. 湍流边界区

C. 层流底层　　D. 湍流核心区

二、多项选择题

1. 下列哪些是影响对流换热的主要因素？（　　）

A. 流动起因　　B. 壁面温度

C. 表面黑度　　D. 换热面的几何形状

2. 对于 Pr 数，下列哪些说法是正确的？（　　）

A. 它是动力黏度与热扩散率的比值

B. 它是研究对流换热最常用的重要准则

C. 对于层流流动，当 $Pr=1$ 时，速度边界层厚度等于热边界层厚度

D. 它反映了流体中热量扩散和动量扩散的相对程度

3. 对流换热微分方程组包括（　　）。

A. 傅里叶定律　　B. 对流换热微分方程式

C. 动量微分方程　　D. 能量微分方程

4. 对流换热中常见的几个相似准则是（　　）。

A. 格拉晓夫准则 Gr　　B. 努塞尔准则 Nu

C. 雷诺准则 Re　　D. 普朗特准则 Pr

5. 如下二维不可压缩常物性流体的动量微分方程，方程各项分别表征（　　）。

$$\rho\left(\frac{\partial v}{\partial \tau}+u\frac{\partial v}{\partial x}+v\frac{\partial v}{\partial y}\right)=F_y-\frac{\partial p}{\partial y}+\mu\left(\frac{\partial^2 v}{\partial x^2}+\frac{\partial^2 v}{\partial y^2}\right)$$

A. 惯性力　　B. 体积力

C. 流场静压力的变化　　D. 流体热对流项

6. 求解对流换热问题有如下途径（　　）。

A. 分析求解　　B. 实验研究　　C. 近似求解　　D. 数值求解

三、简答题

1. 用水和同温空气冷却物体，为什么水的表面传热系数比空气大得多？

2. 什么是温度边界层？能量方程在温度边界层中得到简化所必须满足的条件是什么？这样的简化有何好处？

3. 同一种流体流过直径不同的两根管道，A 管直径是 B 管的 2 倍，A 管的流量也是 B 管的 2 倍。两管中的流动现象是否相似？请说明理由。

4. 利用对流换热微分方程说明求取表面传热系数 h 的复杂性，并说明哪些因素会影响 h 值的大小。

5. 对流换热过程微分方程与导热过程的第三类边界条件表达式两者有什么不同之处？

6. 流体在两平行平板间作层流充分发展的对流换热（见图 4-8）。试画出下列三种情形下充分发展区域截面上的流体温度分布曲线。

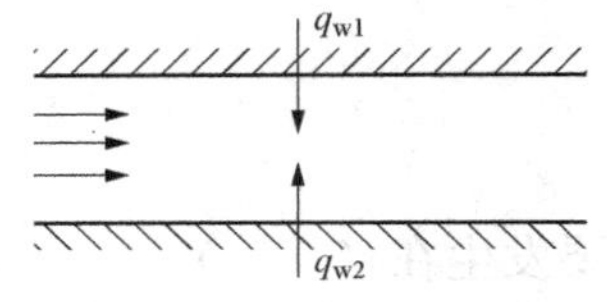

图 4-8　简答题 6 用图

7. 外掠平壁层流边界层内，为什么存在壁面法线方向（y 向）的速度 v？

8. 在对流换热的理论分析中，边界层理论有何重要意义？

9. 为什么 $Pr>1$ 的流体 $\delta>\delta_t$？

10. 流体沿着一大平板流动，已知流体流速为 u_∞，温度为 T_∞，平板温度为 T_w（$T_w>T_\infty$）。试分别画出在 $Pr<1$、$Pr>1$ 的条件下其壁面形成的速度边界层和温度边界层厚度相对大小示意图，以及边界层内速度和温度的剖面曲线。

11. 根据数量级分析，边界层连续性方程并未得到简化，为什么？

12. 试用简明的语言说明热边界层的概念。

13. 与完全的能量方程相比，边界层能量方程最重要的特点是什么？

14. 对流换热问题完整的数字描述应包括什么内容？既然对大多数实际对流传热问题尚无法求得其精确解，那么建立对流换热问题的数字描述有什么意义？

15. 以二维不可压缩流体的流动为例，写出紊流时均动量方程，并解释式中各脉动项的物理意义。

四、计算题

1. 表 4-5 所列为流体外掠正方形柱体（其一界面与流体来流方向垂直）的换热实验数据。

表 4-5　　实　验　数　据

Nu	41	125	117	202
Re	5000	20 000	41 000	90 000
Pr	2.2	3.9	0.7	0.7

采用 $Nu=CRe^nPr^m$ 的关系式来整理数据并取 $m=1/3$，试确定其中的常数 C 与指数 n。在上述 Re 及 Pr 范围内，当方形柱体的截面对角线与末流方向平行时，可否用此式进行计算，为什么？

2. 对于空气掠过图 4-9 所示的正方形截面柱体（$l=0.5$m）的情形，有人通过试验测得下列数据：$u_1=15$m/s，$h_1=40$W/(m^2·K)；$u_2=20$m/s，$h_2=50$W/(m^2·K)，其中 h 为平均表面传热系数。对于形状相似但 $l=1$m 的柱体，试确定当空气流速为 15m/s 及 20m/s 时的平均表面传热系数。设在所讨论的情况下空气的对流换热准则方程具有以下形式 $Nu=CRe^mPr^n$，且四种情形下定性温度之值均相同，特征长度为 l。

3. 若平板上流动边界层的速度分布为$\frac{u}{u_\infty}=\frac{y}{\delta}$，求层流边界层厚度与流过距离 x 的关系（按积分方程推导）。

4. 温度 $t_f=80$℃的空气外掠 $t_w=30$℃的平板，平板长为 0.3m，宽为 0.5m，已知 $h_x=4.4x^{-1/2}$，试求对流换热量（不计板宽的影响）。

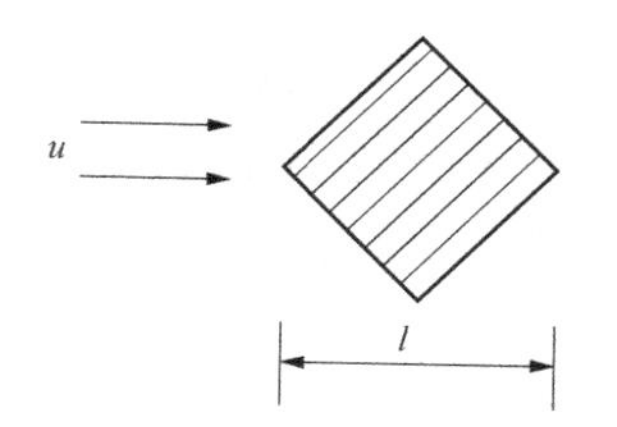

图 4-9 计算题 2 附图

5. 一换热设备的工作条件是：壁温 $t_w=120$℃，加热 $t_f=80$℃的空气，空气流速 $u=0.5$m/s。采用一个全盘缩小成原设备 1/5 的模型来研究它的换热情况。在模型中也对空气加热，空气温度 $t_f'=10$℃，壁面温度 $t_w'=30$℃。试问模型中流速 u'应多大才能保证与原设备中的换热现象相似（模型中各量用上角码“′”标明）。

6. 用平均温度为 50℃的空气来模拟平均温度为 400℃的烟气外掠管束的对流换热，模型中烟气流速在 10～15m/s 范围内变化。模型采用与实物一样的管径，问模型中空气的流速应在多大范围内变化?

7. 将机翼近似当作沿飞行方向长为 2m 的平板，飞机以 100m/s 的速度飞行，空气的压力为 0.8atm、温度为 0℃，如果机翼表面吸收太阳的能量为 750W/m^2。设机翼温度均匀，试确定机翼热稳态时的温度。

8. 已知管内稳态对流换热的能量微分方程为：$\frac{1}{r}\left(\frac{\partial t}{\partial r}+\frac{\partial^2 t}{\partial r^2}\right)=\frac{u}{a}\cdot\frac{\partial t}{\partial r}$，取内径 d、流体平均速度 u_m 和温差 $\Delta t=t_m-t_w$ 为变量参考值，试将方程无纲量化，并获得无量纲数。

4.5 自学练习解答

一、单项选择题

1. C　2. D　3. C　4. C　5. B　6. A　7. A　8. C　9. D
10. A　11. C

二、多项选择题

1. A，B，D　2. A，B，C　3. B，C，D　4. A，B，C，D　5. A，B，C
6. A，B，D

三、简答题

1. 【提示】水的导热系数比同温度下空气的导热系数大 20 多倍，其以导热方式传递热量的能力比空气强；水的比热容比空气的比热容大得多，常温下水的 $\rho c_p\approx4180$kJ/(m^3·K)，而空气的 $\rho c_p\approx1.2$kJ/(m^3·K)。两者相差悬殊，水以热对流方式转移热量的能力比空气大得多，因此水的表面传热系数比空气大得多。

2. 【提示】流体流过壁面时流体温度发生显著变化的一个薄层。能量方程得以在边界层中简化，必须存在足够大的贝克莱数，即 $Pe=Re\cdot Pr\gg1$，也就是具有 $1/\Delta^2$ 的数量级，此时扩散项$\frac{\partial^2\Theta}{\partial X^2}$才能够被忽略。从而使能量微分方程变为抛物型偏微分方程，成为可求解的形式。

3.【提示】因为 $Re_A=\frac{\rho u_\infty D}{\mu}=\frac{4\dot{m}}{\pi D\mu}=Re_B$。两者 Re 相同，故流动现象相似。

4.【提示】从对流换热微分方程 $h=-\lambda\ (\partial t/\partial y)\ |_{y=0}/(t_s-t_{ref})$ 可知，在导热系数、壁面和流体温差已知的情况下，表面传热系数 h 取决于 $(\partial t/\partial y)_{y=0}$，即流场的温度分布。而为了获得流场的温度分布，必须建立描述对流换热的微分方程组，包括连续性方程、动量方程和能量方程，所以求取表面传热系数 h 十分复杂。影响 h 值的因素包括：流速、流态、换热面的几何形状、流体的物性以及换热时流体有无相变等。

5.【提示】对流换热过程微分方程式：$h_x=-\frac{\lambda_f}{(t_w-t_f)_x}\frac{\partial t}{\partial y}\bigg|_{y=0}$

第三类边界条件表达式：$\frac{\partial t}{\partial y}\bigg|_{y=0}=-\frac{h}{\lambda_s(t_w-t_f)}$

两者的表达形式是一致的。但对流换热微分方程中的 h 为未知量，而在第三类边界条件中为已知量。对流换热方程中的导热系数为流体侧导热系数 λ_f，而第三类边界条件中的导热系数为固体侧的导热系数 λ_s。

6.【提示】三种情况下的温度分布曲线如图 4-10 所示。

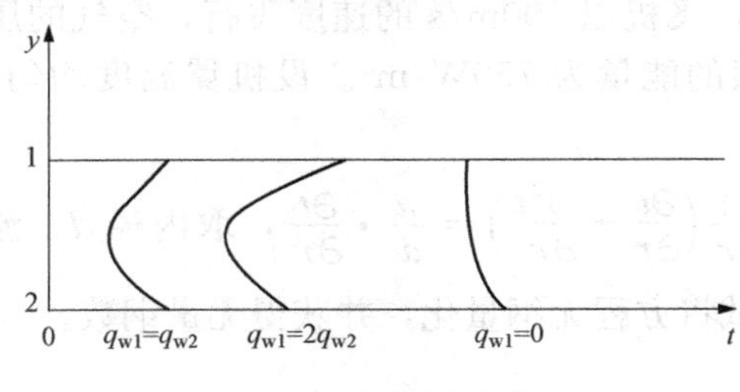

图 4-10　温度分布曲线

7.【提示】y 向的速度 v 是由于边界层不断增厚，所排挤掉的流体产生的速度。

8.【提示】边界层理论的主要意义在于，利用边界层的特征采用数量级分析法来简化对流换热微分方程组，使其变成更容易求解的形式，从理论上寻找出便利于求解 h 的途径。

9.【提示】$Pr>1$，说明流体传递动量的能力大于传递热量的能力，因此 $\delta>\delta_t$。由积分方程解也可以证明这一点。由动量积分方程得 $\delta_t/\delta\approx Pr^{-1/3}$。所以，$Pr>1$ 时，$\delta>\delta_t$。

10.【提示】示意图如图 4-11 所示。

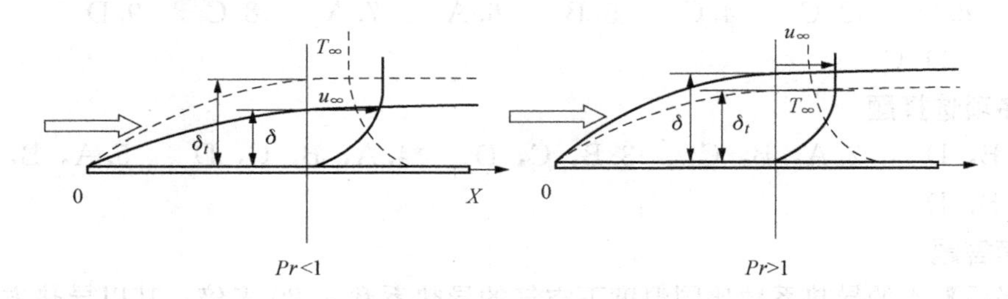

图 4-11　示意图

11.【提示】这充分说明 y 向的速度 v 与边界层厚度 δ 属同一数量级的微小量。

12.【提示】在壁面附近的一个薄层内，流体温度在壁面的法线方向上发生剧烈变化，而在此薄层之外，流体的温度梯度几乎为零，固体表面附近流体温度发生剧烈变化的这一薄层称为温度边界层或热边界层。

13.【提示】与完全的能量方程相比，它忽略了主流方向温度的次变化率$\frac{\partial^2\Theta}{\partial X^2}$，因此仅适用于边界层内，不适用整个流体。

14.【提示】对流换热问题完整的数字描述应包括：对流换热微分方程组及定解条件，定解条件包括①初始条件；②边界条件（速度、压力及温度）。建立对流换热问题的数字描述目的在于找出影响对流换热中各物理量之间的相互制约关系，每一种关系都必须满足动量，能量和质量守恒关系，避免在研究中遗漏某种物理因素。

15.【略】

四、计算题

1.【提示】(1) $\lg Nu=\lg c+n\lg Re+1/3\lg Pr$，数值见表 4-6。

表 4-6 数 值

$\lg Re$	3.699	4.301	4.613	4.954
$\lg Pr$	0.342	0.591	−0.155	−0.155
$\lg Nu$	1.613	2.097	2.068	2.305

求出了三个 n 值，然后取平均值。

$n_1=0.666$，$n_2=0.705$，$n_3=0.695$，平均值 $n=0.689$。

求出四个 c 值，然后取平均值。

$c_1=0.089$，$c_2=0.086$，$c_3=0.087$，$c_4=0.088$，平均值 $c=0.088$。

(2) 不行。两现象不相似，故不能使用相同的准则关系式。

2.【提示】根据题意，$Nu=cRe^mPr^n$，即$\frac{hl}{\lambda}=c\left(\frac{ul}{v}\right)^mPr^n$

考虑到 c、m、n 为常数，物性也为常数，因此 $hl\propto(ul)^m$

可以根据试验结果确定 m 的值，即

$$\frac{h_1l_1}{h_2l_2}=\frac{(u_1l_1)^m}{(u_2l_2)^m}$$

代入数据，得出 $m=0.782$

当 $l=1\text{m}$，$u=15\text{m/s}$ 时，$h=h_1l_1\left(\frac{u}{u_1}\frac{l}{l_1}\right)^m/l=34.3[\text{W}/(\text{m}^2\cdot\text{K})]$

当 $l=1\text{m}$，$u=20\text{m/s}$ 时，$h=h_1l_1\left(\frac{u}{u_1}\frac{l}{l_1}\right)^m/l=42.95[\text{W}/(\text{m}^2\cdot\text{K})]$

3.【提示】边界层的动量积分方程可写为如下形式：

$$u_\infty^2\frac{\mathrm{d}}{\mathrm{d}x}\left[\delta\int_0^1\frac{u}{u_\infty}\left(1-\frac{u}{u_\infty}\right)\mathrm{d}\frac{y}{\delta}\right]=v\left(\frac{\mathrm{d}u}{\mathrm{d}y}\right)_{y=0}$$

已知速度分布为$\frac{u}{u_\infty}=\frac{y}{\delta}$，故$\left.\frac{\mathrm{d}u}{\mathrm{d}y}\right|_{y=0}=\frac{u_\infty}{\delta}$。

代入积分方程，得

$$u_\infty^2\frac{\mathrm{d}}{\mathrm{d}x}\left[\delta\int_0^1\frac{y}{\delta}\left(1-\frac{y}{\delta}\right)\mathrm{d}\frac{y}{\delta}\right]=v\frac{u_\infty}{\delta}$$

积分后得

$$\frac{1}{6}u_\infty\frac{\mathrm{d}\delta}{\mathrm{d}x}=\frac{v}{\delta}\Rightarrow\delta\mathrm{d}\delta=\frac{6v}{u_\infty}\mathrm{d}x$$

两边积分得$\frac{1}{2}\delta^2=\frac{6v}{u_\infty}x+c$

根据边界条件：$x=0$，$\delta=0\Rightarrow c=0$

由此可知，δ与x之间的关系为

$$\delta\sqrt{\frac{12v}{u_\infty}x}=3.464Re^{-1/2}\text{ 或}\frac{\delta}{x}=3.464Re_x^{-1/2}$$

4.【提示】$h=\frac{1}{l}\int_0^1 h_x\mathrm{d}x=\frac{1}{l}\int_0^1 4.4x^{-1/2}\mathrm{d}x=\frac{2}{l}\times4.4l^{-1/2}=16.07[\mathrm{W/(m^2\cdot ℃)}]$

$\Phi=h(t_\mathrm{f}-t_\mathrm{w})\cdot A=16.07\times(80-30)\times0.3\times0.5=120.5(\mathrm{W})$

5.【提示】$\frac{u'l'}{v'}=\frac{ul}{v}$，从而$u'=u\frac{v'}{v}\frac{l}{l'}$

取定性温度为流体温度与壁温的平均值$t_\mathrm{m}=(t_\mathrm{w}+t_\mathrm{f}/2)$，从主教材附录E中查得

$v=23.13\times10^{-6}\mathrm{m^2/s}$，$v'=15.06\times10^{-6}\mathrm{m^2/s}$

已知$l/l'=5$。于是，模型中要求的流体流速u'为

$$u'=u\frac{v'}{v}\frac{l}{l'}=\frac{0.5\times15.06\times10^{-6}\times5}{23.13\times10^{-6}}=1.63(\mathrm{m/s})$$

6.【提示】查主教材附录F可知：400℃的烟气的$v=60.38\times10^{-6}\mathrm{m^2/s}$，50℃空气的$v=17.95\times10^{-6}\mathrm{m^2/s}$。

为使模型与实物中Re数的变化范围相同，模型中的空气流速应为

$$u'=\frac{17.95\times10^{-6}}{60.38\times10^{-6}}\times(10\sim15)=2.97\sim4.46(\mathrm{m/s})$$

安排实验时模型中的空气流速应包括这一范围。

（注：400℃烟气的$Pr=0.64$，50℃空气的$Pr=0.698$，两者并不相等。但考虑到Pr数不是影响换热的主要因素，而且两个数值相差也不大，故而模化试验的结果仍有工程实用价值。）

7.【提示】因为t_w待求，所以先近似取流体温度作为定性温度。

$t=0$℃时空气的物性参数：$\lambda=2.44\times10^{-2}\mathrm{W/(m\cdot ℃)}$，$\mu=17.2\times10^{-6}\mathrm{kg/(m\cdot s)}$，$Pr=0.707$

$\rho=\frac{p}{R_\mathrm{g}T}=1.035\mathrm{kg/m^3}$，$Re=\frac{uL\rho}{\mu}=12.03\times10^6$，可知已进入湍流边界层。

$Nu=(0.037Re_L^{0.8}-871)Pr^{1/3}$，$h=\frac{\lambda}{L}(0.037Re_L^{0.8}-871)Pr^{1/3}=176[\mathrm{W/(m^2\cdot ℃)}]$

由热平衡$h=(t_\mathrm{w}-t_\infty)=750\mathrm{W/m^2}$，则

$$t_\mathrm{w}=\frac{750}{h}+t_\infty=\frac{750}{176}+0=4.26(℃)$$

重取定性温度$t=\frac{1}{2}(t_\mathrm{w}-t_\infty)=\frac{1}{2}(4.26-0)=2.13(℃)$

与以上所取定性温度相差不大，空气物性参数变化很小，不需重新算，机翼温度为4.26℃

8. 【提示】令 $L=\frac{r}{d}$，$U=\frac{u}{u_{\mathrm{m}}}$，$\theta=\frac{t}{\Delta t}$，将以上无量纲变量代入方程式

$$\frac{1}{Ld}\left(\frac{\Delta t}{d}\cdot\frac{\partial\theta}{\partial L}+Ld\frac{\Delta t}{d^{2}}\cdot\frac{\partial^{2}\theta}{\partial L^{2}}\right)=\frac{Uu_{\mathrm{m}}}{a}\cdot\frac{\Delta t}{d}\cdot\frac{\partial\theta}{\partial L}$$

整理得

$$\frac{1}{L}\left(\frac{\partial\theta}{\partial L}+L\frac{\partial^{2}\theta}{\partial L^{2}}\right)=\frac{u_{\mathrm{m}}d}{a}\cdot U\cdot\frac{\partial\theta}{\partial L}=\frac{u_{\mathrm{m}}d}{\nu}\cdot\frac{\nu}{a}\cdot U\cdot\frac{\partial\theta}{\partial L}$$

$$\frac{1}{L}\left(\frac{\partial\theta}{\partial L}+L\frac{\partial^{2}\theta}{\partial L^{2}}\right)=Re\cdot Pr\cdot U\cdot\frac{\partial\theta}{\partial L}$$

无量纲数为 Re、Pr。

第5章　对流换热计算

5.1　学习指导

5.1.1　学习内容

（1）内部流动（管槽内）强制对流换热及其实验关联式；

（2）外部流动强制对流换热及其实验关联式（外掠平板、外掠单管、外掠管束）；

（3）自然对流换热及其实验关联式（大空间、有限空间）；

（4）凝结传热及沸腾传热的模式；

（5）膜状凝结分析解及计算关联式；

（6）膜状凝结及沸腾传热的影响因素及其传热强化。

5.1.2　学习重点

（1）各种对流换热现象的流动与换热特点；

（2）实验关联式的用法（对流换热问题的判定、三大特征量、牛顿冷却公式的正确运用）；

（3）强化对流换热的主要机理（破坏边界层及加强流体的扰动）及具体措施；

（4）无相变对流换热问题的定量计算；

（5）膜状凝结分析解与对流传热分析解之间的关系；

（6）膜状凝结的局部表面传热系数及平均表面传热系数；

（7）大容器饱和沸腾传热的区域划分及物理意义；

（8）凝结传热及沸腾传热的工程应用意义。

5.2　要点归纳

本章介绍了工程中最常见的几类对流换热问题的基本特征和换热计算关系式与计算方法，它们是掌握对流换热工程设计的基础。学习本章时，应注意掌握各种类型对流问题的流动特征、边界层特点、流态判别、换热机理及主要的影响因素，选择实验准则式时要特别注意准则式的适用范围、边界条件、特征尺寸与定性温度的选取方法。注意实验准则关联式通常获得的是平均传热系数，求取传热量需要进一步代入牛顿冷却公式。

5.2.1　管（槽）内流体强制对流换热计算

1. 流动与换热特点

（1）管（槽）含义：流动截面包括理想圆形或非圆形截面，如椭圆形、正方形、矩形、三角形等。由于壁面限制，管槽内流动与换热的边界层发展特征与外部流动和传热有很大差别。

（2）管槽内流体的流态根据 Re 数来判断。$Re=\frac{u_m d}{\nu}\leqslant 2300$ 为层流，$Re\in(2300，10^4)$

为过渡区，$Re>10^4$ 为湍流区。（注意：计算管内流动和换热时，速度必须取为截面平均速度。）判断流态很重要，由于不同流态的流动和传热机理不同，实验关联式通常是按流态给出的。

（3）无论层流或湍流，管槽内流动与换热都存在入口段和充分发展段。入口段边界层逐渐发展，由薄到厚，直至在中心汇合；充分发展段边界层汇合后开始成为定型流动。

（4）热边界层和速度边界层沿流动方向均有入口段和充分发展段。定性比较有如下结论：

1）管内流动入口区的长度对于层流和紊流差别很大。对湍流一般以 $l/d>60$ 来判断换热是否进入充分发展段。对层流，入口段以长度 $l/d\approx 0.5RePr$ 来确定。

2）入口段的局部表面传热系数要高于充分发展段（边界层较薄）。

3）同为充分发展段，湍流情况的表面传热系数要高于层流。

（5）充分发展段管道截面速度分布沿管长保持不变（也称速度分布定型），局部流体与壁面的摩擦系数沿管长保持不变；管道截面无量纲过余温度分布沿管长保持不变（也称温度分布定型），局部表面传热系数沿管长保持不变。

（6）管内流动的换热边界条件有两种，即恒壁温及恒热流条件。对层流和低 Pr 数介质的流动，两种边界条件结果不同。如对管内层流充分发展段，恒壁温边界条件时 $Nu=3.66$，恒热流边界条件 $Nu=4.36$。但对湍流和高 Pr 数介质的对流换热，两种边界条件的影响可以忽略不计，即换热的 Nu 数都是一样的。

2. 实验关联式

当管内流动的雷诺数 $Re\leqslant 2200$ 时为层流流动，当 $Re\geqslant 10^4$ 时为紊流流动，当 $2200<Re<10^4$ 时管内流动处于过渡流动区域。

（1）管内紊流换热。可以采用 Dittus - Boelter 准则关系式：

$$Nu=0.023Re^{0.8}Pr^n \tag{5-1}$$

1）适用范围：$Re=10^4\sim 1.2\times 10^5$。光滑直管段，管长与直径之比 $\dfrac{l}{d}\geqslant 60$；温差 $\Delta t=t_w-t_f$ 较小，小温差是指对于气体 $\Delta t\leqslant 50$℃；对于水 $\Delta t=20\sim 30$℃，对于油类流体 $\Delta t\leqslant 10$℃；$Pr=0.7\sim 120$。

2）三个特征量的选取：特征尺寸为管径 d，特征速度取管内流体的平均流速 u_m，流体的定性温度为平均温度 $t_f=(t_f'+t_f'')/2$；

3）n 的取值：当流体被加热（$t_w>t_f$）时 $n=0.4$，而流体被冷却（$t_w<t_f$）时 $n=0.3$。

4）超过适用范围时需要修正。考虑各种修正系数后的迪图斯 - 贝尔特公式为

$$Nu=0.023Re^{0.8}Pr^n c_t c_l c_r \tag{5-2}$$

其中，c_t 为大温差时需考虑的物性修正系数，具体形式为

$$\begin{cases}\text{气体}\quad c_t=\begin{cases}(T_f/T_w)^{0.5} & \text{被加热}\\ 1 & \text{被冷却}\end{cases}\\ \text{液体}\quad c_t=\begin{cases}(\mu_f/\mu_w)^{0.11} & \text{被加热}\\ (\mu_f/\mu_w)^{0.25} & \text{被冷却}\end{cases}\end{cases} \tag{5-3}$$

c_l 为短直管（$l/d<60$）需要考虑的入口效应修正系数，具体形式为：$c_l=1+(d/l)^{0.7}$。由于入口段热边界层薄，表面传热系数较高，因此修正系数 c_l 总是大于 1 的。

c_r 为螺旋管或弯管需考虑的二次环流效应修正系数。具体形式为

$$\begin{cases}气体 \quad c_r = 1 + 1.77\dfrac{d}{R} \\ 液体 \quad c_r = 1 + 10.3(d/R)^3\end{cases} \tag{5-4}$$

由于二次流破坏了热边界层，强化了传热，修正系数 c_r 也是大于1的。

(2) 管内层流换热（恒壁温）。采用 Sieder - Tate 的准则关系式

$$Nu = 1.86\left(RePr\frac{d}{l}\right)^{\frac{1}{3}}\left(\frac{\mu_f}{\mu_w}\right)^{0.14} \tag{5-5}$$

1）适用范围：光滑平直管，$Re<2300$，$Pr>0.6$，$RePr\dfrac{d}{l}>10$。

2）三个特征量的选取：特征尺寸为管径 d，特征速度取管内流体的平均流速 u_m，除 μ_w 的定性温度为 t_w 外，其他流体的定性温度均为平均温度 $t_f=(t'_f+t''_f)/2$。

(3) 管内过渡流对流换热。当 $2300<Re<10^4$ 时，管内流动属于层流到紊流的过渡流动状态。对于气体

$$Nu = 0.0214(Re^{0.8}-100)Pr^{0.4}\left[1+\left(\frac{d}{l}\right)^{\frac{2}{3}}\right]\left(\frac{T_f}{T_w}\right)^{0.45} \tag{5-6}$$

适用范围为 $Re=2300\sim10^4$，$Pr=0.6\sim6.5$，$T_f/T_w=0.5\sim1.5$。

对于液体

$$Nu = 0.012(Re^{0.87}-280)Pr^{0.4}\left[1+\left(\frac{d}{l}\right)^{\frac{2}{3}}\right]\left(\frac{Pr_f}{Pr_w}\right)^{0.11} \tag{5-7}$$

适用范围为 $Re=2300\sim10^4$，$Pr=1.5\sim200$，$Pr_f/Pr_w=0.05\sim20$。

式（5-6）和式（5-7）的特征量选取同式（5-5）。

3. 管内强制对流的强化机理及手段

强化管内对流换热的突破口在于减薄或破坏温度边界层，因为对流换热的热阻主要在边界层。根据这一机理，可以有多种强化换热的手段，如增加流速、采用内肋管、弯管、内螺纹管、扭曲管等。另外，可采用短管、小直径管和增加壁面粗糙度的方法。此外，物性也是一种重要影响因素，选择不同流体也可以改善对流换热效果。

应该指出的是，换热强化的同时往往伴随着流体流动阻力的增加，使流速降低从而对换热不利。在实际选用强化措施时，应全面综合考虑。

5.2.2 外部强制对流换热

外部强制对流换热过程中，换热壁面上的流动边界层与热边界层能自由发展，不受邻近壁面的约束。常见的外部流动包括外掠平壁、横掠单管、外掠球体、横掠管束等。

1. 流体平行流过平板时的换热计算

当雷诺数 $Re_x\leqslant5\times10^5$ 时，边界层内为层流流动，其平均 Nu 数的准则关系式为

$$Nu = 0.664Re^{0.5}Pr^{\frac{1}{3}} \tag{5-8}$$

当雷诺数 $Re_x\geqslant5\times10^5$ 时，边界层内流动由层流变为紊流流动，如果将整个平板都视为紊流状态，其平均 Nu 数的准则关系式为

$$Nu = 0.037Re^{0.8}Pr^{\frac{1}{3}} \tag{5-9}$$

以上准则关系式中的特征尺寸为 x，表示从平板前沿的 $x=0$ 到平板 x 处的距离，如果

计算整个平板的平均传热系数，其特征尺寸为 $x=L$；特征流速为 u_∞；而定性温度 $t_m=\dfrac{t_w+t_\infty}{2}$，常称为膜温度。

2. 流体横向掠过圆柱体（单管）时的换热计算

横掠单管是指流体沿着垂直于管子轴线的方向流过管子表面。流动具有边界层特征，还会发生绕流脱体现象。一般来说，脱体强化了传热，但是增加了阻力损失。

（1）流动与换热特点。

1）存在绕流脱体现象。在迎来流方向的前半周，压力减小速度增加，$\dfrac{\partial p}{\partial x}<0$，$\dfrac{\partial u}{\partial x}>0$。而在后半圆周，压力增加速度减小，$\dfrac{\partial p}{\partial x}>0$，$\dfrac{\partial u}{\partial x}<0$。逆压梯度是造成流动分离的直接原因。

2）分离点。分离点是指边界层开始脱离物体表面的那一点。分离点的位置取决于 Re 数。$Re<10$：不出现边界层分离；$10<Re\leqslant1.5\times10^5$：层流，分离发生在 $\varphi=80°\sim85°$；$Re\geqslant1.5\times10^5$：边界层在脱体之前已转变为湍流，脱体的发生推后到 $\varphi=140°$处。

3）边界层的成长和脱体决定了横掠圆管换热的特征：脱体区的扰动加强了冷热流体的掺混，因而会强化传热。沿横截面圆周局部表面传热系数的变化如图 5-1 所示。注意图中换热系数回升的原因：雷诺数低时，回升点反映了绕流脱体的起点；雷诺数高时，第一次回升是因为层流转变成湍流，第二次回升则是因为绕流脱体。

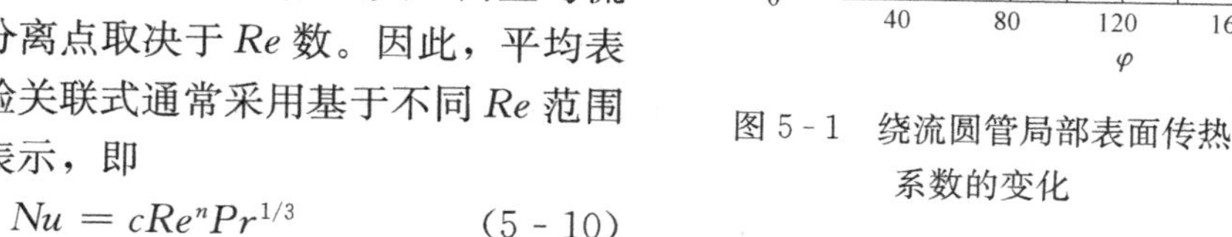

图 5-1 绕流圆管局部表面传热系数的变化

（2）实验关联式。圆柱体绕流对流换热的局部表面传热系数不仅与 Re 数、Pr 数相关，而且与流动分离相关。而分离点取决于 Re 数。因此，平均表面传热系数的实验关联式通常采用基于不同 Re 范围的分段幂次函数表示，即

$$Nu=cRe^nPr^{1/3} \tag{5-10}$$

式（5-10）中的常数见表 5-1。

表 5-1　　横掠单管关联式（5-10）中的常数

Re	c	n
0.4～4	0.989	0.330
4～40	0.911	0.385
40～4000	0.683	0.466
4000～40 000	0.193	0.618
40 000～400 000	0.026 6	0.805

适用范围：对于气体和液体均适用；$t_\infty=15.5\sim980$℃，$t_w=21\sim1046$℃，$Re=0.4\sim4\times10^5$。三个特征量：定性温度为边界膜温度 $t_m=(t_w+t_\infty)/2$；特征长度为管外径 d；特征速度为来流速度 u_∞。非圆截面也适用，此时 c、n 的取值及适用的 Re 范围与表 5-1 不同。具体可查主教材或相关手册。

近来，茹卡乌斯卡斯（A. zhukauskas）关联式得到广泛应用，即

$$Nu = cRe^nPr^m\left(\frac{Pr_f}{Pr_w}\right)^{0.25} \tag{5-11}$$

1）适用范围：$0.7<Pr<500$，$1<Re<10^6$。式中除 Pr_w 按壁面温 t_w 取值外，其他所有物性参数按主流温度 t_f 取值。各项常数取值见表 5-2。

表 5-2　横掠单管关联式（5-11）的常数

Re	c	n
1～40	0.75	0.4
40～1000	0.51	0.5
$10^3\sim2\times10^5$	0.26	0.6
$2\times10^5\sim10^6$	0.0076	0.7

注　指数 m：$Pr<10$ 时，$m=0.37$；$Pr>10$ 时，$m=0.36$。

2）$\left(\frac{Pr_f}{Pr_w}\right)^{0.25}$ 是在选用 t_f 为定性温度时考虑热流方向不同对换热性能产生影响的一个修正系数。

3）有冲击角时的修正。如果流体流动方向与圆柱体轴线的夹角（也称冲击角）在 30°～90°的范围内时，平均表面传热系数可按下式计算：

$$h_\beta = h_{\beta=90°}(1-0.54\cos^2\beta) \tag{5-12}$$

4）与式（5-10）相比，式（5-11）包含了近年来发表的实验结果，变量的范围也更宽，所以应作为计算的首选关联式。

3. 流体横向流过管束的换热计算

（1）横掠管束流动与换热的特点：管束排列方式分为叉排和顺排两种形式。叉排时，流体扰动大、换热强，但阻力损失大；顺排时，流体扰动小、换热弱，但是阻力小，且易于清洗。

横掠管束流动中，后排管处于前排管的尾迹中，相互之间有影响。前后排间的干扰可引入修正系数，由于排数越多，扰动加剧，换热增强，所以大于 16 排后不需要修正。

（2）实验关联式。流体横向掠过管束的平均表面传热系数可采用茹卡乌斯卡斯关联式计算，即

$$Nu = cRe^nPr^m\left(\frac{s_1}{s_2}\right)^p\left(\frac{Pr_f}{Pr_w}\right)^{0.25}\varepsilon_z \tag{5-13}$$

1）适用范围：适合 $Pr=0.6\sim500$，$Re=1\sim2\times10^6$。管排总数不小于 16。

2）式中的 c、n、m 及 p 的具体数值和空气中的简化计算式，均列于主教材的表中。

3）特征量：特征尺寸为管外直径，特征流速为管排流道中最窄处的流速 u_{max}，定性温度 t_m=进出口流体平均温度。

4）s_1 和 s_2 分别为垂直于流动方向和沿着流动方向上的管子之间的距离，而 ε_z 为管排数目的修正系数（具体取值见主教材），小于16时需修正。

5.2.3 自然对流换热计算

1. 流动与换热特点

自然对流换热指流体与固体壁面之间因温度不同引起的自然对流时发生的热量交换过程。

（1）自然对流的流动和传热不需要外界动力源，驱动力为温差。因此，在自然对流中，没有温差就意味着没有热交换。但是有温差不一定存在自然对流，与浮升力和重力的方向有关。如图5-2所示，图（a）会产生自然对流，因为下板温度高，温差产生向上的浮升力克服重力从而产生流动，而图（b）中，下板温度低，靠近下板的流体密度大于上板附近，没有克服重力的浮升力，因此不会产生自然对流。

（2）不均匀的温度场和速度场发生于近壁薄层，速度分布具有两头小、中间大的特点。如图5-3所示，注意速度分布在边界层中间产生一个峰值，这是与流体外掠平板的强迫对流不同之处。

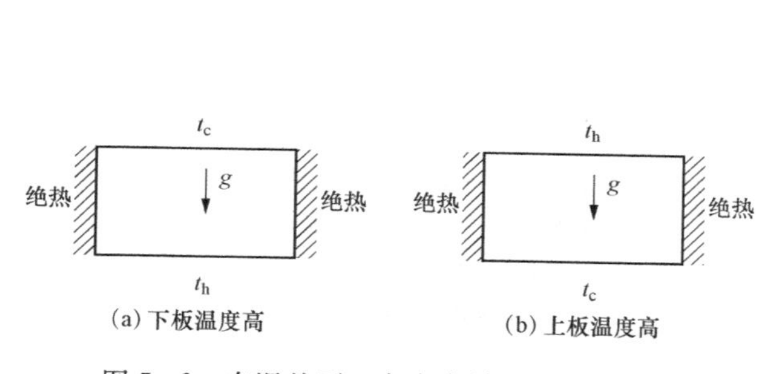

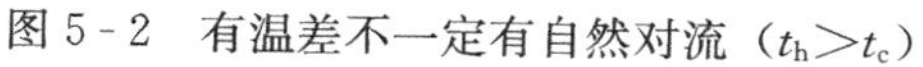

图5-2 有温差不一定有自然对流（$t_h>t_c$）

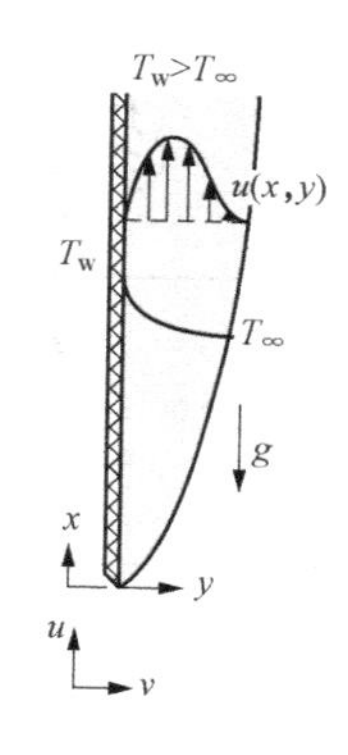

图5-3 沿竖壁自然对流层流边界层速度和温度分布

（3）自然对流的速度和温度是耦合的，这体现在动量微分方程的体积力项中含有与温度有关的量。边界层动量方程中体积力项（$F_x=-\rho g$）与压力项$\left(\frac{\mathrm{d}p}{\mathrm{d}x}=-\rho_\infty g\right)$合并后即为自然对流的浮升力$(\rho_\infty-\rho)g$。根据体积膨胀系数的定义：

$$\beta=-\frac{1}{\rho}\left(\frac{\partial\rho}{\partial T}\right)_p\approx-\frac{1}{\rho}\left(\frac{\rho_\infty-\rho}{T_\infty-T}\right)=\frac{\rho_\infty-\rho}{\rho\theta}$$

浮升力可表示为$(\rho_\infty-\rho)\ g=\rho\beta\theta g$。因此，自然对流边界层动量方程为

$$\left(u\frac{\partial u}{\partial x}+v\frac{\partial u}{\partial y}\right)=g\beta\theta+\nu\frac{\partial^2 u}{\partial y^2} \tag{5-14}$$

分析求解时，动量方程与能量方程需耦合求解。

（4）自然对流也分为层流和湍流。判别准则为Gr数，$Gr=\frac{\text{浮升力}}{\text{黏性力}}=\frac{g\beta\Delta tl^3}{\nu^2}$；其局部表面传热系数的变化与边界层的发展状态有关。

（5）自然对流的准则方程式：$Nu=f(Gr,\ Pr)$。

(6) 按流动的边界层是否受干扰，分为大空间自然对流和有限空间自然对流。

2. 大空间自然对流实验关联式

(1) 定壁温条件下的大空间自然对流换热计算关系式常采用如下形式：

$$Nu = c(GrPr)^n \tag{5-15}$$

式中的 c、n 值针对不同的自然对流换热问题由表 5-3 给出。同时，表 5-3 中还给出了对应换热过程的特征尺寸和适用范围。公式中准则的物性量取值的定性温度为膜温度 $t_m=(t_w+t_\infty)/2$，且此公式仅仅用于恒壁温的情形，即 $t_w=\text{const}$。

表 5-3 **大空间自然对流准则式中的 c 和 n**

加热表面形状与位置	图示	系数 c 及指数 n			特征尺寸	G 范围
		流态	c	n		
竖平板与竖圆柱		层流	0.59	1/4	高度 H	$10^4\sim10^9$
		紊流	0.10	1/3		$10^9\sim10^{12}$
横圆柱		层流	0.53	1/4	外径 d	$10^4\sim10^9$
		紊流	0.13	1/3		$10^9\sim10^{12}$
水平板热面朝上		层流	0.54	1/4	正方形取边长；长方形取两边平均值；狭长条取短边；圆盘取 0.9d（d 为圆盘直径）	$10^5\sim2\times10^7$
		紊流	0.14	1/3		$2\times10^7\sim3\times10^{10}$
水平板热面朝下		层流	0.27	1/4		$3\times10^5\sim3\times10^{10}$

注意：1) 自然对流为湍流时，表面传热系数 h 与特征长度 H、d 无关，称为自模化。实验时可采用小尺寸模型。

2) 理想气体时，体积膨胀系数 $\beta=1/T$，其他介质的物性由定性温度查物性参数表。

3) 对于竖圆柱，径高比必须满足：$d/H\geqslant\dfrac{35}{Gr_H^{1/4}}$。

(2) 定热流条件下大空间自然对流。恒热流情况下壁面温度 t_w 未知，采用修正的 Gr 数计算，即

$$Gr^* = GrNu = \frac{g\beta q_w l^4}{\lambda\nu^2} \tag{5-16}$$

此时 Nu 数为

$$Nu = B(Gr^* Pr)^m \tag{5-17}$$

1) B、m 的取值：水平板热面朝上 $B=1.076$，$m=1/6$；水平板热面朝下 $B=0.747$，$m=1/6$。

2) 公式的适用范围为：$6.37\times10^5<Gr^*<1.12\times10^8$。

3）特征长度：对于矩形取短边长。

3. 有限空间自然对流实验关联式

图5-4所示的竖直、水平封闭夹层是有限空间自然对流换热最典型的问题，可以采用牛顿冷却公式，甚至用一维平壁导热公式来描述其热流密度，即

$$q_w = h(t_1 - t_2) = Nu_\delta \frac{\lambda}{\delta}(t_1 - t_2) = \frac{\lambda_e}{\delta}(t_1 - t_2) \tag{5-18}$$

式中 λ_e——流体的当量导热系数，显然 $Nu_\delta = \frac{\lambda_e}{\lambda}$。

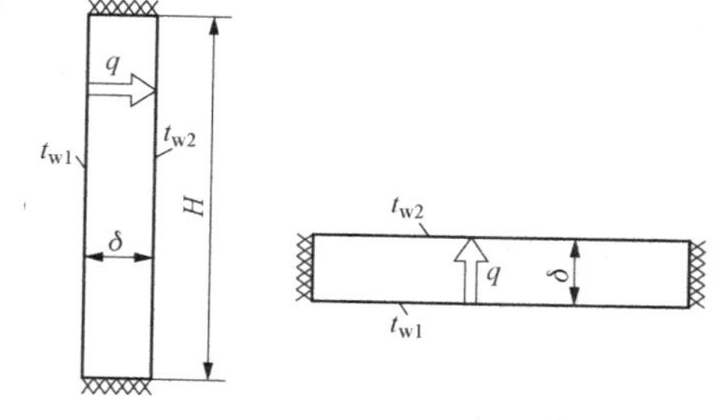

图5-4 竖直、水平封闭夹层的自然对流

对于有限空间自然对流，Gr 数常以夹层厚度 δ 为特征长度，即 $Gr_\delta = \frac{g\beta\Delta t\delta^3}{\nu^2}$。

（1）竖壁封闭夹层推荐实验关联式如下：

$$Nu = 0.197(Gr_\delta Pr)^{1/4}\left(\frac{H}{\delta}\right)^{-1/9} \quad (8.6\times10^3 < Gr_\delta < 2.9\times10^5)$$

$$Nu = 0.073(Gr_\delta Pr)^{1/3}\left(\frac{H}{\delta}\right)^{-1/9} \quad (2.9\times10^5 < Gr_\delta < 1.6\times10^7) \tag{5-19}$$

（2）水平封闭夹层推荐实验关联式如下：

$$Nu = 0.212(Gr_\delta Pr)^{1/4} \quad (1\times10^4 < Gr_\delta < 4.6\times10^5)$$

$$Nu = 0.061(Gr_\delta Pr)^{1/3}\left(\frac{H}{\delta}\right)^{-1/9} \quad (Gr_\delta > 4.6\times10^5) \tag{5-20}$$

注意：1）定性温度取平均温度 $t_m = (t_{w1} + t_{w2})/2$；特征长度为夹层厚度 δ。

2）当夹层的 Gr_δ 很小时，封闭空气夹层的传热过程为导热，$\lambda_e = \lambda$，则 $Nu_\delta = \frac{\lambda_e}{\lambda} = 1$。

3）封闭空气夹层的传热量往往同时需要考虑自然对流换热和辐射换热。

5.2.4 凝结换热

1. 基本概念

凝结换热属于相变传热。相变传热由于有潜热释放和相变过程的复杂性，比单相对流换热更复杂。相变对流传热的重点在于确定表面传热系数，然后由牛顿冷却公式计算热流量。

（1）产生条件：凝结换热是指蒸汽与低于其饱和温度的壁面接触时，将汽化潜热释放给壁面的过程。凝结传热产生的必要条件：$t_w < t_s$。

（2）凝结形态。根据凝结液与壁面浸润情况的不同，可分为珠状凝结和膜状凝结两种模式。其他条件相同时，珠状凝结的表面传热系数远大于膜状凝结，但是一般无法长久保持。膜状凝结的液膜层是主要热阻。

2. 努塞尔膜状凝结理论分析

努塞尔提出的简单膜状凝结换热分析是近代膜状凝结理论和传热分析的基础。它抓住液膜层的导热热阻是主要热阻这一特点，忽略次要因素，是分析求解换热问题的一个典范。后续很多凝结换热理论分析的方法都是基于这一理论的拓展。

读者在学习努塞尔膜状凝结分析求解过程时，应特别注意建立模型过程中所提出的重要

假设，以及这些假设在简化凝结液膜能量和动量方程中起到的作用。详细的推导过程和求解方法见主教材。

根据努塞尔对纯净饱和蒸汽膜状凝结换热所获得的分析解可以得到如下凝结换热平均表面传热系数计算公式：

竖壁

$$h_{\mathrm{V}}=\frac{1}{l}\int_{0}^{l}h_x\mathrm{d}x=\frac{4}{3}h_{x=l}=0.943\left[\frac{g\gamma\rho_l^2\lambda_l^3}{\mu_l l(t_{\mathrm{s}}-t_{\mathrm{w}})}\right]^{1/4} \tag{5-21}$$

倾斜竖壁

$$h_{\mathrm{V}}=0.943\left[\frac{g\sin\varphi\gamma\rho_l^2\lambda_l^3}{\mu_l l(t_{\mathrm{s}}-t_{\mathrm{w}})}\right]^{1/4} \tag{5-22}$$

水平圆管壁

$$h_{\mathrm{H}}=0.729\left[\frac{g\gamma\rho_l^2\lambda_l^3}{\mu_l d(t_{\mathrm{s}}-t_{\mathrm{w}})}\right]^{1/4} \tag{5-23}$$

球壁

$$h_{\mathrm{S}}=0.826\left[\frac{g\gamma\rho_l^2\lambda_l^3}{\mu_l d(t_{\mathrm{s}}-t_{\mathrm{w}})}\right]^{1/4} \tag{5-24}$$

注意以下几点：

（1）特征长度对竖壁、竖管取高度 l，对水平管、球取外径 d；汽化潜热 r 由 t_{s} 确定。其他物性由平均膜温度确定：$t_{\mathrm{m}}=\frac{t_{\mathrm{s}}+t_{\mathrm{w}}}{2}$。

（2）直径为 d，高为 l 的圆管水平放置和竖直放置的比较。两者所采用的特征长度（竖管为高度 l，水平圆管为 d）不同，所采用的公式系数也不同。在其他条件相同时，横管平均表面传热系数与竖壁平均表面传热系数的比值为

$$\frac{h_{\mathrm{H}}}{h_{\mathrm{V}}}=\frac{0.729}{0.943}\left(\frac{l}{d}\right)^{\frac{1}{4}}=0.77\left(\frac{l}{d}\right)^{\frac{1}{4}} \tag{5-25}$$

当 $l/d>2.86$ 时，$h_{\mathrm{V}}<h_{\mathrm{H}}$。一般工程上都满足这一情况，因此，凝汽器在可能的情况下尽量做成卧式。在 $l/d=50$ 时，横管的平均表面传热系数是竖管的 2 倍。

3. 实验关联式

（1）流态的判定。凝结液体流动也分层流和湍流，并且其判断依据仍然是 Re 数。对竖壁膜状凝结：

$$Re=\frac{4hl(t_{\mathrm{s}}-t_{\mathrm{w}})}{\mu_l\gamma} \tag{5-26}$$

对于水平管，只需用 πd 代替式（5-26）中的 l，即为其膜层的 Re 数。由于 h 是未知数，因此，实际计算时常需先假定流态（层流或湍流），待求出 h 后再校核。竖壁的临界雷诺数 $Re_{\mathrm{c}}=1600$，而横管因直径较小，一般在层流。

（2）竖壁实验关联式：

层流

$$h_{\mathrm{V}}=1.13\left[\frac{g\gamma\rho_l^2\lambda_l^3}{\mu_l l(t_{\mathrm{s}}-t_{\mathrm{w}})}\right]^{1/4} \tag{5-27}$$

湍流

$$Nu = Ga^{1/3}\frac{Re}{58Pr_s^{-1/2}\left(\frac{Pr_w}{Pr_s}\right)^{1/4}(Re^{3/4}-253)+9200} \qquad (5-28)$$

注意以下几点：

1）$Ga=gl^3/\nu^2$，称为伽利略数。

2）除 Pr_w 用壁温 t_w 计算外，其余物理量的定性温度均为 t_s，且物性参数均是指凝结液的。

3）上述实验关联式仅适用低流速情况，即水蒸气小于10m/s，氟利昂小于0.5m/s。

4. 膜状凝结换热的工程计算步骤

（1）确定膜状凝结换热的形式（竖壁、侧壁、水平单圆管、多圆管、球壁）；

（2）判别流态（层流、湍流）；

（3）利用对应形式的实验关联式计算平均表面传热系数；

（4）利用牛顿冷却公式计算换热量，并计算凝结速率（单位时间内凝结的液膜质量），即

$$\Phi = hA(t_s - t_w) \text{ 或 } q_m = \frac{\Phi}{\gamma} \qquad (5-29)$$

5. 膜状凝结的影响因素

（1）不凝结气体的影响。不凝结气体对膜状冷凝的影响有两方面：一方面，降低汽液界面蒸汽分压力，即降低了蒸汽饱和温度，从而减小了凝结换热的驱动力 $\Delta t=t_s-t_w$；另一方面，蒸汽在抵达液膜表面凝结之前，需通过扩散方式才能穿过不凝结气体层，增加了不凝结气体层传递过程的阻力。因此，即使含量极微的不凝结气体，例如，水蒸气中质量含量占1%的空气能使表面传热系数降低60%。

（2）蒸汽流速的影响。蒸汽流速高时（对于水蒸气，流速大于10m/s时），蒸汽流速对液膜表面会产生明显的黏滞应力。其影响随蒸汽流向与重力场同向或异向、流速大小以及是否撕破液膜等不同。当蒸汽的流动方向与液膜向下的流动方向相同时，使液膜拉薄，h 增大；反之，使 h 减小。若蒸汽流速更大一些，以致汽流撕破液膜而使液膜变薄，则导致换热能力加强。

（3）过热蒸汽的影响。理论分析是针对饱和蒸汽，对于过热蒸汽来说，实验证实只要把计算式中的潜热改用过热蒸汽与饱和液的焓差，也可用前面的关联式计算。

（4）凝结液膜过冷的影响。需要时，可采用 γ' 代替计算公式中的 γ，考虑液膜过冷的影响，以 $\gamma'=\gamma+0.68c_p(t_s-t_w)$ 代替。

（5）管子排数。上排管对下排管有影响，由于上排管的冷凝液滴落到下排管，因此，上排管比下排管表面传热系数大。表面传热系数随着管排数增加而降低。

（6）液膜波动。引起的扰动可以强化凝结换热。

（7）凝结表面的几何形状。有利于减薄凝结液膜的表面可以强化凝结换热。

6. 凝结换热的强化

（1）减薄液膜的厚度：如采用低肋管、锯齿管、微肋管等高效冷凝面；增加顺液膜流动方向的蒸汽流速；水平放置单管或管束等。

（2）加速液膜的排出：如采用分段排泄管、沟槽管、离心力、静电引力等措施。

（3）减少不凝结气体：如采用抽吸、引射等，或者增加蒸汽的流速等措施。

（4）对凝结表面采取一定措施，使其尽可能实现珠状凝结。

5.2.5　沸腾换热

1. 定义和分类

沸腾换热：液体内部固液界面形成气泡而使热量由固壁传给液体的过程。

沸腾换热产生的必要条件：$t_w > t_s$

分类：根据沸腾液体是否整体流动，沸腾过程可以分为大容器沸腾（又称池沸腾）和管内强制对流沸腾；按沸腾液体主体温度是否达到饱和温度，可以分为饱和沸腾和过冷沸腾。

2. 大容器饱和沸腾曲线

（1）四个不同区域及其特点。典型的大容器饱和沸腾曲线如图 5-5 所示。一般按照壁面上过热度 $\Delta t = t_w - t_s$ 的大小，把大空间饱和池沸腾范围分为四个主要阶段。由沸腾曲线可以看出，对沸腾换热，壁面过热度 Δt 越大不等于热流密度大。

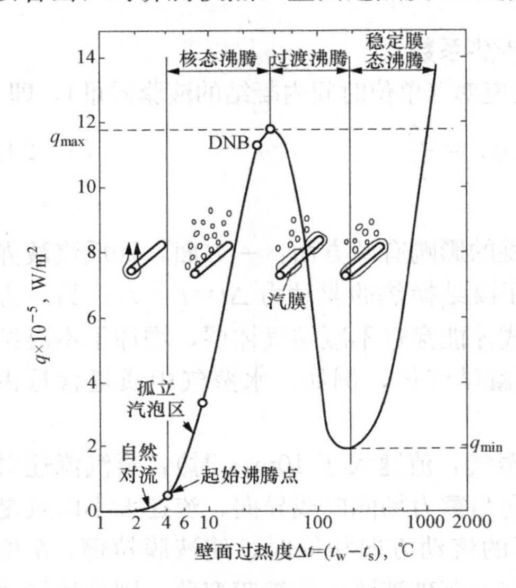

图 5-5　饱和水在水平加热面上沸腾的典型曲线（$p = 1.013 \times 10^5$ Pa）

1）单相自然对流区：0℃<Δt<4℃，在加热表面上无气泡产生，流动与换热以自然对流为主。

2）核态沸腾区：4℃<Δt<25℃，在加热表面上产生气泡，气泡间的剧烈扰动使表面换热系数和热流密度急剧增加，强化换热。

3）过渡沸腾区：25℃<Δt<200℃，加热表面上气泡的产生速度大于脱离速度，气泡附着形成汽膜，汽膜的热阻减弱换热效果。

4）稳定膜态沸腾区：200℃<Δt，形成稳定汽膜，虽然汽膜的热阻减弱了换热效果，但是高温壁面的辐射换热却进一步增强了换热效果。

（2）临界热流密度 CHF 和核态沸腾转折点 DNB。图 5-5 所示曲线中热流密度的峰值 q_{max} 有重大意义，称为临界热流密度（CHF）。对控制热流加热方式，热流密度一旦大于 q_{max} 时，工况沿虚线直接跳至稳定膜态沸腾，壁面过热度 Δt 将猛增到 1000℃，设备极易烧毁。因此，临界热流密度又称为烧毁点。为避免进入这一状态，一般用核态沸腾转折点（DNB）作为监视接近 q_{max} 的警戒。这一点对热流密度可控和温度可控的两种情况都非常重要。

3. 沸腾传热的特点

（1）沸腾换热属于有相变的对流换热。加热固体表面的热量通过导热和对流传递给沸腾流体，同时流体存在液相到气相的相变。牛顿冷却公式仍然适用。

（2）沸腾换热的推动力也是温差，壁面过热（$t_w > t_s$）是必要条件。

（3）沸腾换热时气泡在汽化核心处产生，成长并逸出；之后流体补充，重新形成气泡，周而复始；气泡的形成、成长和脱离对加热表面的流体产生剧烈的扰动，因此换热的强度远大于无相变对流换热。

（4）汽化核心数目的增加有利于强化沸腾换热。

4. 汽化核心

较普遍的看法认为，壁面上的凹穴和裂缝易残留气体，是最好的汽化核心。气泡半径 R

必须满足下列条件才能存活：

$$R \geqslant R_{\min} = \frac{2\sigma T_s}{\gamma \rho_v (t_w - t_s)} \tag{5-30}$$

式中 σ——表面张力，N/m；

γ——汽化潜热，J/kg；

ρ_v——蒸汽密度，kg/m^3；

t_w——壁面温度，℃；

t_s——对应压力下的饱和温度，℃。

由式（5-30）可知，随着过热度增加，允许存在的最小气泡半径会越小，可以成为汽化核心的地点就会越多，从而沸腾换热强度也就越大。

5. 大容器沸腾传热的实验关联式

由于物理机制十分复杂，目前并没有一个公认能够全面反映各个阶段传热特征的传热系数计算公式。主教材中介绍的是应用较为广泛的计算式之一。

液体处于核态沸腾区时

$$\frac{c_{pl}(t_w - t_s)}{\gamma} = c_{wl}\left\{\frac{q}{\mu_l \gamma}\left[\frac{\sigma}{g(\rho_l - \rho_v)}\right]^{1/2}\right\}^{1/3} Pr_l^n \tag{5-31}$$

式中 c_{pl}——饱和液体的比定压热容，J/(kg·K)；

c_{wl}——取决于加热表面和液体组合情况的经验常数，见主教材附表5-6；

σ——表面张力，N/m，见主教材表5-7；

γ——汽化潜热，J/kg；

g——重力加速度，m/s^2；

Pr_l——饱和液体的普朗特数；

q——沸腾热流密度，W/m^2；

ρ_l、ρ_V——分别为饱和液体和饱和蒸汽的密度，kg/m^3。

式（5-31）计算大空间核态沸腾计算结果的误差比较大，如水的核态沸腾的实验结果与用关系式计算的结果大约有40%的误差，且由温差计算热流误差更大。

大容器饱和核态沸腾临界热流密度：

$$q_c = \frac{\pi}{24} r \rho_v \left[\frac{\sigma g(\rho_l - \rho_v)}{\rho_v^2}\right]^{1/4}\left(1 + \frac{\rho_v}{\rho_l}\right)^{1/2} \tag{5-32}$$

当压力离开临界压力比较远时，经实验值修正系数后，式（5-32）可以简化为

$$q_{\max} = 0.149 r \rho_v^{1/2}[g\sigma(\rho_l - \rho_v)]^{\frac{1}{4}} \tag{5-33}$$

式中所有物性均按饱和温度查取，该式只适用于无限大水平壁。

水平圆管外膜态沸腾换热的计算公式为

$$h_c = 0.62\left[\frac{g\lambda\rho_v(\rho_l - \rho_v)\lambda_v^3}{\mu_v d(t_w - t_s)}\right]^{1/4} \tag{5-34}$$

除 ρ_l、λ 的值由饱和温度确定外，其余物性量均以平均温度为定性温度，特征尺寸取圆管的外直径 d。

膜态沸腾时加热壁面温度高，壁面与液膜之间的辐射换热不能忽略，总表面传热系数为

$$h^{4/3} = h_c^{4/3} + h_r^{4/3} \tag{5-35}$$

6. 沸腾传热的影响因素及其强化

(1) 不凝结气体。与膜状凝结不同，溶解于液体中的不凝结气体会使沸腾换热得到某种强化。其原因是，不凝结气体会从液体中逸出，使壁面附近的微小凹坑得以活化，成为气泡的胚芽。

(2) 过冷度。对于大容器沸腾，过冷度的影响主要体现在核态沸腾起始点附近区域。

(3) 液位高度。在大容器沸腾中，存在一个特定的液位值称为临界液位。当液位在临界液位以上，沸腾传热的表面传热系数与液位高度无关；当液位降低到临界液位以下时，沸腾传热传热系数会明显地随液位的降低而升高。对于常压下的水，其值约为5mm。低液位沸腾在热管及电子器件冷却中有所应用。

(4) 重力加速度。现有的研究成果表明，在重力加速度很大的变化范围内重力场几乎对核态沸腾的换热规律没有影响（从重力加速度为0.10m/s一直到100×9.8m/s）。但重力加速度对液体自然对流则有显著的影响（自然对流随加速度的加大而强化）。

(5) 强化沸腾换热的原则。基本原则是尽量增加加热面上的汽化核心，即产生气泡的地点。根据前面的分析，加热面上的微小凹坑最容易成为气化核心，近几十年来强化沸腾换热表面的开发主要是按照这一思想进行的。

5.3 典型例题

5.3.1 简答题

【例5-1】 对管内强制对流换热，考虑温差修正系数时，为何对气体采用温度形式，而对液体却采用黏度形式？

答：在热边界层内温度场影响流体的物性值。对于液体，主要影响其黏度，而对密度等影响不大，因而修正系数采用黏度形式，即 $(\mu_f/\mu_w)^n$ 的形式；而对气体，温度场不仅影响其黏度，还影响其密度 ρ、导热系数等参量，而所有这些参量均与温度有一定的函数关系，所以采用温度修正，即 $(T_f/T_w)^n$ 的形式。

【例5-2】 对管内强制对流换热，为何采用短管和弯管可以强化流体的换热？

答：采用短管，主要是利用流体在管内换热处于入口温度边界层较薄，因而换热强的特点，即所谓的入口效应，从而强化换热。而对于弯管，流体在流经弯管时，由于离心力作用，在横截面上产生二次环流，增强了扰动，从而强化了换热。

【例5-3】 有一根内直径为 d 的长管，温度保持在 T_w，而温度为 T_1 的水以 m 的质量流量从管内流过。今假设水与管壁间的传热系数保持不变，试导出水温沿管长方向 x 的变化关系。

答：取管内一段微元管长建立热平衡关系：$mc_p\mathrm{d}T=h\pi d(T_w-T)\,\mathrm{d}x$。令 $\theta=T-T_w$，代入上式且分离变量积分得到：$\dfrac{\theta}{\theta_1}=\exp\left(-\dfrac{h\pi d}{mc_p}x\right)$，式中 $\theta_1=T_1-T_w$。

【例5-4】 对外掠大平板对流换热，试定性给出沿流动方向局部表面传热系数 h_x 随 x 的变化曲线，并说明在传热温差一定的情况下，为何平均表面传热系数 h_m 总是高于局部表面传热系数。

答：外掠大平板管内强制对流局部传热系数 h_x 随 x 的变化曲线如图5-6所示。外掠平板过程中边界层逐步加厚，因此局部表面传热系数沿流动方向逐渐降低。传热温差一定时，平均表面传热系数 h_{m} 与局部表面传热系数 h_x 有如下关系：

$$h_m = \frac{1}{x}\int_0^x h_x \mathrm{d}x$$

由上述积分的性质可知，在 $0\sim x$ 区间内的平均值 h_{m} 要高于 x 处的局部值，因而平均表面传热系数总是位于局部值的上方（图 5-6 中虚线所示）。

【例 5-5】 试计算图 5-7 所示管道的当量直径，其中涂色的部分表示流体流过的通道。

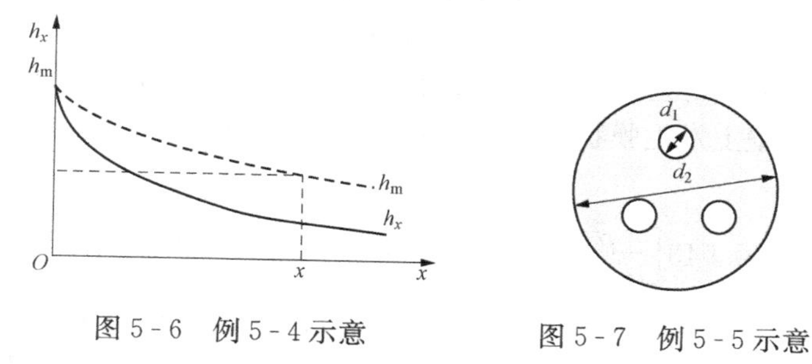

图 5-6　例 5-4 示意　　　图 5-7　例 5-5 示意

答：$d_{\mathrm{e}}=\dfrac{4A_{\mathrm{c}}}{P}$，$A_{\mathrm{c}}=\dfrac{\pi}{4}d_2^2-3\,\dfrac{\pi}{4}d_1^2$，$P=\pi d_2+3\pi d_1$

故 $d_{\mathrm{e}}=\dfrac{4\left(\dfrac{\pi}{4}d_2^2-3\,\dfrac{\pi}{4}d_1^2\right)}{\pi d_2+3\pi d_1}=\dfrac{d_2^2-3d_1^2}{d_2+3d_1}$

【例 5-6】 其他条件相同时，同一根管子横向冲刷与纵向冲刷相比，哪个表面传热系数大？

答：横向冲刷时表面传热系数大。因为纵向冲刷时相当于外掠平板的流动，热边界层较厚，而横向冲刷时热边界层薄且存在由于边界层分离而产生的旋涡，增加了流体的扰动，因而换热强。

【例 5-7】 在地球表面某实验室内设计的自然对流换热实验，到太空中是否仍然有效，为什么？

答：该实验到太空中无法得到地面上的实验结果。因为自然对流是由流体内部的温度差从而引起密度差并在重力的作用下引起的。在太空中实验装置处于失重状态，因而无法形成自然对流，所以无法得到预期的实验结果。

【例 5-8】 对有限空间的自然对流换热，有人经过计算得出其 Nu 数为 0.5. 请利用所学过的传热学知识判断这一结果的正确性。

答：以图 5-4 所示的有限空间自然对流为例。如果方腔内的空气没有对流，仅存在导热，则

$$q=\lambda\frac{t_{\mathrm{h}}-t_{\mathrm{c}}}{\delta}$$

此时当量的对流换热量可以按下式计算：

$$q=h(t_{\mathrm{h}}-t_{\mathrm{c}})$$

由以上两式可得$\dfrac{h\delta}{\lambda}=1$，即 $Nu=1$，即方腔内自然对流完全忽略时，依靠纯导热的 Nu

数等于1，即 Nu 数的最小值为1，不会小于1，所以上述结果是不正确的。

【例 5-9】 试讨论在无限空间自由流动紊流换热时对流换热强度与传热面尺寸的关系，并说明此关系有何使用价值。

答：当在无限空间自由流动紊流换热时，换热面无论是竖壁、竖管、水平管或热面向上的水平板，它们的对流换热准则方程式 $Nu=c(Gr.Pr)^n$ 中的指数 n 都是1/3。因此方程等式两边的定型尺寸可以消去，表明自由流动紊流换热时，传热系数与传热面尺寸（定型尺寸）无关。利用这自动模化特征，在自由流动紊流换热实验研究中，可以采用较小尺寸的物体进行试验，只要求实验现象的 $GrPr$ 值处于紊流范围。

【例 5-10】 当蒸汽在竖壁上发生膜状凝结时，分析竖壁高度 h 对传热系数的影响。

答：当蒸汽在竖壁上发生膜状凝结时，随着竖壁高度的不同可能发生层流凝结放热和紊流凝结放热。

对层流来说：$h=0.943\left[\dfrac{\rho^2 g\lambda^3 r}{\mu l(t_s-t_w)}\right]^{1/4}$。可见，当 l 增加时，传热系数 h 减小，$h\propto 1/l^{1/4}$。从理论上分析，层流凝结放热总以导热方式为主。当 $l=0$ 时，膜层厚度为0，这时的放热达到最大值，随着 l 的增加，膜层厚度 δ 也加厚，也即增加了导热热阻，所以传热系数随 l 增加而减小。

对紊流而言：平均传热系数 h 的计算式见式（5-28）。Re 与 l 也成正比，可见，随着 l 增加，放热加强。从理论上分析，在紊流中紊流传递方式成为重要因素，因此，紊流换热随 l 增加得到加强。

【例 5-11】 为什么蒸汽中含有不凝结气体会影响凝结换热的强度？

答：不凝结气体的存在，一方面使凝结表面附近蒸汽的分压力降低，从而蒸汽饱和温度降低，使传热驱动力即温差（t_s-t_w）减小；另一方面凝结蒸汽穿过不凝结气体层到达壁面依靠的是扩散，从而增加了阻力。上述两方面的原因使不凝结气体存在大大降低了表面传热系数，使换热量降低。所以实际凝汽器中要尽量降低并排除不凝结气体。

【例 5-12】 两滴完全相同的水滴在大气压力下分别滴在表面温度为120℃和400℃的铁板上，试问滴在哪块板上的水滴先被烧干，为什么？

答：在大气压下发生沸腾换热时，上述两水滴的过热度分别是 $\Delta t=t_w-t_s=20$℃和 $\Delta t=300$℃，由大容器饱和沸腾曲线，前者表面发生的是核态沸腾，后者发生膜态沸腾。虽然前者传热温差小，但其表面传热系数大，从而表面热流反而大于后者。所以水滴滴在120℃的铁板上先被烧干。

5.3.2 计算题

【例 5-13】 一套管式换热器，饱和蒸汽在内管中凝结，使内管外壁温度保持在100℃，初温为25℃，质量流量为0.8kg/s的水从套管换热器的环形空间中流过，换热器外壳绝热良好。环形夹层内管外径为40mm，外管内径为60mm，试确定把水加热到55℃时所需的套管长度及管子出口截面处的局部热流密度。不考虑温差修正。

解： 本题为水在环形通道内强制对流换热问题。因为要确定的是管子长度，因而可先假定管长满足充分发展的要求，然后校核。

由定性温度 $t_m=\dfrac{1}{2}(t_f'+t_f'')=\dfrac{1}{2}\times(25+55)=40$(℃)，得到水的物性参数：

$\lambda=0.344\text{W}/(\text{m}\cdot℃)$，$\mu=27.0\times10^{-6}\text{m}^2/\text{s}$，$c_p=4174\text{J}/(\text{kg}\cdot\text{K})$，$Pr=4.31$

当量直径：$d_e=d_2-d_1=60-40=20=0.02(\text{m})$

$$Re=\frac{\rho u d_e}{\mu}=\frac{4q_m}{\mu\pi(d_2+d_1)}=\frac{4\times0.8}{653.3\times10^{-6}\times\pi\times(0.06+0.04)}=15\ 591.5$$

水被加热，n 取 0.4：

$$Nu=0.023Re^{0.8}Rr^{0.4}=0.023\times15\ 591.5^{0.8}\times4.31^{0.4}=93.3$$

假设换热达充分发展，入口修正系数 $C_l=1$

$$h=\frac{Nu\lambda}{d_e}=\frac{93.3\times0.635}{0.02}=2962.3[\text{W}/(\text{m}^2\cdot\text{K})]$$

换热量 $\Phi=q_m c_p(t_f''-t_f')=0.8\times4174\times(55-25)=100\ 176(\text{W})$

而 $\Phi=hA(t_w-t_m)=h\pi dl(t_w-t_m)$

所以 $l=\dfrac{\Phi}{h\pi d(t_w-t_m)}=\dfrac{10\ 076}{2962.3\times\pi\times\ (100-40)}=4.485(\text{m})$

因 $l/d_e=\dfrac{4.485}{0.02}=224\gg60$，故换热已充分发展，不考虑管长修正。

【例 5-14】 某锅炉厂生产的 220t/h 锅炉的低温段管式空气预热器的设计参数为：顺排布置，$s_1=76\text{mm}$，$s_2=57\text{mm}$，管子外径 $d_0=38\text{mm}$，壁厚 $\delta=1.5\text{mm}$；空气横向冲刷管束，在空气平均温度为 133℃时管间最大流速 $u_{f,max}=6.03\text{m/s}$，空气流动方向上的总管排数为 44 排。设管壁平均温度 $t_w=165℃$，求管束与空气间的对流传热系数。如将管束改为叉排，其余条件不变，对流传热系数增加多少？

解： 本题为空气横向绕流光管管束的强制对流换热问题。

(1) 计算 $Re_{f,max}$

由定性温度 $t_f=133℃$查主教材附录 E，得空气的物性值为

$\lambda_f=0.344\text{W}/(\text{m}\cdot℃)$，$\nu_f=27.0\times10^{-6}\text{m}^2/\text{s}$，$Pr_f=0.684$

由 $t_w=165℃$查主教材附录 E 得 $Pr_w=0.682$。于是：$Re_{f,max}=\dfrac{u_{f,max}d_o}{\upsilon_f}=\dfrac{6.03\times0.038}{27.0\times10^{-6}}=8487$

(2) 求顺排时的对流换热系数 h_f

根据 $Re_{f,max}$查主教材表 5-2，可知 $c=0.27$，$n=0.63$，$m=0.36$，$p=0$，则

$$Nu=0.27Re^{0.63}Pr^{0.36}\left(\frac{s_1}{s_2}\right)^0\left(\frac{Pr_f}{Pr_w}\right)^{0.25}\varepsilon_z$$

管排数为 44，所以 $\varepsilon_z=1$。代入数据有

$$\frac{h_f\times0.038}{0.034\ 4}=0.27\times8487^{0.63}\times0.684^{0.38}\times1\times\left(\frac{0.684}{0.682}\right)^{0.25}\times1$$

解得对流换热系数为 $h_f=63.66\text{W}/(\text{m}^2\cdot℃)$

(3) 求叉排时的对流换热系数

同样，根据 $Re_{f,max}$查主教材表 5-2 可知 $c=0.35$，$n=0.6$，$m=0.36$，$p=0.2$

$$Nu_i=0.35Re_{f,max}^{0.60}Pr_f^{0.36}\left(\frac{Pr_f}{Pr_w}\right)^{0.25}\left(\frac{s_1}{s_2}\right)^{0.2}$$

代入数据得 $\dfrac{h_f\times0.038}{0.034\ 4}=0.35\times84\ 870.60\times0.684\times0.38\times\left(\dfrac{0.684}{0.682}\right)^{0.25}\times\left(\dfrac{76}{57}\right)^{0.2}\times1\times1$

解得叉排时的对流换热系数为 $h_f=66.64\text{W}/(\text{m}^2\cdot℃)$

【例 5-15】 水平放置的蒸汽管道，保温层外径 $d_0=583\text{mm}$，壁温 $t_w=48℃$，周围空气温度 $t_\infty=23℃$。试计算保温层外壁的对流散热量？

解： 本题属于大空间自然对流换热问题。

定性温度 $t_m=\frac{1}{2}(t_w+t_\infty)=\frac{1}{2}\times(48+23)=35.5(℃)$

据此查得空气的物性值为

$\lambda_m=0.0272\text{W}/(\text{m}\cdot℃)$，$\upsilon_m=16.53\times10^{-6}\text{m}^2/\text{s}$，$Pr_m=0.7$

$$\beta_m=\frac{1}{T_m}=\frac{1}{273+35.5}=3.24\times10^{-3}(K^{-1})$$

根据 Gr 数判断流态：

$$(GrPr)_m=\frac{g\beta_m\Delta t d_0^3}{\upsilon_m^2}Pr_m=\frac{9.81\times3.24\times10^{-3}\times(48-23)\times0.583^3}{(16.53\times10^{-6})^2}\times0.7=4.03\times10^8<10^9$$

可知流态属于层流。水平放置圆管，查主教材表 5-5 得 $c=0.53$，$n=1/4$。

于是 $Nu=0.53(Gr\cdot Pr)^{1/4}=0.53\times(4.03\times10^8)^{1/4}$

对流换热系数为 $h=Nu\frac{\lambda_m}{d_0}0.53\times(4.03\times10^8)^{1/4}\times\frac{0.0272}{0.583}=3.5\ [\text{W}/(\text{m}^2\cdot℃)]$

单位管长的对流散热量为

$$q_l=h\pi d_0(t_w-t_\infty)=3.5\times3.14\times0.583\times(48-23)=160.2(\text{W}/\text{m})$$

【例 5-16】 温度分别为 100℃和 40℃、面积均为 $0.5\times0.5\text{m}^2$ 的两竖壁，形成厚 $\delta=15\text{mm}$ 的竖直空气夹层。试计算通过空气夹层的自然对流换热量？

解： 本题属于竖直夹层内自然对流换热问题。

（1）空气的物性值

定性温度 $t_m=\frac{1}{2}(t_{w1}+t_{w2})=\frac{1}{2}(100+40)=70℃$，据此，查主教材附录 E 得空气的物性值为

$\lambda_m=0.0296\text{W}/(\text{m}\cdot℃)$，$\rho_m=1.029\text{kg}/\text{m}^3$，$\mu_m=20.60\times10^{-6}\text{kg}/(\text{m}\cdot\text{s})$，$Pr_m=0.694$

$$\beta_m=\frac{1}{273+70}=2.915\times10^{-3}K^{-1}$$

由此，运动黏度为 $\upsilon_m=\frac{\mu_m}{\rho_m}=\frac{20.60\times10^{-6}}{1.029}=20.02\times10^{-6}\text{m}^2/\text{s}$

（2）计算等效导热系数 λ_e。

因 $(Gr_\delta Pr)_m=1.003\times10^4<2\times10^5$，判断流态为层流，故

$$Nu=0.197Gr_\delta^{1/4}\left(\frac{\delta}{H}\right)^{1/9}=0.18\times(1.003\times10^4)^{1/4}\times\left(\frac{0.015}{0.5}\right)^{1/9}=1.335$$

等效导热系数 λ_e 为

$$\lambda_e=Nu\times\lambda=1.335\times0.0296=0.0395[\text{W}/(\text{m}\cdot℃)]$$

（3）自然对流换热量

$$\Phi=\frac{\lambda_e}{\delta}A(t_{w1}-t_{w2})=\frac{0.0395}{0.015}\times(0.5\times0.5)\times(100-40)=39.5(\text{W})$$

【例 5-17】 用热线风速仪测定气流速度的试验中，将直径为 0.1mm 的电热丝与来流方

向垂直放置，来流温度为25℃，电热丝温度为55℃，测得电加热功率为20W/m。假定除对流外其他热损失可忽略不计。试确定此时的来流速度。

解： 本题为空气外掠圆柱体强制对流换热问题。

由题意，$\Phi_l=20\text{W/m}$。由牛顿冷却公式 $\Phi_l=hA(t_w-t_f)=h\pi d(t_w-t_f)$，有

$$h=\frac{\Phi_l}{\pi d(t_w-t_f)}=\frac{20}{3.14\times0.1\times10^{-3}\times(55-25)}=2122[\text{W/(m}^2\cdot\text{K)}]$$

定性温度：$t_m=\frac{1}{2}\ (t_w+t_f)\ =\frac{1}{2}\ (25+55)\ =40(℃)$

空气的物性值：$\lambda=0.0276\text{W/(m}\cdot\text{K)}$，$\upsilon=16.96\times10^{-6}\text{m}^2/\text{s}$，$Pr=0.699$

由此得 $Nu=\frac{hd}{\lambda}=\frac{2122\times0.1\times10^{-3}}{0.0276}=7.689$

假设 Re 数的值范围在40～4000，有：$Nu=cRe^nRr^{\frac{1}{3}}$，其中 $c=0.683$，$n=0.466$

即 $7.689=0.683\times Re^{0.466}\times0.699^{\frac{1}{3}}$，得 $Re=233.12$ 符合上述假设范围。

故 $u_w=\frac{Re\cdot\upsilon}{d}=233.12\times16.96\times10^{-6}/0.1\times10^{-3}=39.54(\text{m/s})$

【例5-18】 压力为101.325kPa的饱和水蒸气在长为1.5m的竖管外壁凝结，管外壁平均温度为60℃，蒸汽的凝结量为36kg/h。求凝结换热表面传热系数 h 和管子的外径 d。

解： 本题为竖管外壁膜态凝结换热问题。

(1) 求 h。查取1个大气压下的饱和水蒸气的物性参数：

饱和温度 $t_s=100℃$，凝结潜热 $\gamma=2257.1\text{kJ/kg}$，$\rho_v=0.5977\text{kg/m}^3$。

定性温度为液膜平均温度：$t_m=\frac{1}{2}\ (t_s+t_w)\ =\frac{1}{2}\ (100+60)\ =80$

查取80℃时凝结水的物性参数：

$$\lambda_l=0.674\text{W/(m}\cdot\text{K)},\ \rho_l=971.8\text{kg/m}^3,\ \mu_l=355.1\times10^{-6}\text{Pa}\cdot\text{s}$$

液膜雷诺数为 $Re=\frac{4q_m}{\mu_l}=\frac{4\times\frac{36}{3600}}{355.1\times10^{-6}}=112.6<1600$

因此可选用下面的实验关联进行计算：

$$h_c=1.13\left[\frac{g\gamma\lambda_l^3\rho_l(\rho_l-\rho_v)}{\mu_l(t_s-t_w)L}\right]^{\frac{1}{4}}$$

$$=1.13\times\left[\frac{9.8\times2557.1\times10^3\times0.674^3\times971.8\times(971.8-0.5977)}{355.1\times10^{-6}\times(100-60)\times1.5}\right]^{\frac{1}{4}}$$

$$=4703.72[\text{W/(m}^2\cdot\text{K)}]$$

(2) 求 d。因为 $\gamma q_m=h_c\pi dL\ (t_s-t_w)$，于是

$$d=\frac{\gamma q_m}{h_c\pi L(t_s-t_w)}=\frac{2257.1\times10^3\times\frac{36}{3600}}{4703.72\times3.14\times1.5\times(100-60)}=25.4(\text{mm})$$

【例5-19】 一房间内空气温度为25℃，相对湿度为75%。一根外径为30mm，外壁平均温度为15℃的水平管道自房间穿过。空气中的水蒸气在管外壁面上发生膜状凝结，假定不考虑传质的影响。试计算每米长管子的凝结换热量，并将这一结果作分析，与实际情况相比，这一结果是偏高还是偏低？

解：本题房间空气的相对温度为75%，因而从凝结观点有25%的不凝结气体即空气。先按纯净蒸汽凝结来计算。

25℃的饱和水蒸气压力 $\rho_s=0.032\ 895\times10^5$ Pa

此时水蒸气分压力 $\rho=0.75\rho_s=0.024\ 67\times10^5$ Pa

对应饱和温度为 $t_s=20.68$℃

液膜平均温度 $t_m=\frac{1}{2}(t_s+t_w)=\frac{1}{2}\times(20.68+15)=17.84$(℃)

凝液物性参数 $\lambda_\delta=0.593\ 6$W/(m·K)，$\mu_l=1069\times10^{-6}$ Pa·s，$\rho_l=998.52$kg/m³

汽化潜热 $r=2452.7$kJ/kg

表面传热系数：

$$h_c=0.729\left[\frac{g\gamma\rho_l^2\lambda_l^3}{\mu_l d(t_s-t_w)}\right]^{\frac{1}{4}}=0.729\times\left[\frac{9.8\times2452.7\times10^3\times998.52^2\times0.593\ 6^3}{1069\times10^{-6}\times0.03\times(20.68-15)}\right]^{\frac{1}{4}}$$

$$=9387.8[\text{W}/(\text{m}^2\cdot\text{K})]$$

故每米管长上的换热量

$$\Phi_l=h\pi d(t_s-t_w)=9387.8\times3.14\times0.03\times(20.68-15)=5025.6(\text{W/m})$$

相应凝结量为

$$q_m=\frac{\Phi_l}{\gamma}=\frac{5025.6}{2452.7\times10^3}=2.049\times10^{-3}(\text{kg/h})$$

由于不凝气体存在，实际凝液量低于此值。

【例题5-20】 大容器中饱和水的压力为 1.434×10^5 Pa，其中放置的加热镍棒的表面温度为120℃。试计算加热镍棒与水之间的表面传热系数。

解：由物性参数表知，在 1.434×10^5 Pa 下各物性参数值为 $t_s=110$℃，$c_{p1}=4.233$kJ/(kg·℃)，$\sigma=569.0\times10^{-4}$ N/m，$\rho_1=951.0$kg/m³，$\mu_1=259.0\times10^{-6}$ kg/(m·s)，$Pr_1=1.6$，$\rho_v=0.826\ 5$kg/m³，$\gamma=2229.9$kJ/kg。

由表5-6，$c_{w1}=0.006$，$n=1.0$。由核态沸腾换热计算式

$$\frac{c_{p1}(t_w-t_s)}{\gamma}=c_{w1}\left\{\frac{q}{\mu_l\gamma}\left[\frac{\sigma}{g(\rho_1-\rho_v)}\right]^{\frac{1}{2}}\right\}^{\frac{1}{3}}Pr_1^n$$

得到

$$q=\frac{(4.233\times10^3)^3\times10^3\times259.0\times10^{-6}}{(2.2299\times10^6)^2\times0.006^3\times1.6^3}\sqrt{\frac{9.81\times(951.0-0.826\ 5)}{569.0\times10^{-4}}}=1.81\times10^5$$

于是加热镍棒与水之间的表面传热系数为

$$h=\frac{q}{t_w-t_1}=\frac{18.1\times10^5}{10}=18.1\times10^4[\text{W}/(\text{m}^2\cdot℃)]$$

【例题5-21】 饱和水的压力为 1.434×10^5 Pa，在大容器中受到镍制加热器的加热。在达到核态沸腾时，试计算最大热流密度和最大温差。

解：压力 1.434×10^5 Pa 所对应的饱和水及蒸气的物性参数分别为 $t_s=110$℃，$\rho_1=951.0$kg/m³，$\gamma=2229.9$kJ/kg，$c_{p1}=4.233$kJ/kg，$Pr=1.60$，$\mu_1=259.0\times10^{-6}$ kg/(m·s)，$\rho_v=0.826\ 5$kg/m⁵，以及由主教材表5-6查得 $c_{w1}=0.006$，而从主教材表5-7查出 $\sigma=569\times10^{-4}$N/m，对于水 $n=1$。

在此情况下的最大热流密度为 $q_c=\frac{\pi}{24}r\rho_v\left[\frac{\sigma g(\rho_l-\rho_v)}{\rho_v^2}\right]^{\frac{1}{4}}=1.27\times10^6\,\mathrm{W/m^2}$。

由核态沸腾计算式 $\frac{c_{pl}\Delta t}{\gamma}=c_{wl}\left[\frac{q}{\mu_l\gamma}\sqrt{\frac{\sigma}{g(\rho_l-\rho_v)}}\right]^{\frac{1}{3}}Pr^n$，代入数据解 $\Delta t_{max}=8.9$℃。故最大热流密度为 $1.27\times10^6\,\mathrm{W/m^2}$ 时的最大温差为 8.9℃。

5.4 自学练习

一、单项选择题

1. 流体流过短管内进行对流换热时，其入口效应修正系数（　　）。

A. 等于 1　　B. 大于 1　　C. 小于 1　　D. 等于 0

2. Gr 准则反映了（　　）的对比关系。

A. 浮升力和惯性力　　B. 惯性力和黏性力

C. 浮升力和黏性力　　D. 角系数

3. 准则方程式 $Nu=f(Gr, Pr)$ 反映了（　　）的变化规律。

A. 强制对流换热　　B. 凝结对流换热

C. 自然对流换热　　D. 核态沸腾换热

4. 格拉晓夫准则 Gr 越大，则表征（　　）。

A. 浮升力越大　　B. 黏性力越大

C. 惯性力越大　　D. 动量越大

5. 横掠单管时的对流换热中，特征尺寸取（　　）。

A. 管长　　B. 管内径

C. 管外径　　D. 管外径减去管内径

6. 水平圆筒外的自然对流换热的特征尺度应取（　　）。

A. 圆筒的长度　　B. 圆筒外径　　C. 圆筒内径　　D. 圆筒壁厚度

7. 膜状凝结换热中的定性温度取（　　）。

A. 蒸汽温度　　B. 凝结液温度

C. 凝结液膜层平均温度　　D. 饱和温度

8. 饱和沸腾时，壁温与饱和温度之差称为（　　）。

A. 平均温度　　B. 绝对温度　　C. 相对温差　　D. 沸腾温差

9. 判断管内湍流强制对流是否需要进行入口效应修正的依据是（　　）。

A. $l/d>70$　　B. $Re>10^4$　　C. $l/d<50$　　D. $l/d<10^4$

10. 流体在壁面一侧湍流流过并与壁面对流传热，若流速增加一倍，其他条件不变，则对流传热系数为原来的（　　）倍。

A. 2　　B. 0.5　　C. 0.57　　D. 1.74

11. 某一确定流体在垂直管内流动并被冷却，流体向上流动的对流换热系数与向下流动的相比（　　）。

A. 要大　　B. 要小　　C. 大小相等　　D. 大小不确定

12. 竖平壁层流膜状凝结的平均表面传热系数随壁面高度的增加而（　　），随换热温度的增加而（　　）。

A. 增加，增加　　B. 增加，减小　　C. 减小，增加　　D. 减小，减小

13. 凝结分为膜状凝结和珠状凝结两种形式。在相同的条件下，膜状凝结的对流换热表面传热系数（　　）。

A. 要大于珠状凝结的对流换热表面传热系数

B. 要小于珠状凝结的对流换热表面传热系数

C. 要等于珠状凝结的对流换热表面传热系数

D. 不一定比珠状凝结的对流换热表面传热系数大

14. 在有冷凝或蒸发的情况下，对流换热表面传热系数会（　　）。

A. 减小　　B. 增大

C. 不变　　D. 以上各种可能性都有

15. 以下哪种沸腾状态不属于大空间沸腾换热的沸腾状态？（　　）

A. 环状沸腾　　B. 自然对流沸腾　　C. 膜态沸腾　　D. 过渡沸腾

16. 流体分别在较长的粗管和细管内作强制紊流对流换热，如果流速等条件相同，则（　　）。

A. 粗管和细管的传热系数相同　　B. 粗管内的传热系数大

C. 细管内的传热系数大　　D. 无法比较

17. 无限空间自然对流，在常壁温或常热流边界条件下，当流态达到旺盛紊流时，沿程表面传热系数 h_x 将（　　）。

A. 增大　　B. 不变

C. 减小　　D. 开始减小，然后增大

18. 流体外掠光滑管束换热时，第一排管子的平均表面传热系数与后排管子平均表面传热系数相比，第一排管子的平均表面传热系数（　　）。

A. 最小　　B. 最大　　C. 与其他各排相同　　D. 不确定

19. 沸腾的临界热流量是（　　）。

A. 从过冷沸腾过渡到饱和沸腾的转折点

B. 从自由流动过渡到核态沸腾的转折点

C. 从核态沸腾过渡到膜态沸腾的转折点

D. 从不稳定膜态沸腾过渡到稳定膜态沸腾的转折点

二、多项选择题

1. 凝结换热的形式有（　　）。

A. 珠状凝结　　B. 沸腾凝结　　C. 膜状凝结　　D. 平壁凝结

2. 影响膜状凝结的主要因素是（　　）。

A. 蒸汽流速　　B. 不凝结气体　　C. 表面粗糙度　　D. 表面颜色

3. 下述说法正确的是（　　）。

A. *Gr* 准则表征了浮升力与黏滞力的相对大小

B. *Nu* 准则反映壁面法向无量纲过余温度梯度的大小

C. *Pr* 准则反映了动量扩散和热量扩散的大小

D. *Re* 准则表征了惯性力与黏滞力的相对大小，反映自然对流流态对换热的影响

4. 沸腾曲线包含如下主要的区域（　　）。

A. 自然对流沸腾区　　B. 核态沸腾区

C. 过渡沸腾区　　D. 泡状沸腾区

三、简答题

1. 在计及入口效应时，管内流动时的入口效应修正系数大于1，而流体横掠管束时的总管排修正系数却小于1，为什么？

2. 试简述充分发展的管内流动与换热这一概念的含义。

3. 对于外掠管束的换热，整个管束的平均表面传热系数只有在流动方向管排数大于一定值后才与排数无关，试分析原因。

4. 什么叫大空间自然对流换热？什么叫有限自然对流换热？这与强制对流中的外部流动和内部流动有什么异同？

5. 空气沿竖板加热自然对流时，其边界层内的速度分布与空气沿竖板受迫流动时有什么不同，为什么？

6. 在对流温度差大小相同的条件下，在夏季和冬季，屋顶天花板内表面的对流传热系数是否相同？为什么？

7. 空气横掠管束时，沿流动方向管排数越多，换热就越强，而蒸气在水平管束外凝结时，沿液膜流动方向管束排数越多，换热强度降低。试对上述现象做出解释。

8. 试述沸腾换热过程中热量传递的途径。

9. 什么是沸腾换热的临界热流密度？当沸腾换热达到临界热流密度时，在什么条件下才会对换热设备造成危害？为什么？

10. 努塞尔建立竖板层流膜状凝结换热模型时做了许多假设，你能指出有哪些主要的假设吗？在实际的膜状凝结过程中，因不满足这些假设因素会对凝结过程带来何种影响？

11. 在液体沸腾过程中一个球形气泡存在的条件是什么？为什么需要这样的条件？

12. 在努塞尔关于膜状凝结理论分析的8条假定中，最主要的简化假定是哪两条？

13. 有人说，在其他条件相同的情况下．水平管外的凝结换热一定比竖直管强烈，这一说法一定成立？

14. 为什么水平管外凝结换热只介绍层流的准则式？常压下的水蒸气在 $\Delta t=t_g-t_w=10℃$ 的水平管外凝结，如果要使液膜中出现湍流，试近似估计一下水平管的直径。

15. 试说明大容器沸腾的 q - Δt 曲线中各部分的换热机理。

16. 对于热流密度可控及壁面温度可控的两种换热情形，分别说明控制热流密度小于临界热流密度及温差小于临界温差的意义，并针对上述两种情形分别举出一个工程应用实例。

17. 试对比水平管外膜状凝结及水平管外膜态沸腾换热过程的异同。

18. 从换热表面的结构而言，强化凝结换热的基本思想是什么？强化沸腾换热的基本思想是什么？

四、计算题

1. 一常物性的流体同时流过温度与之不同的两根直管1与2，且 $d_1=2d_2$。流动与换热均已处于紊流充分发展区域。试确定在下列两种情形下两管内平均表面传热系数的相对大小：(1) 流体以同样流速流过两管；(2) 流体以同样的质量流量流过两管。

2. 水以 $m=0.8\text{kg/s}$ 的流量在内径 $d=25\text{mm}$ 的管内流动，管子内壁面的温度保持 $T_w=$

90℃，水的进口温度 T_f'=20℃。试求水被加热到 T_f''=40℃时的管子长度。

3. 水以 1.2m/s 的平均流速流过内径为 20mm 的长直管。（1）管子壁温为 75℃，水从 20℃加热到 70℃；（2）管子壁温为 15℃，水从 70℃冷却到 20℃。试计算两种情形下的表面传热系数，并讨论造成差别的原因。

4. 温度为 0℃的冷空气以 6m/s 的流速平行地吹过一太阳能集热器的表面。该表面呈方形，尺寸为 1m×1m，其中一个边与来流方向相垂直。如果表面平均温度为 20℃，试计算由于对流而散失的热量。

5. 在锅炉的空气预热器中，空气横向掠过一组叉排管束，s_1=80mm，s_2=50mm，管子外径 d=40mm。空气在最小截面处的流速为 6m/s，流体温度 t_f=133℃，流动方向上的排数大于 10，管壁平均温度为 165℃。试确定空气与管束间的平均表面传热系数。

6. 现代储蓄热能的一种装置的示意图如图 5-8 所示。一根内径为 25mm 的圆管被置于一正方形截面的石蜡体中心，热水流过管内使石蜡熔解，从而把热水的显热转化成石蜡的潜热而储蓄起来。热水的入口温度为 60℃，流量为 0.15kg/s。石蜡的物性参数为熔点为 27.4℃，熔化潜热 L_s=244kJ/kg，固体石蜡的密度 ρ_s=770kg/m^3。假设圆管表面温度在加热过程中一直处于石蜡的熔点，试计算把该单元中的石蜡全部熔化，热水需流过多长时间？b=0.25m，l=3m。

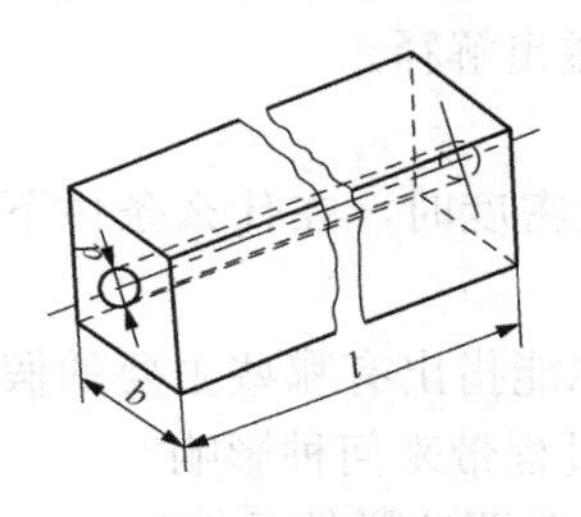

图 5-8 现代蓄热装置

7. 假设把人体简化成直径为 275mm、高 1.75m 的等温竖直圆柱，其表面温度比人体体内的正常温度低 2℃，试计算该模型位于静止空气中时的自然对流散热量，并与人体每天的平均摄入热量（5440kJ）相比较。圆柱两端面的散热可不予考虑，人体正常表面体温按 35℃计算，环境温度为 25℃。

8. 一块有内部电加热的正方形薄平板，边长为 30cm，被竖直地置于静止的空气中。空气温度为 35℃。为防止平板内部电热丝过热，其表面温度不允许超过 150℃。试确定所允许的电热器的最大功率。平板表面传热系数取 8.52W/(m^2·K)。

9. 用直径为 1mm、电阻率 ρ=1.1×10^{-6}Ω·m 的导线通过盛水容器作为加热元件。试确定，在 t_s=100℃时为使水的沸腾处于核态沸腾区，该导线所能允许的最大电流。

10. 有一内直径为 d=20mm，长度为 L=2m 的薄壁紫铜管处于温度为 50℃的低压饱和水蒸气中，管内有流速为 10m/s 的空气流过，入口处空气温度为 20℃，忽略管外水蒸气凝结换热热阻和管壁导热热阻，试计算圆管出口处的空气温度。如果管内的空气流速增加一倍，空气在出口处的温度会升高还是会降低？并说明出口温度升高或降低的原因。

11. 压力为 0.7×10^{5}Pa 的饱和水蒸气，在高为 0.3m、壁温为 70℃的竖直平板上发生膜状凝结，求平均表面传热系数及平板每米宽的凝液量。

12. 一个面积为 1m×1m，功率为 2kW 的平板电加热器，垂直放置于 20℃的大气中，如果电加热器处于稳定状态，试确定表面温度。其他条件不变，如果将电加热器垂直放置于 20℃的水中，那么其表面温度又是多少？

13. 1.013×10^{5}Pa 压力下的水在大容器中沸腾，加热元件是外径为 3mm、内径为 2.7mm、长为 100mm 的不锈钢管，加热管通低压大电流加热，已知不锈钢管的电阻系数为 1.10Ω·mm^2/m。试计算施加多大的端电压才能保持不锈钢加热管表面为核态沸腾。

14. 不锈钢制成的水锅的直径为 0.3m，锅底表面温度为 120℃，内盛 100℃的饱和水，假定开始时水面离锅底 200mm。试计算水全部蒸发成蒸汽所需要的时间。

15. 设置在大容器中的不锈钢加热器，使饱和水沸腾的热流密度为 $3.34\times10^5\,W/m^2$，水的温度为 195℃，试计算在核态沸腾条件下加热器的表面温度。

16. 温度为 42℃的干饱和水蒸气在温度为 28℃的竖壁上冷凝。试计算从竖壁顶部往下 0.3、0.6、0.9m 高度处的液膜厚度和局部传热系数。

17. 用一根 1m 长的水平管冷凝 $1.013\times10^5\,Pa$ 的饱和水蒸气。管外表面温度为 70℃。为了使冷凝量达到 125kg/h，试问管径应为多少?

5.5 自学练习解答

一、单项选择题

1. B　2. C　3. C　4. A　5. C　6. B　7. C　8. D　9. C　10. D
11. A　12. C　13. B　14. B　15. A　16. C　17. B　18. A　19. C

二、多项选择题

1. A，C　2. A，B　3. A，B，C　4. A，B，C

三、简答题

1. 【提示】对管内流动，入口段热边界层较薄，表面传热系数较高，因此考虑入口效应时需要乘以大于 1 的长度修正系数；而对流体横掠管束的流动，管排数越少，后排管束的扰动越小，因而应乘以小于 1 的修正系数。

2. 【提示】由于流体由大空间进入管内时，管内形成的边界层由零开始发展直到管子的中心线位置，这种影响才不发生变化，同样在此时对流传热系数才不受局部对流传热系数的影响。

3. 【提示】因后排管受到前排管尾流的影响（扰动）作用，对平均表面传热系数的影响直到 10 排管子以上的管子才能消失。

4. 【提示】大空间自然对流时，流体的冷却过程与加热过程互不影响，当其流动时形成的边界层相互干扰时，称为有限空间自然对流。这与外部流动和内部流动的划分有类似的地方，但流动的动因不同，一个由外在因素引起的流动，一个由流体的温度不同而引起的流动。

5. 【提示】在自然对流时，流体被壁面加热，形成自然对流边界层。层内的速度分布与受迫流动时不相同。流体温度在壁面上为最高，离开壁面后逐渐降到环境温度，即热边界层的外缘，在此处流动也停止，因此速度边界层和温度边界层的厚度相等。边界层内的速度分布在壁面上及边界层的外缘均等于零，因此在层内存在一个极大值。受迫流动时，一般速度边界层和温度边界层的厚度不相等，边界层内的速度分布为壁面处为零，而外缘处为 u_∞。图略。

6. 【提示】在夏季和冬季两种情况下，虽然它们的对流温差相同，但它们内表面的对流传热系数却不一定相等。原因：在夏季 $t_f<t_w$，在冬季 $t_f>t_w$，即在夏季，温度较高的水平壁面在上，温度较低的空气在下，自然对流不易产生，因此放热系数较低；反之，在冬季，温度较低的水平壁面在上，而温度较高的空气在下，自然对流运动较强烈，因此，传热系数较高。

7.【提示】空气外掠管束时，沿流动方向管排数越多，气流扰动增加，换热就越强。而蒸气在管束外凝结时，沿液膜流动方向排数越多，凝结液膜越来越厚，凝结传热热阻越来越大，因而传热强度降低。

8.【提示】半径 $R \geqslant R_{min}$ 的气泡在核心处形成之后，随着进一步的加热，它的体积将不断增大，此时的热量是以导热方式输入，其途径一是由气泡周围的过热液体通过汽液界面输入；另一途径是直接由气泡下面的汽固界面输入，由于液体的导热系数远大于蒸汽，故热量传递的主要途径为前者。当气泡离开壁面升入液体后，周围过热液体继续对它进行加热，直到逸出液面，进入蒸汽空间。

9.【提示】对于大容器饱和沸腾，核态沸腾和过渡沸腾之间热流密度的峰值称为临界热流密度。当沸腾换热达到临界热流密度时，高温下恒热流密度加热时会对换热设备造成危害。在高温下恒热流密度加热时，当热流密度超过临界热流密度时，壁温会突然剧烈上升，使设备烧毁。

10.【提示】努塞尔建立竖板层流膜状凝结换热模型时做了如下主要假设：静止的纯饱和蒸汽膜状凝结；冷凝液膜为层流流动，因流速低其惯性力可以忽略，且液膜与蒸汽之间没有力的相互作用；冷凝液膜的物性为常数，表面温度为饱和温度，因而可将液膜传热视为温度线性分布的纯导热过程，由于液膜较薄而忽略其过冷。

在实际的膜状凝结过程中，因不满足这些假设因素会对凝结过程带来的影响，首先是不凝结性气体的存在，这种气体因不凝结而聚积在冷凝壁面附近，使蒸汽必须通过扩散才能到达冷凝壁面，从而使凝结换热性能大为降低。其次是蒸汽的流动，这种流动如果沿着冷凝液流动方向，会使冷凝液膜变薄，从而增强换热，反之则削弱换热，但是逆方向高速流动会吹掉冷凝液膜，又使得换热加强。再就是蒸汽的过热和冷凝液膜的过冷也会一定程度影响凝结换热过程。此外，在惯性力作用下冷凝液膜的流动会从层流转变为紊流，也会给凝结换热产生较大的影响。

11.【提示】在液体沸腾过程中一个球形气泡存在的条件是液体必须有一定的过热度。这是因为从气泡的力平衡条件得出 $p_v - p_l = \frac{2\sigma}{R}$，只要气泡半径不是无穷大，蒸汽压力就大于液体压力，它们各自对应的饱和温度就不同，有 $T_{vs} > T_{ls}$；又由气泡热平衡条件有 $T_v = T_l$，而有气泡存在必须保持其饱和温度，那么液体温度 $T_l > T_{ls}$，即大于其对应的饱和温度，也就是液体必须过热。

12.【提示】第3条，忽略液膜惯性力，使动量方程得以简化；第5条，膜内温度是线性的，即膜内只有导热而无对流，简化了能量方程。

13.【提示】这一说法不一定成立，要看管的长径比。

14.【提示】因为换热管径通常较小，水平管外凝结换热一般在层流范围。

由 $t_s = 100℃$，查表：$\gamma = 2257 \text{kJ/kg}$

由 $t_p = 95℃$，查表：

$$\rho = 961.85 \text{kg/m}^3,\ \lambda = 0.6815 \text{W/(m·K)},\ \eta = 298.7 \times 10^{-6}\ [\text{kg/(m·s)}]$$

$$Re = \frac{4\pi dh(t_s - t_w)}{\eta\gamma}$$

对于水平横圆管：

$$h = 0.729\left(\frac{g\gamma\rho^2\lambda^3}{\eta d(t_s - t_w)}\right)^{1/4}$$

临界雷诺数

$$Re_c = \frac{9.161 d^{3/4}(t_s - t_w)^{3/4}(g\rho^2\lambda^3)^{1/4}}{\eta^{5/4}\gamma^{3/4}} = 1600$$

$$d = 976.3\frac{\eta^{5/3} r}{(t_s - t_w)(g\rho^2\lambda^3)^{1/3}} = 2.07(\mathrm{m})$$

即水平管管径达到 2.07m 时，流动状态才过渡到湍流。

15.【提示】见本章 5.2.5 小节分析。

16.【提示】对于热流密度可控的设备，如电加热器，控制热流密度小于临界热流密度，是为了防止设备被烧毁，对于壁温可控的设备，如冷凝蒸发器，控制温差小于临界温差，是为了防止设备换热量下降。

17.【提示】稳定膜态沸腾与膜状凝结在物理上同属相变换热，前者热量必须穿过热阻较大的汽膜，后者热量必须穿过热阻较大的液膜，前者热量由里向外，后者热量由外向里。

18.【提示】从换热表面的结构而言，强化凝结换热的基本思想是尽量减薄黏滞在换热表面上液膜的厚度，强化沸腾换热的基本思想是尽量增加换热表面的汽化核心数。

四、计算题

1.【提示】设流体是被加热的。以 Dittus - Boelter 公式为基础来分析时，有

$$Nu = \frac{hd}{\lambda} = 0.023 Re^{0.8} Pr^n$$

（1）当以同样流速流过两管时，$u_1 = u_2$，$d_1 = 2d_2$

$$\frac{h_1}{h_2} = \frac{Nu_1 d_2}{Nu_2 d_1} = \left(\frac{Re_1}{Re_2}\right)^{0.8}\frac{d_2}{d_1} \Rightarrow \frac{h_1}{h_2} = \left(\frac{d_1}{d_2}\right)^{0.8}\frac{d_2}{d_1} = \frac{1}{2}\times 2^{0.8} = 0.871$$

（2）当以同样质量流量流过两管时，$Q_1 = Q_2$，$d_1 = 2d_2$

$$\frac{u_1}{u_2} = \frac{Q_1/A_1}{Q_2/A_2} = \frac{A_2}{A_1} = \frac{1}{4} \Rightarrow \frac{h_1}{h_2} = \left(\frac{u_1 d_1}{u_2 d_2}\right)^{0.8}\frac{d_2}{d_1} = \left(\frac{1}{4}\times 2\right)^{0.8}\times\frac{1}{2} = \left(\frac{1}{2}\right)^{0.8}\times\frac{1}{2} = 0.287$$

2.【提示】管内强迫对流换热。定性温度选取流体平均温度 30℃，查取水的物性参数。特征速度为管内平均流速 $u = \frac{m}{\rho\pi d^2/4} = 1.64\mathrm{m/s}$，则

$Re = \frac{ud}{\nu} = 5.09\times 10^4 > 10^4$，为紊流流动。

由 $Nu = 0.023 Re^{0.8} Pr^{0.4}\ (\mu_f/\mu_w)^{0.11} = 291.97$，

从而得出：$h = \frac{Nu\lambda}{d} = 7217[\mathrm{W/(m^2\cdot ℃)}]$。

由管内热平衡关系 $Q = mc_p(T_f'' - T_f') = h\pi dL(T_w - T_f)$，则

$$L = \frac{\dot{m}c_p(T_f'' - T_f')}{h\pi d\left(T_w - \frac{T_f' + T_f''}{2}\right)} = 1.96(\mathrm{m})$$

3.【提示】（1）定性温度 $t_f = \frac{t_f' + t_f''}{2} = 45(℃)$

查 45℃水的物性参数有

$\rho=990.2\text{kg/m}^3$，$c_p=4.174\text{kJ/(kg}\cdot\text{K)}$，$\lambda=0.642\text{W/(m}\cdot\text{K)}$，$\upsilon=0.608\times10^{-6}\text{m}^2/\text{s}$

$Pr=3.93$，$\mu=601.4\times10^{-6}\text{kg/m}\cdot\text{s}$

$t_w=15$℃时：$Re=\dfrac{ud}{\upsilon}=\dfrac{1.2\times20\times10^{-3}}{0.608\times10^{-6}}=3.95\times10^4$，为紊流流动。

则 $Nu=0.023Re^{0.8}Pr^n=\dfrac{hd}{\lambda}$因为是被加热，所以 n 取 0.4，则

$$\frac{h\times20\times10^{-3}}{0.642}=0.023\times(3.95\times10^4)^{0.8}\times3.93^{0.4}\Rightarrow h=6071.1\text{W/(m}^2\cdot\text{K)}$$

(2) 定性温度 $t_f=\dfrac{t_f'+t_f''}{2}=45$℃，物性参数与 (1) 相同。

因为是被冷却，所以 n 取 0.3，则

$$Nu=0.023Re^{0.8}Pr^{0.3}=\frac{hd}{\lambda}$$

$$\frac{h\times20\times10^{-3}}{0.642}=0.023\times(3.95\times10^4)^{0.8}\times3.93^{0.3}\Rightarrow h=5294.5\text{W/(m}^2\cdot\text{K)}$$

h 不同是因为：一个是被加热，一个是被冷却，速度分布受温度分布影响，Nu 不同。

4. 【提示】定性温度 $t_m=\dfrac{0+20}{2}=10$(℃)

查 10℃空气的物性参数：

$\rho=1.247\text{kg/m}^3$，$c_p=1.005\text{kJ/(kg}\cdot\text{K)}$，$Pr=0.705$，$\lambda=2.51\times10^{-2}[\text{W/(m}\cdot\text{K)}]$

$\mu=17.6\times10^{-6}\text{kg/m}\cdot\text{s}$，$\upsilon=14.16\times10^{-6}\text{m}^2/\text{s}$

$Re=\dfrac{ul}{\nu}=4.2\times10^5<5\times10^5$，为层流流动。

则 $\overline{Nu_x}=0.664Re^{0.5}Pr^{1/3}=\dfrac{hl}{\lambda}\Rightarrow h=9.67[\text{W/(m}^2\cdot\text{K)}]$

因而由对流而散失热量 $Q=hA\Delta t=9.67\times1\times20=193$ (W)

5. 【提示】解：$t_f=133$℃查空气 133℃物性参数：

$\rho=0.869\,4\text{kg/m}^3$，$c_p=1.011\,6\text{kJ/(kg}\cdot\text{K)}$，$\lambda=3.437\,5\times10^{-2}\text{W/(m}\cdot\text{K)}$，

$\mu=23.385\times10^{-6}\text{kg/(m}\cdot\text{s)}$，$\upsilon=26.627\,5\times10^{-6}\text{m}^2/\text{s}$，$Pr=0.685$

$Re=\dfrac{\rho ud}{\mu}=8.923\times10^3$

又因为$\dfrac{S_1}{S_2}=1.6<2$，所以用简化公式：

$$Nu=0.31Re^{0.6}\left(\frac{S_1}{S_2}\right)^{0.2}=\frac{hd}{\lambda}\Rightarrow h=68.65\text{W/(m}^2\cdot\text{K)}$$

6. 【提示】假定出口水温为 40℃，则水的定性温度为 50℃水的物性参数：

$\rho=998.1\text{kg/m}^3$，$c_p=4.174\text{kJ/(kg}\cdot\text{K)}$，$\lambda=64.8\times10^{-2}\text{W/(m}\cdot\text{K)}$，

$\mu=549.4\times10^{-6}\text{Pa}\cdot\text{s}$，$Pr=3.54$

$Re=\dfrac{ud}{\upsilon}=\dfrac{4q_m}{\mu\pi d}=13\,905>2300$

所以管流为湍流，故

$$Nu=0.023Re^{0.8}Pr^{0.3}=69.34$$

$$h=\frac{Nu\lambda}{d}=1797\mathrm{W/(m^2\cdot K)}$$

又因为 $l/d=3/0.025=120>60$，
所以 $c_l=1$，$\Delta t=t_f-t_m=22.6<30$，$c_t=1$
热平衡方程 $hA(t_f-t_m)=q_m c_p(t_f'-t_f'')$
其中 $t_f=(t_f'+t_f'')/2;A=\pi dl$
所以可得 $t_f''=43.25℃$

与假定 $t_f=40℃$相差较大，再假设 $t_f=\frac{t_f'+t_f''}{2}=51.5℃$，水物性参数：
$\rho=987.3\mathrm{kg/m^3}$，$c_p=4.175\mathrm{kJ/(kg\cdot K)}$，$\lambda=65.0\times10^{-2}\mathrm{W/(m\cdot K)}$，
$\mu=537.5\times10^{-6}\mathrm{Pa\cdot s}$，$Pr=3.46$
判断流态 $Re=\frac{ud}{\upsilon}=\frac{4q_m}{\mu\pi d}=14\,213>2300$，流态是湍流。
因水被冷却：$Nu=0.023Re^{0.8}Pr^{0.4}=70.08$，
$h=Nu\lambda/d=1822\mathrm{W/(m^2\cdot K)}$
$l/d=3/0.025=120>60$，$c_l=1$，$\Delta t=t_f-t_m=22.6<30$，$c_t=1$
热平衡方程 $hA(t_f-t_m)=q_m c_p(t_f'-t_f'')$
其中 $t_f=1/2(t_f'+t_f'');A=\pi dl$
所以可得 $t_f''=43.4℃$
壁温与液体温差 $\Delta t=t_f-t_w=24.3<30$，$c_t=1$
水与石蜡的换热量为 $\Phi_1=q_m c_p(t_f'-t_f'')=10\,395.8(\mathrm{W})$
而牛顿冷却公式 $\Phi_2=hA(t_f-t_w)=10\,432(\mathrm{W})$
热平衡偏差 $\Delta=\left|\frac{\Phi_1-\Phi_2}{(\Phi_1+\Phi_2)\ /2}\right|\times100\%=0.348\%<5\%$
故上述计算有效 $t_f''=43.4℃$
为使石蜡熔化所需热量为
$Q=r\rho V=3.495\times10^7(\mathrm{J})$
$\Phi=1/2(\Phi_1+\Phi_2)=10\,413.9(\mathrm{W})$
所需加热时间 $\tau=Q/\Phi=3356.2\mathrm{s}=56(\mathrm{min})$

7.【提示】定性温度 $t_m=\frac{35+25}{2}=30(℃)$
查 30℃空气物性参数如下：
$\lambda=2.67\times10^{-2}\mathrm{W/(m\cdot K)}$，$\upsilon=16.0\times10^{-6}\mathrm{m^2/s}$，$Pr=0.701$

则 $$Gr=\frac{g\beta(t_w-t_\infty)L^3}{\upsilon^2}=\frac{9.8\times\frac{1}{273+30}\times(35-25)\times1.75^3}{(16\times10^{-6})^2}=6.771\times10^9$$

$(GrPr)_m=6.771\times10^9\times0.701=4.75\times10^9>10^9$ 为紊流

则 $Nu=0.1(Gr\cdot Pr)^{1/3}=\frac{hl}{\lambda}\Rightarrow h=2.564\mathrm{W/(m^2\cdot K)}$

则自然对流散热量 $Q=h\pi dl\Delta t=2.564\times3.14\times275\times10^{-3}\times1.75\times10=38.77(\mathrm{W})$
一天 24h 总散热量 $Q_总=38.77\times24\times3600=3349.4(\mathrm{kJ})$

3349.4kJ<5440kJ

8.【提示】定性温度 $t_m=\dfrac{35+150}{2}=92.5$（℃）

查空气物性参数得：$\upsilon=22.4\times10^{-6}m^2/s$，$\lambda=3.15\times10^{-2}W/(m\cdot K)$，$Pr=0.69$

$$(GrPr)_m=\frac{g\beta\Delta tl^3}{\upsilon^2}Pr_m=\frac{9.8\times\dfrac{1}{273+92.5}\times115\times0.3^3}{(22.4\times10^{-6})^2}\times0.69=1.14\times10^8<10^9$$ 为层流

取 $Nu=0.59(GrPr)_m^{1/4}=\dfrac{h_2l}{\lambda}\Rightarrow h_2=6.4W/(m^2\cdot K)$

由题意知 $h_1=8.52W/(m^2\cdot K)$

所以 $P=\Phi=h\Delta tA=14.92\times115\times0.09=309(W)$

9.【提示】100℃时水和水蒸气的物性为

$\rho_v=0.5977kg/m^3$，$\rho_l=958.4kg/m^3$，$\gamma=2257kJ/kg$，$\sigma=58.9\times10^{-3}N/m$

临界热流密度

$$q_c=\frac{\pi}{24}\gamma\rho_v^{1/2}[\sigma g(\rho_l-\rho_v)]^{1/4}$$

所以 $q_c=109.6\times10^4W/m^2$

由 $q_c\pi dL=I_{max}^2R=I_{max}^2\times1.1\times10^{-6}\times\dfrac{L}{\pi d^2/4}$

得 $I_{max}=49.6A$

10.【提示】已知空气的物性参数：

$\rho=1.12kg/m^3$，$\lambda=2.7\times10^{-2}W/(m\cdot K)$，$c_p=1000J/(kg\cdot K)$，

$\nu=17.0\times10^{-6}m^2/s$，$Pr=0.705$

$Re=ud/\nu=11\ 765>10^4$，为紊流流动

$Nu=0.023Re^{0.8}Pr^{0.4}=36.1$

$h=Nu\lambda/d=48.73W/(m^2\cdot K)$

由热平衡方程 $\pi d^2\rho c_pu(t_{out}-t_{in})/4=\pi dLh[t_w-(t_{out}+t_{in})/2]$

得 $t_{out}=47.92$℃

当流速增加一倍时，单位时间流过流体的热容量增加一倍，而换热系数正比于 $u^{0.8}$，换热量不可能增加一倍，因此，出口温度达不到47.92℃。

11.【提示】$p_s=0.7\times10^5Pa$ 的饱和水蒸气对应的饱和温度 $t_s=90$℃，

液膜平均温度 $t_m=\dfrac{1}{2}(t_s+t_w)=\dfrac{90+70}{2}=80$(℃)

凝液（水）的物性参数：

$\rho_l=971.8kg/m^3$，$\lambda_l=0.674W/(m\cdot K)$，$\mu_l=355.1\times10^{-6}Pa\cdot s$

$t_s=90$℃对应的汽化潜热：$\gamma=2283.1kJ/kg$。

先假定液膜流动处于层流：

$$h_c=1.13\left[\frac{g\gamma\lambda_l^3\rho_l(\rho_l-\rho_v)}{\mu_l(t_s-t_w)L}\right]^{\frac{1}{4}}=1.13\times\left[\frac{9.81\times2283.1\times10^3\times971.8^2\times0.674^3}{355.1\times10^{-6}\times0.3\times(90-70)}\right]^{\frac{1}{4}}$$

$$=8390W/(m^2\cdot K)$$

检验流态：

$$Re=\frac{4hL(t_s-t_w)}{\mu_l\gamma}=\frac{4\times8390\times(90-70)\times0.3}{335.1\times10^{-6}\times2283.1}=248<1600$$

所以，假设层流正确。

于是，每米宽平板的凝液量为

$$q_m=\frac{\Phi}{\gamma}=\frac{hL(t_s-t_w)}{\gamma}=\frac{8390\times0.3\times(90-70)}{2283.1\times10^3}=0.022(\mathrm{kg/s})$$

12. 【提示】(1) 设边界层内为层流，根据文献选出大气压力下空气与竖直平壁自然对流简化计算公式，取层流，则

$$h=1.42\left(\frac{\Delta t}{H}\right)^{\frac{1}{4}}=1.42\left(\frac{t_w-20}{1}\right)^{\frac{1}{4}}$$

$$Q=hA(t_w-t_\infty)=1.42\left(\frac{t_w-20}{1}\right)^{\frac{1}{4}}\times1\times(t_w-20)=2000$$

解上式：$t_w=350℃$

检查 $t_w=350℃$ 时，边界层内是否为层流

$t_m=\frac{1}{2}$ (t_w+t_∞) $=185℃$ 空气的物性参数：$\nu=33.08\times10^{-6}\mathrm{m^2/s}$，$Pr=0.681$

$G_r\cdot Pr=\frac{g\beta\Delta th^3Pr}{\nu^2}=4.40\times10^9$，为湍流。

仍根据文献提供的大气压力下空气与竖直平壁自然对流简化计算公式，取用湍流计算式：$h=1.31(\Delta t)^{\frac{1}{3}}$

$Q=hA(t_w-t_\infty)=1.31(t_w-20)^{\frac{1}{3}}\times1\times(t_w-20)=2000$

解得 $t_w=264.2℃$

(2) 当电加热器置于20℃的水中时，因 t_w 未知，故设 $t_w=30℃$，

$t_m=\frac{1}{2}$ (t_w+t_∞) $=25℃$ 时，水的物性参数

$\lambda=60.85\times10^{-2}\mathrm{W/(m\cdot℃)}$，$\nu=0.9055\times10^{-6}\mathrm{m^2/s}$，$Pr=6.67$，$\beta=2.52\times10^{-4}\mathrm{K^{-1}}$

$Gr\cdot Pr=\frac{9.81\times2.53\times10^{-4}\times(30-20)\times1^3}{(0.9055\times10^{-6})^2}\times6.67=0.01\times10^{11}$ 为湍流

$h=\frac{\lambda}{H}\times0.1\times$ $(Gr\cdot Pr)^{\frac{1}{3}}=356$ $[\mathrm{W/(m^2\cdot℃)}]$

代入 $Q=hA(t_w-t_\infty)$

可求得 $t_w=22.8℃$ 与所设 t_w 相差甚远。

重设 $t_w=24℃$，$t_m=\frac{1}{2}$ $(24+20)$ $=22℃$ 时，水的物性参数：

$\lambda=60.28\times10^{-2}\mathrm{w/(m\cdot℃)}$，$\nu=0.966\times10^{-6}\mathrm{m^2/s}$，$Pr=7.42$，$\beta=2.098\times10^{-4}℃^{-1}$

$Gr\cdot Pr=\frac{9.81\times2.098\times10^{-4}\times(24-20)\times1^3}{(0.966\times10^{-6})^2}\times7.42=6.55\times10^{10}$ 为湍流

$h=\frac{\lambda}{H}\times0.1\times(Gr\cdot Pr)^{\frac{1}{3}}=243\mathrm{W/(m^2\cdot℃)}$

代入 $Q=hA(t_w-t_\infty)$

可求得 $t_w=24.1$℃与所设 t_w 基本吻合。

13. 【提示】1.013×10^5 Pa 对应饱和水蒸气参数为 $\rho_v=0.598\text{kg/m}^3$，$\gamma=2257.1\text{kJ/kg}$ $\rho_l=958.4\text{kg/m}^3$，$c_{p,l}=4.22\text{kJ/(kg}\cdot℃)$，$\mu_l=282.5\times10^{-6}\text{kg/m}\cdot\text{s}$，$\sigma=588.6\times10^{-4}$ N/m，$Pr=1.75$，$C_{wl}=0.014$，$m=1.0$。

当 $\Delta t\geqslant5$℃时，加热管表面为核态沸腾 $q=\dfrac{c_{p,l}^3\Delta t^3\mu_l}{r^2\cdot c_{wl}^3\cdot Pr_l^3}\cdot\sqrt{\dfrac{g(\rho_l-\rho_v)}{\sigma}}=1.4\times10^4\text{W/m}^2$

加热管放热量为 $Q=qA=1.4\times10^4(3.14\times0.1\times0.003+3.14\times0.1\times0.002)=25.1\text{W}$

电阻 $R=C\cdot\dfrac{L}{A_s}=1.1\times\dfrac{0.1}{\dfrac{3.14}{4}\times(3^2-2.7^2)}=0.082(\Omega)$

$Q=\dfrac{V^2}{R}$故端电压为 $V=\sqrt{QR}=\sqrt{25.1\times0.082}=1.43(\text{V})$，此即所求。

14. 【提示】100℃饱和参数为 $\rho_l=958.4\text{kg/m}^3$，$\mu_l=282.5\times10^{-6}\text{kg/(m}\cdot\text{s)}$ $\sigma=588.6\times10^{-4}\text{N/m}$，$Pr_l=1.75$，$c_{p,l}=4.22\text{kJ/(kg}\cdot℃)$，$\rho_v=0.598\text{kg/m}^3$ $\gamma=2257.1\text{kJ/kg}$，$c_{wl}=0.014$，$m=1$

热流密度为 $q=\dfrac{c_{p,l}^3\Delta t^3\mu_l}{\gamma^2\cdot c_{wl}^3\cdot Pr_l^3}\cdot\sqrt{\dfrac{g(\rho_l-\rho_v)}{\sigma}}$

$$=\frac{(4.2\times10^3)^3\times20^3\times282.5\times10^{-6}}{(2257.1\times10^3)^2\cdot0.014^3\times1.75^3}\cdot\sqrt{\frac{9.81\times(958.4-0.598)}{588.6\times10^{-6}}}$$

$$=9.0566\times10^5(\text{W/m}^2)$$

将锅由水全部蒸发所需时间为

$$\tau=\frac{m\gamma}{Q}=\frac{\rho AH\cdot\gamma}{q\cdot A}=\frac{\rho H\gamma}{q}=477.7(\text{s})$$

15. 【提示】195℃对应饱和水及蒸汽参数为，$\rho_l=869.5\text{kg/m}^3$，$c_{p,l}=4.482\text{kJ/(kg}\cdot℃)$，

$\mu_l=140.3\times10^{-6}\text{kg/(m}\cdot\text{s)}$，$\sigma=388.5\times10^{-4}\text{N/m}$，$Pr_l=0.95$，$\rho_v=7.131\text{kg/m}^3$ $\gamma=1957.6\text{kJ/kg}$，而 $C_{wl}=0.014$，$m=1$ 由计算公式有

$$\frac{c_{pl}\Delta t}{\gamma}=c_{wl}\left[\frac{q}{\mu_l\gamma}\sqrt{\frac{\sigma}{g(\rho_l-\rho_v)}}\right]^{\frac{1}{3}}Pr_l^m\Rightarrow\frac{4.482\times10^3\times(t_w-t_s)}{1957.6\times10^3}$$

$$=0.014\times\left[\frac{3.34\times10^5}{140.3\times10^{-6}\times1957.6\times10^3}\cdot\sqrt{\frac{388.5\times10^{-4}}{9.81\times(869.5-7.131)}}\right]^{\frac{1}{3}}\times0.95$$

解得 $\Delta t=t_w-t_s=8.0$℃，$t_w=8+t_s=8+195=203.0$（℃）

故核态沸腾下加热器的表面温度为 203.0℃。

16. 【提示】液膜的平均温度为 35℃，查液膜物性参数为

$\rho_l=994\cdot0\text{kg/m}^3$，$\lambda_l=0.627\text{W/(m}\cdot℃)$，$\mu_l=727.4\times10^{-6}\text{kg/(m}\cdot\text{s)}$

查得 42℃时的 $\gamma=2402.1\text{kJ/kg}$

膜厚度为

$$\delta_x=\left[\frac{4\mu_l\cdot\lambda_l\cdot(t_s-t_w)x}{\rho_l\cdot g\cdot r}\right]^{\frac{1}{4}}=\left[\frac{4\times727.4\times10^{-6}\times0.627\times14}{994\times9.81\times2402.1\times10^3}\right]^{\frac{1}{4}}\times x^{\frac{1}{4}}=1.022\times10^{-3}x^{\frac{1}{4}}$$

不同位置处的液膜厚度为

$\delta_{0.3}=1.022\times10^{-3}\times0.3^{\frac{1}{4}}=0.756\times10^{-3}(\mathrm{m})$

$\delta_{0.6}=1.022\times10^{-3}\times0.6^{\frac{1}{4}}=0.900\times10^{-3}(\mathrm{m})$

$\delta_{0.9}=1.022\times10^{-3}\times0.9^{\frac{1}{4}}=0.995\times10^{-3}(\mathrm{m})$

局部传热系数为

$$h_x=\left[\frac{g\gamma\rho_l^2\cdot\lambda_l^3}{4\mu_l\cdot(t_s-t_w)\cdot x}\right]^{\frac{1}{4}}=\left[\frac{9.81\times2402.1\times10^3\times994.0^2\times0.627^3}{4\times727.4\times10^{-6}\times14}\right]^{\frac{1}{4}}\cdot x^{-\frac{1}{4}}$$
$$=\frac{3.445\times10^3}{x^{\frac{1}{4}}}$$

$$h_{0.3}=\frac{3.445\times10^3}{0.3^{\frac{1}{4}}}=4.655\times10^3[\mathrm{W/(m^2\cdot℃)}]$$

$$h_{0.6}=\frac{3.445\times10^3}{0.6^{\frac{1}{4}}}=3.914\times10^3[\mathrm{W/(m^2\cdot℃)}]$$

$$h_{0.9}=\frac{3.445\times10^3}{0.9^{\frac{1}{4}}}=3.537\times10^3[\mathrm{W/(m^2\cdot℃)}]$$

17. **【提示】** 1.013×10^5Pa 下饱和水温度为 100℃，$\gamma=2257.1$kJ/kg，冷凝液膜平均温度为 $t_m=\frac{100+70}{2}=85$℃，液膜参数为 $\rho_l=968.6\mathrm{kg/m^3}$，$c_{p,l}=4.202\mathrm{kJ/(kg\cdot℃)}$，$\lambda_l=0.677\mathrm{W/(m\cdot℃)}$，$\mu_l=335.0\times10^{-6}\mathrm{kg/(m\cdot s)}$。

选取水平圆管膜态凝结换热公式：

$$h_H=0.729\left[\frac{g\gamma\rho_l^2\lambda_l^3}{\mu_l d(t_s-t_w)}\right]^{1/4}$$

其中，考虑过冷度影响公式中的 r 用下式代替

$$\gamma'=\gamma+0.68c_p(t_s-t_w)=\gamma\left(1+0.68\frac{c_{p,l}\Delta t}{\gamma}\right)$$

上式中 $\frac{c_{p,l}\Delta t}{\gamma}=0.056$

$$h_H=0.729\times\left[\frac{9.81\times10^3\times968.6^2\times0.677^3\times2257.1\times(1+0.68\times0.056)}{335\times10^{-6}\times30\times d}\right]^{1/4}$$

计算得 $h_H=3.683\times10^3/d^{\frac{1}{4}}$ (1)

冷凝液量为 $125/3600=0.0347$kg/s，又 $m=\frac{h_H\cdot\pi\times d\times L\times\Delta t}{\gamma}$

即 $0.0347=\frac{h_H\cdot3.14\times d\times1\times20}{2257.1\times10^3}$

计算得 $h_H\cdot d=831.4$ (2)

将 (1) 代入 (2) 得 $d=(0.2257)^{\frac{4}{3}}=0.137$

第 6 章 热辐射基础

6.1 学 习 指 导

6.1.1 学习内容

(1) 热辐射现象的基本概念；

(2) 黑体热辐射的基本定律；

(3) 固体与液体的辐射特性；

(4) 实际物体对辐射能的吸收与辐射的关系；

(5) 太阳与环境辐射。

6.1.2 学习重点

(1) 吸收率、反射率和透射力的定义及应用；

(2) 辐射力、单色辐射力、方向辐射力和辐射强度的定义；

(3) 黑体模型的定义及其重要性；

(4) 黑体热辐射的三大基本定律及其之间的关系；

(5) 实际物体的光谱及空间辐射强度；

(6) 灰体模型的定义及应用；

(7) 实际物体对辐射能的吸收比与发射率的关系——基尔霍夫定律。

6.2 要 点 归 纳

6.2.1 热辐射基本概念

1. 热辐射的本质和特点

热辐射的本质：热辐射是物体由于热的原因向外发射电磁波的过程。如图 6-1 所示，在电磁波谱上，热射线所覆盖的波长范围为 0.1～100μm。热辐射具有一般电磁辐射现象的共性。

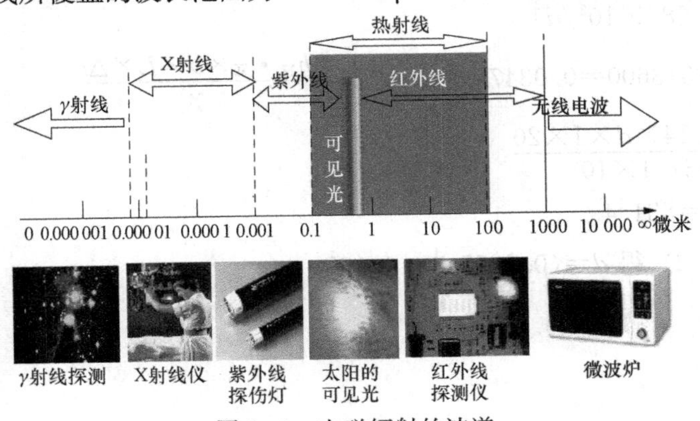

图 6-1 电磁辐射的波谱

(其中，可见光的波长范围 λ=0.38～0.76μm；红外线的波长范围 λ=0.76～1000μm)

热辐射的特点：热辐射是三种基本传热方式中唯一非接触的方式。热辐射无需介质，可以在真空中传播。任何物体，只要温度高于 0K，就会不停地向周围空间发出电磁波。

各种电磁波都以光速在空间传播，其具有的能量与波长（频率）有关。因此，对热辐射研究需要关注波长和方向。

2. 辐射换热的定义和特点

辐射换热：物体间相互发射辐射能与吸收辐射能的传热过程。

辐射换热的本质：只要温度高于 0K，物体便具有不停地向外辐射能量的本领，所以物体间的辐射换热实际上是一种热动态平衡（当物体间处于热平衡时，净辐射换热量等于零，但是相互间的辐射与吸收仍在进行）。注意热辐射与辐射换热概念的区别。

与导热、对流传热的区别：

（1）辐射换热无需任何的介质。因此，在研究辐射换热时，不仅要考虑相距很近的物体之间的辐射换热，有时还需要研究相距很远的物体之间的辐射换热，如太阳或太空。

（2）在辐射换热过程中，不仅存在着能量的转移，还存在能量形式的转换，即发射时由热能先转化为辐射能，而被吸收时再由辐射能转化为热能。

（3）辐射能力正比于热力学温度的四次方，因此，高温条件下，辐射换热尤为重要。

（4）发射和吸收热量不仅与自身的温度和表面状况相关，还取决于波长和方向。

3. 物体表面对热辐射的作用

（1）物体对热辐射的吸收、反射与穿透。如图 6 - 2 所示，当热辐射的能量 Q 投射到物体表面上时，将分解成吸收能量（记作 Q_α）、反射能量（记作 Q_ρ）和透射能量（记作 Q_τ）。根据能量守恒定律可以导出：

$$Q = Q_\alpha + Q_\rho + Q_\tau \quad \Rightarrow \quad \frac{Q_\alpha}{Q} + \frac{Q_\rho}{Q} + \frac{Q_\tau}{Q} = 1 \quad \Rightarrow \alpha + \rho + \tau = 1 \tag{6-1}$$

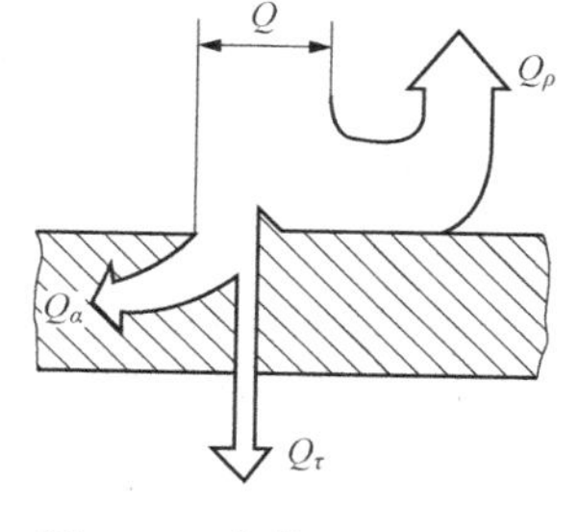

图 6 - 2 物体对热辐射的吸收、反射与穿透

式中 α、ρ、τ——物体对投射辐射能的吸收比、反射比与透射比。

对于固体和液体，热射线几乎不具穿透性，因此有 $\rho + \alpha = 1$。

当热辐射投射到气体时，通常不考虑热射线的反射，则 $\tau + \alpha = 1$。

几种理想体的定义：透明体，即穿透比 $\tau = 1$ 的物体；白体，即反射比 $\rho = 1$ 的物体；黑体，即吸收比 $\alpha = 1$ 的物体。

（2）镜反射表面和漫反射表面（见图 6 - 3）。根据表面对辐射能的反射状况，可将辐射表面分为镜反射表面（表面粗糙度＜入射能波长）和漫反射表面（表面粗糙度＞入射能波长）。镜反射遵循入射角等于反射角的规则，漫反射是把来自任意方向、任意波长的投射辐射以均匀的强度反射到半球空间所有方向。一般工程材料表面均为漫反射。

6.2.2 辐射力与辐射强度

1. 物体辐射能力的表征

（1）辐射力（半球总辐射力）E：单位时间内，物体的单位表面积向半球空间发射的所有波长的能量总和，也称为半球辐射力，数学表达式为

$$E = \mathrm{d}\Phi / \mathrm{d}A \quad \mathrm{W/m^2} \tag{6-2}$$

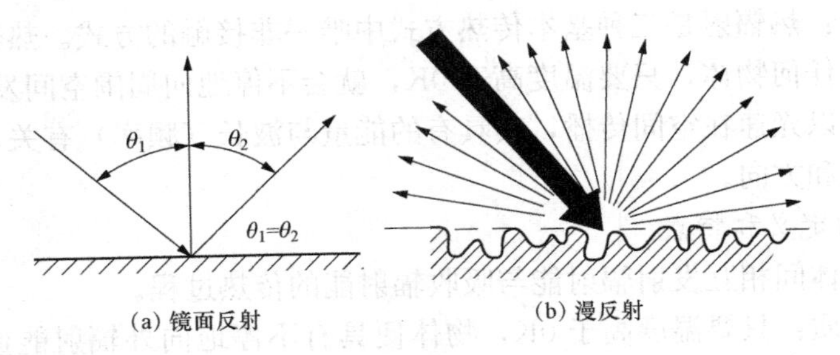

图 6-3 镜反射与漫反射

(2) 单色辐射力（半球光谱辐射力）E_λ：单位时间、单位波长范围内（包含某一给定波长），物体的单位表面积向半球空间发射的能量，数学表达式为

$$E_\lambda = \frac{d^2\Phi}{dAd\lambda} \quad W/m^3 \tag{6-3}$$

(3) 定向辐射强度 I_φ：单位时间、单位可见辐射面积、单位立体角内的辐射能量，数学表达式为

$$I_\varphi = \frac{d\Phi}{dA\cos\varphi d\tilde{\omega}} \quad W/(m^2 \cdot Sr) \tag{6-4}$$

其中，$d\tilde{\omega}=\frac{dA_c}{r^2}$为微元空间立体角，半球面立体角 $\omega=2\pi(Sr)$。

定向辐射强度描述空间不同方向上辐射能量的分布，应特别注意可见辐射面积 $dA\cos\varphi$ 的概念。

(4) 定向辐射力（方向辐射力）E_φ：单位时间、单位辐射面积向半球空间中某一方向上单位立体角内辐射的所有波长的辐射量，数学表达式为

$$E_\varphi = \frac{d^2\Phi}{d\tilde{\omega}dA} \quad W/(m^2 \cdot Sr) \tag{6-5}$$

比较式（6-4）和式（6-5），可知有

$$I_\varphi = \frac{dE}{\cos\varphi d\tilde{\omega}} = \frac{E_\varphi}{\cos\varphi}$$

在法线方向上，$\cos\varphi=1$。此时 $E_\varphi=I_\varphi$。

(5) 定向单色辐射力（定向光谱辐射力）$E_{\lambda,\varphi}$：单位时间、单位表面积在单位波长范围内向空间方向 φ 的单位立体角内所发射的辐射能量，数学表达式为

$$E_{\lambda,\varphi} = \frac{dE}{d\lambda d\tilde{\omega}} \tag{6-6}$$

2. 辐射力之间的关系

(1) 辐射力和单色辐射力之间的关系为

$$E = \int_0^\infty E_\lambda d\lambda \tag{6-7}$$

(2) 辐射力与定向辐射力的关系为

$$E = \int_0^{2\pi} E_\varphi d\tilde{\omega} = \int_{\theta=0}^{\theta=2\pi}\int_{\varphi=0}^{\varphi=\pi/2} E_\varphi \sin\varphi d\varphi d\theta \tag{6-8}$$

(3) 辐射力与定向单色辐射力的关系为

$$E=\int_0^{2\pi}\int_0^{\infty}E_{\lambda,\varphi}\mathrm{d}\lambda\mathrm{d}\tilde{\omega}=\int_{\theta=0}^{\theta=2\pi}\int_{\varphi=0}^{\varphi=\pi/2}\int_{\lambda=0}^{\lambda=\infty}E_{\varphi}\sin\varphi\mathrm{d}\varphi\mathrm{d}\theta\mathrm{d}\lambda \tag{6-9}$$

（4）辐射力与定向辐射强度之间的关系为

$$E=\int_0^{\frac{\pi}{2}}\int_0^{2\pi}I_{\varphi}\cos\varphi\sin\varphi\mathrm{d}\theta\mathrm{d}\varphi \tag{6-10}$$

6.2.3 黑体辐射

1. 黑体辐射的基本性质

（1）黑体吸收比等于1。具有黑体性质的表面能全部吸收来自任何方向、任意波长的投射辐射，既不反射，也不透射。

（2）黑体是漫射表面，即黑体的定向辐射强度与方向无关。

（3）在给定温度下，黑体的辐射力是所有物体中最大的。

2. 黑体辐射的基本定律

（1）普朗克定律。普朗克定律描述黑体的光谱辐射力与波长、温度的关系，其表达式为

$$E_{b\lambda}=\frac{C_1\lambda^{-5}}{e^{C_2/(\lambda T)}-1} \tag{6-11}$$

式中 λ——波长，m；

C_1——普朗克第一常数，$C_1=3.743\times10^{-16}$，W·m²；

C_2——普朗克第二常数，$C_2=1.4387\times10^{-2}$，m·K；

T——黑体的绝对温度，K。

图6-4所示为式（6-11）对应的曲线。

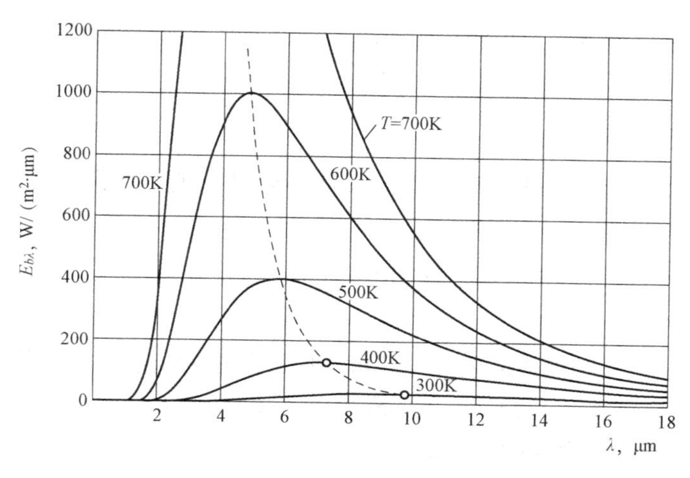

图6-4 普朗克定律

由图6-4中可以看出：

1）黑体的光谱辐射力连续发布，并随温度的升高急剧增长。

2）一定温度下，黑体的光谱辐射力随波长的增加而“先增后减”，存在一个极大值，该极大值的位置随着温度升高向短波方向移动，图中的虚线即表明了这种倾向。

3）对一定温度的黑体，曲线下的面积代表黑体的半球总辐射力 E_b。

（2）维恩定律。维恩定律给出任意温度黑体最大光谱辐射力所对应波长的定量描述，其

表达式可写为

$$\lambda_m T = 2.8976 \times 10^{-3} \approx 2.9 \times 10^{-3}(\mathrm{m \cdot K}) \tag{6-12}$$

根据维恩定律计算可知，太阳表面温度（约 5800K）的黑体辐射峰值的波长位于可见光区段。可见光的波长范围虽然很窄（0.38～0.76μm），但所占太阳辐射能的份额却很大（约为 44.6%）。而在工业上的一般高温范围（约 2000K），黑体辐射峰值的波长位于红外线区段。

（3）斯忒藩 - 玻尔兹曼定律。斯忒藩 - 玻尔兹曼定律确定了黑体的半球总辐射力与其热力学温度之间为单值函数关系，其表达式可写为

$$E_b = \int_0^\infty E_{b\lambda} d\lambda = \int_0^\infty \frac{C_1 \lambda^{-5}}{e^{C_2/(\lambda T)} - 1} d\lambda = \sigma_0 T^4 \tag{6-13}$$

式中 σ_0 为斯忒藩 - 玻尔兹曼常数，又称黑体辐射常数，其值为 $5.67\times10^{-8}\mathrm{W/(m^2 \cdot K^4)}$。

（4）兰贝特定律。漫辐射表面沿半球空间各方向上定向辐射强度均相等，即 $I_\varphi = \mathrm{const}$。黑体表面具有漫射表面性质，因此黑体辐射在空间的分布遵循兰贝特定律，即 $I_{b,\varphi} = \mathrm{const}$。兰贝特定律揭示了黑体辐射能的空间分布特性。

黑体定向辐射力与定向辐射强度的关系为

$$E_{b,\varphi} = I_b \cos\varphi = E_{b,\varphi=0} \cos\varphi \tag{6-14}$$

黑体的定向辐射强度与半球总辐射力 E_b 的关系

$$E_b = \int_{\bar{\omega}=2\pi} I_b \cos\theta d\bar{\omega} = I_b \pi \tag{6-15}$$

由式（6 - 15）可知：遵守兰贝特定律的黑体辐射，半球辐射力等于定向辐射强度的 π 倍。

（5）黑体波段辐射函数。波段辐射力 $\Delta E_{(\lambda_1-\lambda_2)}$：物体在某个特定的波段范围内发出的辐射能为

$$\Delta E_{(\lambda_1-\lambda_2)} = \int_{\lambda_1}^{\lambda_2} E_{b\lambda} d\lambda \tag{6-16}$$

黑体辐射函数 $F_{b(0-\lambda)}$：黑体辐射力在波长从零到某个值 λ 范围内占总辐射力中的百分比，即

$$F_{b,(\lambda_1-\lambda_2)} = \frac{\Delta E_b}{E_b} = \frac{\int_0^{\lambda_2} E_{b\lambda} d\lambda}{\sigma_0 T^4} - \frac{\int_0^{\lambda_1} E_{b\lambda} d\lambda}{\sigma_0 T^4} = F_{b(0-\lambda_2)} - F_{b(0-\lambda_1)} \tag{6-17}$$

根据给定区间的波长和黑体的温度，即可利用波段辐射函数求出波段辐射率，即

$$\Delta E_b = E_b [F_{b,(0-\lambda_2)} - F_{b,(0-\lambda_1)}] \tag{6-18}$$

6.2.4 实际物体的辐射和吸收特性

1. 实际物体的辐射（发射）特性

（1）发射率。发射率（黑度）：实际表面的辐射力与同温度下黑体辐射力的比值，表达式为

$$\varepsilon = \frac{E}{E_b} \tag{6-19}$$

根据辐射力的不同定义，可以得到不同的发射率：总发射率 ε、光谱发射率 ε_λ、方向发射率 ε_φ。

（2）实际物体的发射特性。实际物体的发射特性只与其自身状况（表面温度、表面状况

及表面材料种类）有关。金属和非金属表现出不同的辐射特性。实际物体的总发射率 ε、光谱发射率 ε_λ、方向发射率 ε_φ 与黑体和漫射灰体的相应值定性描述在图 6-5 中。

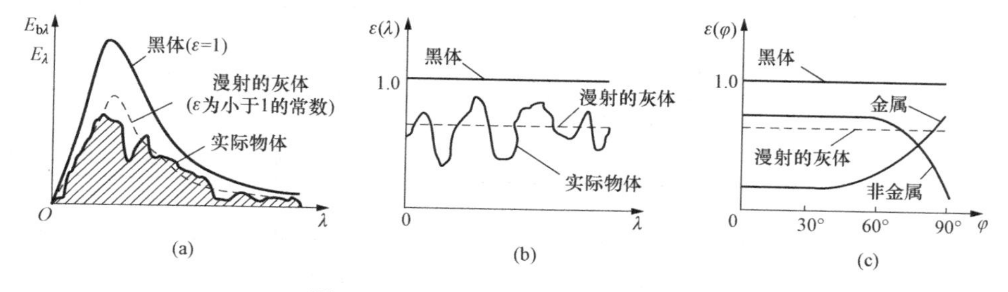

图 6-5 实际物体 ε、ε_λ、ε_φ 的示意

2. 实际物体的吸收特性

（1）实际物体的吸收比。吸收比（absorptance）是指物体对投入辐射所吸收的百分数，通常用 α 表示，即

$$\alpha = \frac{\text{吸收的能量}}{\text{投入的能量(投入辐射)}} = \frac{\int_0^\infty \alpha(\lambda, T_1)\varepsilon(\lambda, T_2)E_{b\lambda}(T_2)\mathrm{d}\lambda}{\int_0^\infty \varepsilon(\lambda, T_2)E_{b\lambda}(T_2)\mathrm{d}\lambda} \tag{6-20}$$

由吸收比的定义式可以看出：实际物体表面的吸收比不仅取决于吸收表面的温度 T_1 和表面状况，还取决于投入辐射表面温度 T_2 及其表面状况。

（2）实际物体的选择性吸收特性。投入辐射本身具有光谱特性，而实际物体对不同波长的辐射能的吸收本领有高有低，称为选择性吸收。现实世界中的五颜六色正是物体选择性吸收与辐射的缘故。

实际物体具有选择性吸收特性的原因在于，实际物体的光谱吸收比 α_λ 与投入辐射的波长 λ 有关。实际物体吸收的这一特性给工程辐射换热计算带来了较大的不便。因此，在工程中引入了灰体的概念。

（3）灰体及漫灰表面。灰体（gray body）是指光谱吸收比与波长无关的物体，即 $\alpha_\lambda(T_1)=\text{const}$。将这一条件代入式（6-20）可得

$$\alpha = \alpha_\lambda = \text{const} \tag{6-21}$$

此时物体吸收比将只取决于本身的情况，与投入辐射无关。

若灰体表面也是漫射表面，则称为漫灰表面。基尔霍夫定律指出，漫灰表面的吸收比和发射率满足下面的重要关系式为

$$\alpha = \alpha_\lambda = \varepsilon_\lambda = \varepsilon \tag{6-22}$$

漫灰表面的假设使实际物体复杂的吸收比变成了物性参数，为测量和计算带来了极大的方便。对漫灰表面的理解，只要在所研究的辐射能覆盖的波长范围内 α_λ 保持为常数即可，而不必追求对所有的波长都严格成立。工业上的辐射传热计算一般都可以将物体按漫灰处理。

3. 实际物体发射与吸收的关系——基尔霍夫定律

基尔霍夫定律指出了物体两项最重要的辐射物性——吸收比和发射率之间的定量关系。它表明物体在某温度下的辐射力与其对同温度黑体辐射的吸收比之比恒等于该温度下黑体的

辐射力。基尔霍夫定律有三个不同层次上的表达式，其适用条件不同，见表 6-1。

表 6-1　基尔霍夫定律的三种不同表达形式

层次	数学表达式	成立条件
光谱，定向	$\varepsilon(\lambda, \varphi, \theta, T)=\alpha(\lambda, \varphi, \theta, T)$	无条件，θ 为纬度角
光谱，半球	$\varepsilon(\lambda, T)=\alpha(\lambda, T)$	漫射表面
全波段，半球	$\varepsilon(T)=\alpha(T)$	与黑体辐射处于热平衡或对漫灰表面

当把实际表面均当作漫灰表面处理的前提下，基尔霍夫定律总是成立。但在处理太阳辐射或温度水平相差极大的物体间的辐射换热时，基尔霍夫定律不一定总是成立。

6.3　典型例题

6.3.1　简答题

【例 6-1】 热辐射和其他形式的电磁辐射有何相同之点？有何区别？

答：物质由分子、原子、电子等基本粒子组成。当原子内部的电子受到激发或振动时，产生交替变化的电场和磁场，发出电磁波向空间传播，这就是辐射。它是热辐射和其他电磁辐射的相同点。但由于激发的方法不同，所产生的电磁波长就不相同，它们投射到物体上产生的效应也不相同。如果由于自身温度或热运动的原因激发而产生的电磁波传播就称为热辐射。

【例 6-2】 北方深秋季节的清晨，树叶叶面上常常结霜。试问树叶上、下表面的哪一面结霜？为什么？

答：霜会结在树叶的上表面。因为清晨，上表面朝向天空，下表面朝向地面。而太空表面的温度低于摄氏零度，而地球表面温度一般在零度以上。由于相对树叶下表面来说，其上表面需要向太空辐射更多的能量，所以树叶下表面温度较高，而上表面温度较低且可能低于零度，因而容易结霜。

【例 6-3】 试从普朗克定律推导出维恩定律。

答：普朗克定律的表达式为 $E_{b\lambda}=\dfrac{C_1\lambda^{-5}}{e^{C_2/(\lambda T)}-1}$　W/(m²·μm)

则 $$\frac{dE_{b\lambda}}{d\lambda}=\frac{-5C_1\lambda^{-6}}{e^{C_2/(\lambda T)}-1}+\frac{C_1C_2\lambda^{-7}e^{C_2/(\lambda T)}}{T[e^{C_2/(\lambda T)}-1]^2}$$

令 $\dfrac{dE_{b\lambda}}{d\lambda}=0$，可求得极值点：$\lambda_{\max}T=2897.6$　μm·K

【例 6-4】 一半球形真空辐射炉，球心处有一个尺寸不大的圆盘形黑体辐射加热元件，如图 6-6 所示。试指出图中 A、B、C 三处中何处辐射强度最大？何处辐射热流密度最大？假设 A、B、C 三处对球心所张的立体角相同。

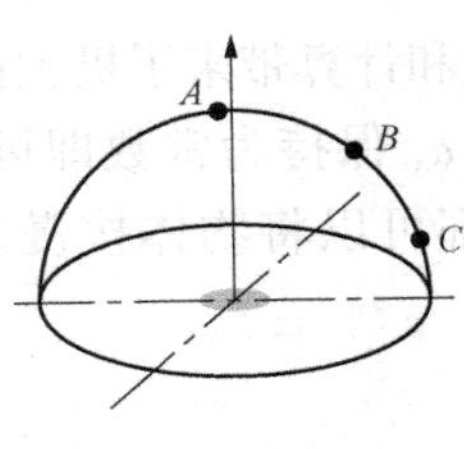

图 6-6　例 6-4 附图

答：黑体辐射是漫发射，辐射强度与方向无关，所以 $I_A=I_B=I_C$

由 $I_\varphi=\dfrac{d\Phi}{dA\cos\varphi d\omega}$，得 $d\Phi=IdA\cos\varphi d\omega$

由题设可知，在 A、B、C 三处 $d\omega$ 相同，而 $\cos\varphi_A > \cos\varphi_B > \cos\varphi_C$，所以 $d\Phi_A > d\Phi_B > d\Phi_C$。

【例 6-5】 什么是物体表面的黑度？它与哪些因素相关？什么是物体表面的吸收率？它与哪些因素相关？它们之间有什么区别？

答：物体表面的黑度被定义为物体表面的辐射力与其同温度下黑体辐射的辐射力之比。它与物体的种类、表面特征及表面温度相关。物体表面的吸收率是表面对投入辐射的吸收份额。它不仅与物体的种类、表面特征和温度相关，而且与投入辐射的能量随波长的分布相关，也就是与投入辐射的发射体的种类、温度和表面特征相关。比较两者的相关因素不难看出它们之间的区别，概括地说黑度是物体表面自身的属性，而吸收率不仅与自身情况有关，还与外界辐射的情况紧密相连。

【例 6-6】 已知材料 A、B 的光谱发射率 $\varepsilon(\lambda)$ 与波长的关系如图 6-7 所示，试估计这两种材料的发射率 ε 随温度变化的特性，并说明理由。

答：由普朗克定律可知，随着温度的升高，$E_{b\lambda} \sim \lambda$ 变化曲线的峰值向短波方向移动，即热辐射中的短波比例增加，长波比例减小。因此材料 A 的发射率 ε 随温度增加而增加；材料 B 的发射率 ε 随温度增加而减小。

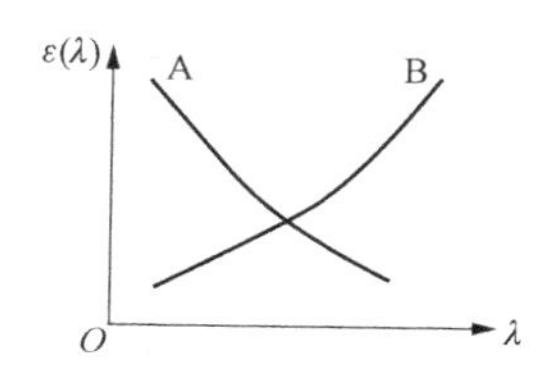

图 6-7 例 6-6 附图

【例 6-7】 何谓漫灰表面？有何实际意义？

答：漫灰表面是研究实际物体表面时建立的理想体模型。漫辐射、漫反射指物体表面在辐射、反射时各方向相同，灰表面是指在同一温度下表面的辐射光谱与黑体辐射光谱相似，光谱吸收率与波长无关。引入漫灰表面使基尔霍夫定律无条件成立，即吸收比等于发射率。这样，十分复杂的吸收比与可测量的、只取决于自身温度及表面状况的发射率联系起来，大大简化了辐射换热的工程计算。

【例 6-8】 什么是定向辐射强度？试讨论黑体表面、灰体表面和非金属固体表面的辐射强度在半球空间上的变化规律，同时指出哪些表面是等强辐射表面。

答：定向辐射强度定义为单位时间在某方向上单位可见辐射面积（实际辐射面在该方向的投影面积）向该方向上单位立体角内辐射出去的一切波长范围内的能量。黑体表面与灰体表面能满足兰贝特定律，其辐射表面是漫反射和漫发射的表面，简称漫射表面。他们的辐射强度在半球空间上是不变的，故为等强辐射表面。非金属表面则为非等强辐射，会在半球空间内变化，其规律为法向角度较小（$\Phi < 60°$）时基本不变，而角度变大（大于 60°）之后则逐步变小。

【例 6-9】 一黑度为 ε 的灰体表面处于辐射热平衡状态时，试证明该表面起着完全反射的作用以及此时该表面的辐射与其黑度无关。

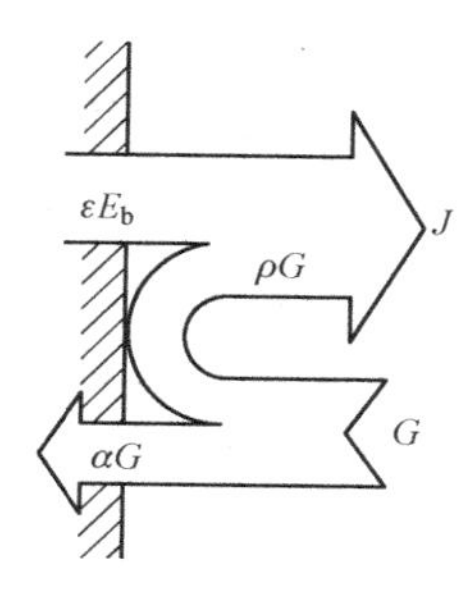

图 6-8 例 6-9 附图

答：实际物体的辐射和吸收能量情况如图 6-8 所示。从物体内部看，它向外辐射的辐射力为 $E=\varepsilon E_b$，同时它也吸收了部分投入辐射能 αG。对灰体（漫灰）表面，基尔霍夫定律无条件成立，故 $\alpha = \varepsilon$。处于热平衡时，物体的辐射与吸收保持动态平衡，有 $E=\alpha G=\varepsilon G$。设该表面的实际向外辐射（有效辐射）为 J，J 包含两部分能量：自身辐射和反射辐射。于是有 $J=E+(1-\alpha)G=\varepsilon G+(1-\varepsilon)G=G$。上式表明，物体的有效辐射等于投入辐射，即它起完全反射作用。又由$E=\varepsilon E_b$而得出 $J=G=E_b$，因而物体表面的辐射相当于黑体，显然与表面黑度无关。

【例 6-10】 太阳能集热器吸热表面选用具有什么性质的材料为宜？为什么？

答：太阳能集热器是用来吸收太阳辐射能的，因而其表面应能最大限度地吸收投射来的太阳辐射能，同时又保证得到的热量尽少地散失，即表面尽可能少地向外辐射能量。但太阳辐射是高温辐射，辐射能量主要集中于短波光谱（如可见光），集热器本身是低温辐射，辐射能量主要集中于长波光谱范围（如红外线）。所以集热器表面应选择具备对短波吸收率很高，而对长波发射（吸收）率极低这样性质的材料。

【例 6-11】 "善于发射的物体必善于吸收"，即物体辐射力越大，其吸收就比越大。你认为对吗？

答：基尔霍夫定律对实际物体成立必须满足两个条件：物体与辐射源处于热平衡，辐射源为黑体。即物体辐射力越大，它对同样温度的黑体辐射吸收比就越大，善于发射的物体，必善于吸收同温度下的黑体辐射。所以上述说法不正确。

【例 6-12】 实际物体表面在某一温度 T 下的单色辐射力随波长的变化曲线与它的单色吸收率的变化曲线有何联系？如已知其单色辐射力变化曲线如图 6-9 所示，试定性地画出它的单色吸收率变化曲线。

答：从图 6-9 中可以分析出，该物体表面为非灰体，根据基尔霍夫定律，$\alpha_\lambda=\varepsilon_\lambda=E_\lambda/E_{b\lambda}$，即为同一波长线②与线①的数值之比。该物体单色吸收率变化曲线如图 6-10 所示。

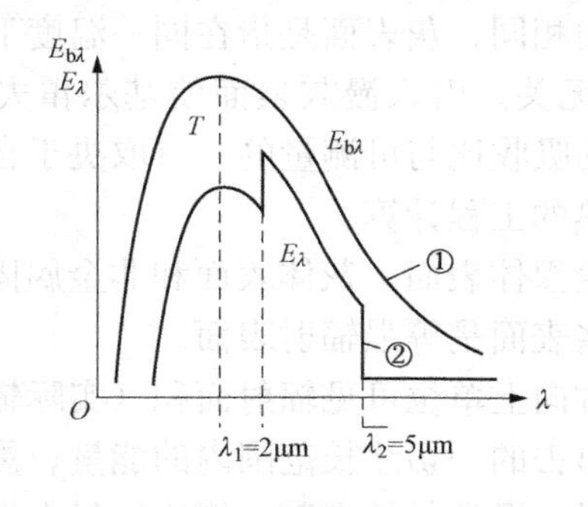

图 6-9 例 6-12 附图

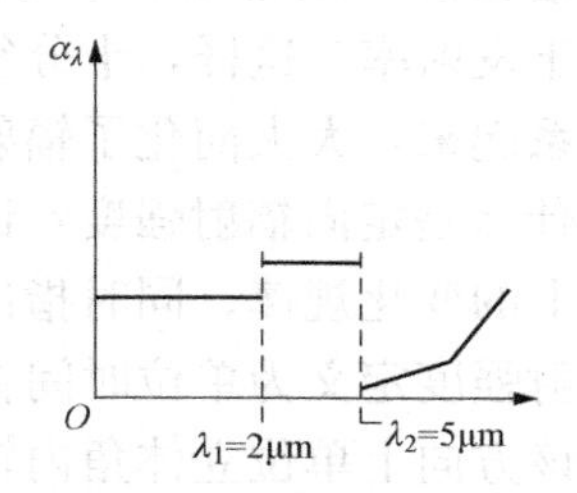

图 6-10 例 6-12 附图

【例 6-13】 试述气体辐射的基本特点。气体能当灰体来处理吗？请说明原因。

答：气体辐射的基本特点：(1) 气体辐射对波长具有选择性。(2) 气体辐射和吸收是在整个体积中进行的。气体不能当作灰体来处理，因为气体辐射对波长具有选择性，而只有辐射与波长无关的物体才可以称为灰体。

6.3.2 计算题

【例 6-14】 有一漫射的微面积 $A_1=1cm^2$，其法向的定向辐射力 $E_n=3500W/(m^2 \cdot Sr)$。在离开 A_1 中心 0.5m 的圆周上布置有微面积 A_2、A_3、A_4，它们的面积均为 $1cm^2$，相对位置如图 6-11 所示。试计算①A_2、A_3、A_4 表面所受到的辐射强度；②A_1 的中心对 A_2、A_3、A_4 表面所张的立体角；③A_1 向 A_2、A_3、A_4 表面所发射的辐射能。

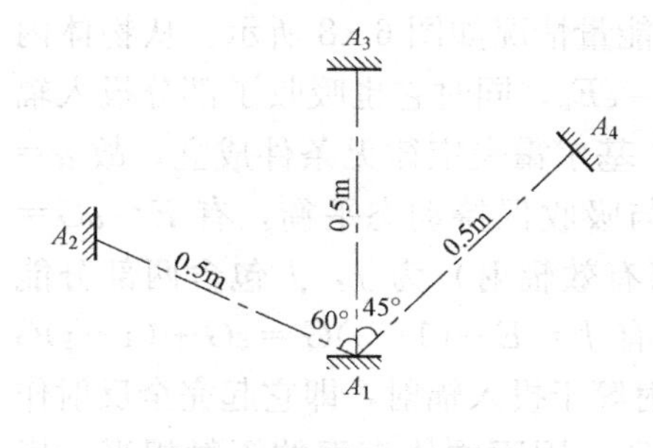

图 6-11 例 6-14 附图

解：(1) 因表面为漫射表面，满足兰贝特定律，即各方向辐射强度相等，都等于法向上的辐射力，因此有

$$I_2 = I_3 = I_4 = I_n = 3500\text{W}/(\text{m}^2 \cdot \text{Sr})$$

(2) 立体角 $\mathrm{d}\bar{\omega}=\frac{\mathrm{d}A}{r^2}$。由题可知，$A_2=A_3=A_4=1\text{cm}^2$，且 $r_2=r_3=r_4=0.5\text{m}$，代入公式可得 $\mathrm{d}\bar{\omega}_2=\mathrm{d}\bar{\omega}_3=\mathrm{d}\bar{\omega}_4=\frac{1\times10^{-4}}{0.5^2}=4\times10^{-4}(\text{Sr})$

(3) 由 $I_\varphi = \frac{\mathrm{d}\Phi_\varphi}{\mathrm{d}A\cos\varphi \cdot \mathrm{d}\omega_\varphi}$ 得 $\mathrm{d}\Phi_\varphi = I_\varphi \mathrm{d}A\cos\varphi \cdot \mathrm{d}\omega_\varphi$，代入数据可得

$$\mathrm{d}\Phi_2 = I_2 \mathrm{d}A\cos\varphi_2 \cdot \mathrm{d}\omega_2 = 3500 \times 1 \times 10^{-4}\cos(-60°) \times 4 \times 10^{-4} = 7 \times 10^{-5}(\text{W})$$

$$\mathrm{d}\Phi_3 = I_3 \mathrm{d}A\cos\varphi_3 \cdot \mathrm{d}\omega_3 = 3500 \times 1 \times 10^{-4}\cos0° \times 4 \times 10^{-4} = 1.4 \times 10^{-4}(\text{W})$$

$$\mathrm{d}\Phi_4 = I_4 \mathrm{d}A\cos\varphi_4 \cdot \mathrm{d}\omega_4 = 3500 \times 1 \times 10^{-4}\cos45° \times 4 \times 10^{-4} = 9.9 \times 10^{-5}(\text{W})$$

【讨论】 通过本题，读者应熟练掌握立体角、定向辐射强度、方向辐射力以及辐射能等概念。

【例 6-15】 一个边长为 0.1m 的正方形平板加热器，每一面辐射功率为 10^2W。如果加热器看作黑体，试求加热器的温度和对应于加热器最大黑体单色辐射力的波长。

解： 设加热器每一面的面积为 A。根据斯忒藩-玻尔兹曼定律可知：

$$E_b = \frac{\Phi}{A} = \sigma_0 T^4$$

则加热面的温度为

$$T = \left(\frac{\Phi}{A\sigma_0}\right)^{\frac{1}{4}} = \left(\frac{10^2}{0.1^2 \times 5.67 \times 10^{-8}}\right)^{\frac{1}{4}} = 648(\text{K})$$

根据维恩定律，有

$$\lambda_m = 2.8976 \times 10^{-3}/648 = 4.47(\mu\text{m})$$

【例 6-16】 试确定一个电功率为 100W 的电灯泡发光效率。假设该灯泡的钨丝可看成是黑体，其几何形状为 5mm×5mm 的方形薄片。

解： 根据斯忒藩-玻尔兹曼定律有

$$E_b = C_0\left(\frac{T}{100}\right)^4$$

由此可求得钨丝的表面积为

$$T = \left(\frac{E_b}{C_0}\right)^{\frac{1}{4}} \times 100 = \left(\frac{\Phi}{AC_0}\right)^{\frac{1}{4}} \times 100$$

$$= \left(\frac{100}{5 \times 10^{-3} \times 5 \times 10^{-3} \times 5.67}\right)^{\frac{1}{4}} \times 100 \approx 2900(\text{K})$$

取可见光的波长范围 0.38～0.76μm，则

$$\lambda_1 T=1102\mu\text{m} \cdot \text{K}，\lambda_2 T=2204\mu\text{m} \cdot \text{K}$$

查黑体的波段辐射函数表而得 $F_{b(0-0.38)}=0.092\%$，$F_{b(0-0.76)}=10.19\%$

则发光效率 $\eta=\frac{\Delta E_b}{E_b}=F_{b(0-0.76)}-F_{b(0-0.38)}=(10.19-0.092)\%\approx10\%$

【讨论】 可见白炽灯泡的发光效率十分低。读者应掌握波段辐射函数的概念，理解本题中发光效率的定义。

【例 6 - 17】 从太阳投射到地球大气层外缘的辐射能量经准确测定为 1353W/m²，太阳直径为 1.39×10^9m，地球直径为 1.29×10^7m，两者相距 1.5×10^{11}m，如图 6 - 12 所示，若认为太阳表面是黑体，试估计其表面温度。

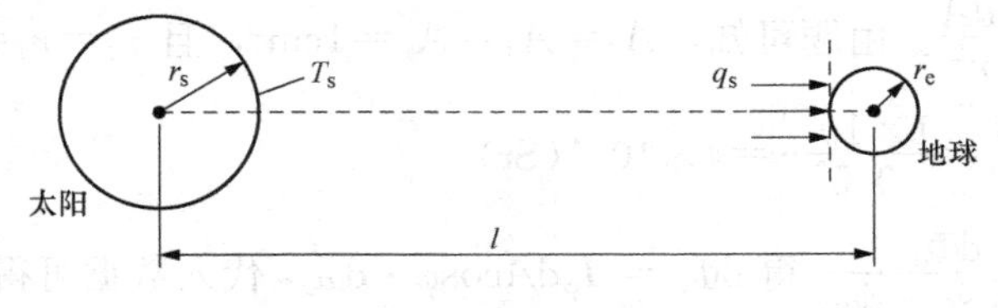

图 6 - 12 例 6 - 17 附图

解： 设太阳辐射面积为 dA_s，此处为地球看太阳的投影面积，即可见面积：

$$dA_s = \pi r_s^2$$

太阳看地球的投影面积 $dA_e=\pi r_e^2$，因此地球所接受的太阳辐射能 $d\Phi$ 可按下式计算：

$$d\Phi = q_s dA_e = q_s \pi r_e^2 \tag{a}$$

根据兰贝特定律有

$$d\Phi = I dA_s \cos\varphi \cdot d\omega \tag{b}$$

其中 $\varphi=0°$，$d\omega$ 为地球对太阳所张的立体角：

$$d\tilde{\omega} = \frac{dA_e}{(l-r_e)^2}$$

I 为太阳对地球表面的定向辐射强度，黑体 I 与 E_b 之间有如下关系：

$$I = \frac{E_b}{\pi} = \frac{\sigma T_s^4}{\pi} \tag{c}$$

式（a）、式（b）和式（c）联立求解，可得

$$T_s = \left[\frac{q_s(l-r_e)^2}{\sigma r_s^2}\right]^{1/4} = \left[\frac{1353\times(1.5\times10^{11}-1.29\times10^7/2)^2}{5.67\times10^{-8}\times(1.39\times10^9/2)^2}\right]^{1/4} = 5773.9(\text{K})$$

【讨论】 此处地球与太阳的距离足够远，因而太阳和地球的投影面积均按赤道面积计算。

【例 6 - 18】 一火床炉的炉墙内表面温度为 500K，其光谱发射率可近似地表示为 $\lambda\leqslant 1.5\mu$m 时，$\varepsilon(\lambda)=0.1$；$\lambda=1.5\sim10\mu$m 时，$\varepsilon(\lambda)=0.5$；$\lambda>10\mu$m 时，$\varepsilon(\lambda)=0.8$。炉墙内壁接受来自燃烧着的煤层的辐射，煤层温度为 2000K。设煤层的辐射可以作为黑体辐射，炉墙为漫射表面，试计算其发射率及对煤层辐射的吸收比。

解： 炉墙的发射率可以按定义由以下分段积分来获得

$$\varepsilon = \varepsilon_{\lambda1}\frac{\int_0^{\lambda1}E_{b\lambda}d\lambda}{E_b} + \varepsilon_{\lambda2}\frac{\int_{\lambda1}^{\lambda2}E_{b\lambda}d\lambda}{E_b} + \varepsilon_{\lambda3}\frac{\int_{\lambda2}^{\infty}E_{b\lambda}d\lambda}{E_b}$$

$$= \varepsilon_{\lambda1}F_{b(0-\lambda1)} + \varepsilon_{\lambda2}F_{b(\lambda1-\lambda2)} + \varepsilon_{\lambda3}F_{b(\lambda1-\infty)}$$

按定义，炉墙的吸收率为

$$\alpha = \frac{\int_0^{\infty}\alpha_\lambda(\lambda,T_1)E_{b\lambda}(T_2)d\lambda}{\int_2^{\infty}E_{b\lambda}(T_2)d\lambda}$$

由于炉墙为漫射体，所以有 $\varepsilon(\lambda,T)=\alpha(\lambda,T)$，由此可得

$$\alpha = \varepsilon_{\lambda1}F_{b(0-\lambda1)} + \varepsilon_{\lambda2}F_{b(\lambda1-\lambda2)} + \varepsilon_{\lambda3}F_{b(\lambda1-\infty)}$$

对于炉墙的发射率，有

$$\lambda_1 T = 1.5 \times 500 = 750(\mu m \cdot K),\ F_{b(0-\lambda_1)} = 0.000$$

$$\lambda_2 T_1 = 10 \times 500 = 5000(\mu m \cdot K),\ F_{b(0-\lambda_2)} = 0.634$$

所以

$$\varepsilon(T_1) = 0.1 \times 0.000 + 0.5 \times 0.634 + 0.8 \times (1 - 0.634) = 0.61$$

炉墙吸收的是 2000K 时的辐射，应按 2000K 计算 λT，即

$$\lambda_1 T_2 = 1.5 \times 2000 = 3000(\mu m \cdot K),\ F_{b(0-\lambda_1)} = 0.274$$

$$\lambda_2 T_2 = 10 \times 2000 = 20\,000(\mu m \cdot K),\ F_{b(0-\lambda_2)} = 0.986$$

$$\alpha(T_1, T_2) = 0.1 \times 0.274 + 0.5 \times (0.986 - 0.274) + 0.8 \times (1 - 0.986) = 0.395$$

【讨论】由计算得 $\varepsilon(T_1) = 0.61$，而 $\alpha(T_1, T_2) = 0.395$，$\alpha \neq \varepsilon$。这主要是由于在所研究的波长范围内，$\alpha(\lambda)$ 不是常数所致。

6.4 自学练习

一、单项选择题

1. 温度对辐射换热的影响（　　）对对流换热的影响。

A. 等于　B. 大于　C. 小于　D. 可能大于或小于

2. 下列何种材料表面的法向黑度为最大？（　　）

A. 磨光的银　B. 无光泽的黄铜

C. 各种颜色的油漆　D. 粗糙的铅

3. （　　）是在相同温度条件下辐射力最强的物体？

A. 灰体　B. 磨光玻璃　C. 涂料　D. 黑体

4. 在热平衡的条件下，任何物体对黑体辐射的吸收率（　　）同温度下该物体的黑度。

A. 大于　B. 小于　C. 恒等于　D. 无法比较

5. 定向辐射强度与方向无关的规律称为（　　）。

A. 普朗克定律　B. 四次方定律　C. 理解能力　D. 兰贝特定律

6. 灰体的吸收率是（　　）。

A. 等于 1　B. 大于 1　C. 定值　D. 变量

7. 对于灰体，吸收率越大，其反射率（　　）。

A. 越小　B. 越大　C. 适中　D. 不变

8. 黑体温度越高，则热辐射的（　　）。

A. 波长越短　B. 波长越长　C. 峰值波长越短　D. 波长范围越小

9. 在什么条件下，普通物体可以看作是灰体？（　　）

A. 发出热辐射的金属表面可以看作是灰体

B. 除红外辐射的表面均可看作是灰体

C. 普通物体表面在高温条件下的热辐射可以看作是灰体

D. 普通物体表面在常温条件下的热辐射可以看作是灰体

10. 向大气中大量排放 CO_2 气体会引起“温室效应”，主要是因为（　　）。

A. CO_2 气体的导热性能差　B. CO_2 气体能够吸收可见光

C. CO_2 气体能够吸收红外辐射　　D. CO_2 气体能够反射可见光

11. 发射率＝吸收率，（　　）。

A. 适用于漫灰表面

B. 当与环境温度平衡时适用于任何表面

C. 当环境为黑体时适用于任何表面

D. 适用于任何表面

12. 用作太阳能集热器表面的选择性吸收介质对短波辐射和长波辐射的辐射特性应该是：（　　）。

A. 对短波辐射的吸收率高，对长波辐射的吸收率低

B. 对短波辐射的吸收率高，对长波辐射的吸收率高

C. 对短波辐射的吸收率低，对长波辐射的吸收率低

D. 对短波辐射的吸收率低，对长波辐射的吸收率高

13. 将保温瓶的双层玻璃抽成真空的目的是（　　）。

A. 减少导热　　B. 减少对流换热

C. 减少对流与辐射换热　　D. 减少导热与对流换热

14. 物体能够发射辐射的最基本条件是（　　）。

A. 温度大于 0K　　B. 具有传播介质　　C. 真空状态　　D. 表面较黑

15. 下列各种辐射中，（　　）的辐射光谱不能看作是连续的。

A. 灰体辐射　　B. 黑体辐射　　C. 发光火焰辐射　　D. 气体辐射

二、多项选择题

1. 影响物体表面黑度的主要因素有（　　）。

A. 物质种类　　B. 表面温度　　C. 表面状况　　D. 表面颜色

2. 在同温度下的全波谱辐射和吸收，下列哪种说法是错误的？（　　）

A. 物体的吸收比越大其反射比越大

B. 物体的辐射能力越强其吸收比越大

C. 物体的吸收比越大其黑度越小

D. 物体的吸收比越大其辐射投射比越大

3. 下列气体是辐射气体的是（　　）。

A. 氧气　　B. 甲烷　　C. 水蒸气　　D. 二氧化碳

4. 热辐射有如下特点（　　）。

A. 任何物体，只要温度高于 0K，就会不停地向周围空间发出热辐射

B. 不需要介质的存在，在真空中就可以传递能量

C. 在辐射换热过程中伴随着能量形式的转换

D. 必须有微观粒子的热运动

5. 影响辐射换热的因素包括如下方面（　　）。

A. 物体表面的吸收特性　　B. 物体表面的辐射特性

C. 物体的温度　　D. 物体表面的形状、尺寸

三、简答题

1. 深秋及初冬季节的清晨在屋面上常常会看到结霜，试从传热学的角度分析（a）有霜

的早上总是晴天；（b）室外气温是否一定要低于零度；（c）结霜屋面与不结霜屋面谁的保温效果好？

2. 热射线主要由哪两种射线组成？为什么钢锭在炉中加热时，随着温度升高，钢锭的颜色依次会发生黑、红、橙、白的变化？

3. 某楼房室内是用白灰粉刷的，但即使在晴朗的白天，远眺该楼房的窗口时，总觉得里面黑洞洞的，这是为什么？

4. 什么是定向辐射强度？满足兰贝特定律的辐射表面是什么样的表面？试列举两种这样的表面。

5. 什么叫黑体、灰体和白体？它们分别与黑色物体、灰色物体、白色物体有什么区别？在辐射传热中，引入黑体与灰体有什么意义？

6. 玻璃可以透过可见光，为什么在工业热辐射范围内可以作为灰体处理？

7. 为什么太阳灶的受热表面要做成粗糙的黑色表面，而辐射采暖板不需要做成黑色？

8. 在初春季节，采取用透明塑料薄膜把秧苗严格覆盖起来进行育秧的措施，为什么能促进秧苗的生长？

9. 在什么条件下物体表面的发射率等于它的吸收率（$\varepsilon=\alpha$）？在什么情况下 $\varepsilon\neq\alpha$？当 $\varepsilon\neq\alpha$时，是否意味着物体的辐射违反了基尔霍夫定律？

10. 为什么二氧化碳被称作“温室效应”气体？

11. 太阳能集热器的吸收板表面有时覆以一层选择性涂层，使表面吸收阳光的能力比本身辐射能力高出很多倍。请问这一现象与基尔霍夫定律是否矛盾？原因是什么？

12. 灰体有什么主要特征？灰体的吸收率与哪些因素有关？

13. 你认为下述说法：“常温下呈红色的物体表示此物体在常温下红色光的单色发射率比其他色光（黄、绿、蓝）的单色发射率高。”对吗？为什么？（注：指无加热源条件下）

14. 有一台放置于室外的冷库，从减小冷库冷量损失的角度出发，冷库外壳颜色应涂成深色还是浅色？

15. 与一般固体比较气体的辐射特性有什么主要差别？

16. 某材料的半球光谱发射率与波长的关系如图 6 - 13 所示，试估计其发射率如何随温度变化。

17. 在波长 $\lambda<2\mu m$ 的波长范围内，木板的光谱吸收比小于铝板，而在 $\lambda>2\mu m$ 的波长范围内则相反。若将木板和铝板长时间放在相同阳光环境下照射，哪个温度高？试解释原因。

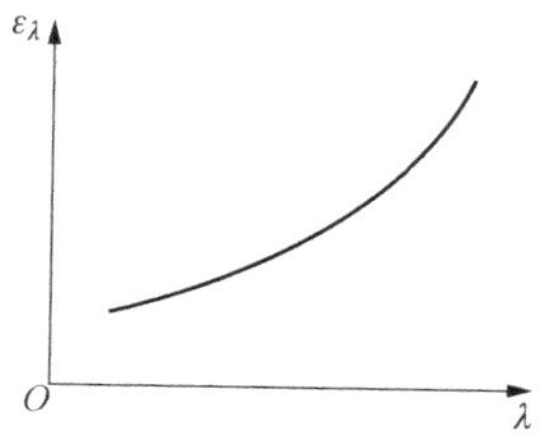

图 6 - 13 简答题 16 题附图

四、计算题

1. 一等温空腔的内表面为漫射体，并维持在均匀的温度。其上有一个面积为 $0.02m^2$ 的小孔，小孔面积相对于空腔内表面积可以忽略。今测得小孔向外界辐射的能量为 70W，试确定空腔内表面的温度。如果把空腔内表面全部抛光，而温度保持不变，问对这一小孔向外的辐射有何影响？

2. 把太阳表面近似地看成是 $T=5800K$ 的黑体，试确定太阳发出的辐射能中可见光所占的百分数。

3. 用特定的仪器测得，一黑体炉发出的波长为 $0.7\mu m$ 的辐射能（在半球范围内）为

10^8 W/m^3，试问该黑体炉工作在多高的温度下？在该工况下辐射黑体炉的加热功率为多大？（辐射小孔的面积为 4×10^{-4} m^2）

4. 一选择性吸收表面的单色吸收比随 λ 变化的特性如图 6-14 所示。试计算当太阳投入辐射为 $G=800$W/m^2 时，该表面单位面积上所吸收的太阳能量及对太阳辐射的总吸收比。

5. 暖房的升温作用可以从玻璃的光谱穿透比变化特性得到解释。有一块厚为 3mm 的玻璃，经测定，其对波长为 0.3～2.5μm 的辐射能的穿透比为 0.9，而对其他波长的辐射能可以认为完全不穿透。试据此计算温度为 5800K 的黑体辐射及温度为 300K 的黑体辐射反射到该玻璃上时各自的总穿透比。

6. 实验测得 2500K 钨丝的法向单色发射率如图 6-15 所示，计算其总发射率、总辐射力及发光效率。

7. 有一漫射表面 $T=1500$K，已知其单色发射率 ε_λ 随波长的变化如图 6-16 所示，试计算表面的全波长总发射率和辐射力 E。

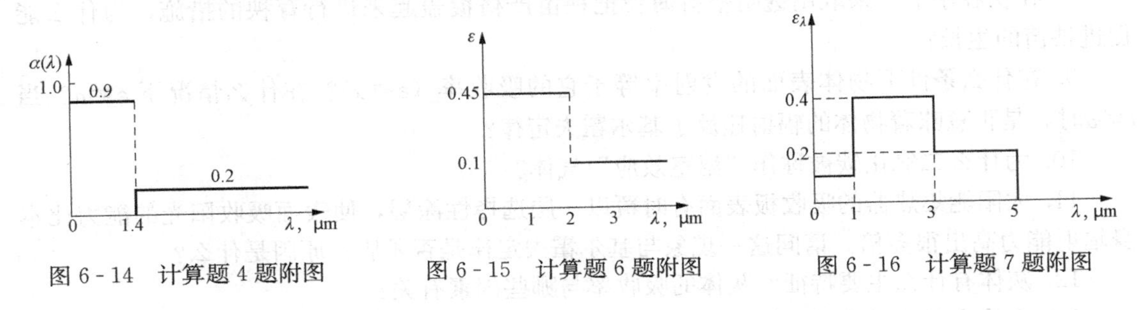

图 6-14　计算题 4 题附图　　图 6-15　计算题 6 题附图　　图 6-16　计算题 7 题附图

8. 已知某表面的单色吸收率 α_λ 随波长的变化如图 6-17（a）所示，该表面的投射单色辐射 G_λ 随波长的变化如图中（b）所示，试计算表面的吸收率 α。

9. 一直径为 20mm 的热流计探头，用于测定一微小表面积 A_1 的辐射热流，该表面的温度为 $T_1=1000$K。环境温度很低，因而对探头的影响可以不计。因某些原因，探头只能安置在与 A_1 表面法线成 45°、距离 $l=0.5$m 处（见图 6-18）。探头测得的热量为 1.815×10^{-3}W。表面 A_1 是漫射的，探头表面的吸收比可近似地取为 1。试确定 A_1 的发射率。（A_1 的面积为 4×10^{-4}m^2）

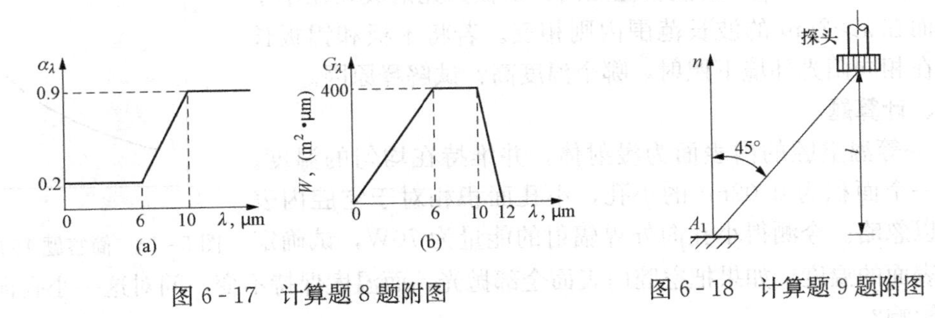

图 6-17　计算题 8 题附图　　图 6-18　计算题 9 题附图

10. 试确定盛夏太阳下两只船的表面温度，假定一只船是用白桦皮制成的，另一只是铝做的，测得的投射太阳能是 946.2W/m^2，船面与环境空气之间的对流换热表面传热系数是 28.4W/(m^2·℃)，环境温度为 27.6℃。

11. 硅酸玻璃允许波长为 0.33～2.6μm 的射线通过 92%，而不允许其他波长通过，当把太阳能投射到该玻璃上时，将有多少能量份额通过玻璃？假定太阳为 6000K 的黑体辐射。

12. 气体处于很长的直径为 0.609 6m 的圆柱体内，其温度为 1388K，CO_2 的分压力为 0.2×10^5Pa。气体的总压力为 0.3×10^5Pa。试确定 CO_2 的发射率。

6.5 自学练习解答

一、单项选择题

1. B　2. C　3. D　4. C　5. D　6. C　7. A　8. C　9. D　10. C
11. A　12. A　13. D　14. A　15. D

二、多项选择题

1. A，B，C　2. A，C，D　3. B，C，D　4. A，B，C　5. A，B，C，D

三、简答题

1. 【提示】(a) 屋面结霜的一个重要原因是，在晴天无云的条件下屋面能与太空进行辐射换热，由于太空温度较低，使得屋面上的水（汽）失去了大量的热，温度降低，低于冰点形成霜。所以有霜出现必然是晴天。阴天时，地面发出去的热量有一部分会被空中的云层反射回来，这在一定程度上减弱了地面热量的减少，使地面温度不会太低。因此冬天阴天不易结霜而晴天容易结霜。(b) 不是一定要低于 0℃，因为结霜的主要原因是屋面与太空之间的辐射传热，辐射传热是通过电磁波传递能量，并不是借助于物质传递能量。(c) 结霜屋面的保温效果好。因为如果保温效果不好，那么屋面温度受到室内温度的影响较大，这样很难达到较低温度形成结霜的条件。

2. 【提示】热射线主要由可见光和红外线组成。随着温度升高，钢锭辐射能中重要部分的能量向波长较小的方向移动，所以钢锭的颜色依次会发生黑、红、橙、白的变化。

3. 【提示】窗口相对于室内面积来说较小，当射线（可见光射线等）从窗口进入室内时在室内经过多次反复吸收、反射，只有极少的可见光射线从窗口反射出来，由于观察点距离窗口很远，故从窗口反射出来的可见光到达观察点的份额很小，因而很难反射到远眺人的眼里，所以我们就觉得窗口里面黑洞洞的。

4. 【提示】定向辐射强度定义为，单位时间在某方向上单位可见辐射面积（实际辐射面在该方向的投影面积）向该方向上单位立体角内辐射出去的一切波长范围内的能量。满足兰贝特定律的辐射表面是漫反射和漫发射的表面，简称漫射表面。如相对于光线的粗糙表面、黑体表面和红外辐射范围的不光滑的实际物体表面都可以近似认为是漫射表面。

5. 【提示】可以从黑体、白体、灰体的定义和有关辐射定律来阐述。根据黑体、白体、灰体的定义可以看出，这些概念都是以热辐射为前提的。灰色、黑色、白色是针对可见光而言的。所谓黑体、白体、灰体并不是指可见光下物体的颜色，灰体概念的提出使基尔霍夫定律无条件成立，与波长、温度无关，使吸收率的确定及辐射换热计算大为简化，因此具有重要的作用。黑体概念的提出使热辐射的吸收和发射具有了理想的参照物。

6. 【提示】可以从灰体的特性和工业热辐射的特点来论述。所谓灰体是针对热辐射而言的，灰体是指吸收率与波长无关的物体。在红外区段，将大多数实际物体作为灰体处理所引起的误差并不大，一般工业热辐射的温度范围大多处于 2000K 以下，因此其主要热辐射的波长位于红外区域。许多材料的单色吸收率在可见光范围内和红外范围内有较大的差别，如玻璃在可见光范围内几乎是透明的，但在工业热辐射范围内则几乎是不透明的，并且其光谱吸收比与波长的关系不大，可以作为灰体处理。

7.【提示】①黑色表面对可见光（短波 $\lambda<3\mu m$）吸收比极高，而对长波部分（$\lambda>3\mu m$）吸收比很低。粗糙表面能使长波辐射投射到自身从而减少辐射热损失。太阳灶的受热表面需要尽可能多地吸收太阳辐射（短波），尽可能少地发出自身辐射（长波），因此黑色粗糙表面最能适应其要求。②由基尔霍夫定律可知，黑色表面在长波部分的发射率很低。辐射采暖板需要利用辐射释放热量。因表面温度不高，采暖板辐射热量大部分为长波。涂成黑色反而会阻碍辐射采暖板的散热。

8.【提示】因为温室效应。当太阳光照射到薄膜上时，薄膜对波长小于 $2.2\mu m$ 的辐射能吸收比很小，从而使大部分太阳能可以进入到薄膜内。薄膜覆盖的秧苗温度低，辐射能绝大部分位于红外区，而薄膜对于波长大于 3 的辐射能吸收比很大，阻止了辐射能向薄膜外的散失，所以有利于秧苗的生长。

9.【提示】在热平衡条件下 $\varepsilon=\alpha$，温度不平衡条件下的几种不同层次：

（1）$\varepsilon_{\lambda,\theta,T}=\alpha_{\lambda,\theta,T}$ 无条件成立；

（2）$\varepsilon_{\lambda,T}=\alpha_{\lambda,T}$ 漫表面成立；

（3）$\varepsilon_{\theta,T}=\alpha_{\theta,T}$ 灰表面成立；

（4）$\varepsilon_{(T)}=\alpha_{(T)}$ 漫灰表面成立。

当 $\varepsilon\neq\alpha$ 时，并没有违反基尔霍夫定律，因为基尔霍夫定律是有前提条件的，如果没有以上条件，则 $\varepsilon\neq\alpha$。

10.【提示】气体的辐射与吸收对波长具有选择性。二氧化碳等气体聚集在地球的外侧就好像给地球罩上了一层玻璃窗：以可见光为主的太阳能可以达到地球的表面，而地球上一般温度下的物体所辐射的红外范围内的热辐射则大量被这些气体吸收，无法散发到宇宙空间，使得地球表面的温度逐渐升高。

11.【提示】基尔霍夫定律表明物体的吸收比等于发射率，但是这一结论是在“物体与黑体投入辐射处于热平衡”这样严格的条件下才成立的，而太阳能集热器的吸收板表面涂上选择性涂层，投入辐射既非黑体辐射，更不是处于热平衡，所以，表面吸收阳光的能力比本身辐射能力高出很多倍，这一现象与基尔霍夫定律不相矛盾。

12.【提示】灰体的主要特征是光谱吸收比与波长无关。灰体的吸收率恒等于同温度下的发射率，影响因素有物体种类、表面温度和表面状况。

13.【提示】这一说法不对。因为常温下我们所见到的物体的颜色，是由于物体对可见光的反射造成的，红色物体正是由于它对可见光中的黄、绿、蓝等色光的吸收率较大，对红光的吸收率较小，反射率较大形成的。根据基尔霍夫定律 $\varepsilon_{\lambda}=\alpha_{\lambda}$，故常温下呈红色的物体，其常温下的红色光单色发射率比其他色光的单色光发射率要小。

14.【提示】要减少冷库冷损，须尽可能少吸收外界热量，而尽可能多地向外释放热量。因此冷库应涂较浅的颜色，从而使吸收的可见光能量较少，而向外发射的红外线较多。

15.【提示】气体辐射的主要特点是：（1）气体辐射对波长有选择性；（2）气体辐射和吸收是在整个容积中进行的。

16.【提示】

$$\varepsilon=\frac{E}{E_b}=\frac{\int_0^{\infty}\varepsilon_\lambda E_{b\lambda}\,d\lambda}{E_b}=\frac{\int_0^{\infty}\varepsilon_\lambda E_{b\lambda}\,d\lambda}{\sigma T^4}$$

根据维恩定律，随着温度的增加，发出的辐射中短波的份额增加，由上式可知，发射率 ε 随温度的增加而减少。

17.【提示】因为太阳光的辐射能大部分是小于 2.2μm 的波段，由于在此波段木板的光谱吸收比小，绝大部分阳光被反射，而铝板则吸收了大部分辐射能，所以铝板的温度高。

四、计算题

1.【提示】可把小孔视为人工黑体表面，其辐射热流量 Φ 计算表达式为

$$\Phi=AC_0\left(\frac{T}{100}\right)^4$$

代入数据 $T=498.4$K。抛光后，空腔内表面发射率降低，但根据人工黑体空腔的性质，不会影响小孔向外的辐射。

2.【提示】可见光波长范围 0.38～0.76μm

$\lambda_1 T=0.38\times5800=2204(\mu m\cdot K)$

$\lambda_2 T=0.76\times5800=4408(\mu m\cdot K)$

$F_{b(0-\lambda1)}=10.19\% F_{b(0-\lambda2)}=55.04\%$

$F_{b(\lambda1-\lambda2)}=44.85\%$

3.【提示】$10^8=\dfrac{3.742\times10^{-16}\times\ (0.7\times10^{-6})^{-5}}{\exp\left(\dfrac{1.4388\times10^{-2}}{0.7\times10^{-6}T}\right)-1}$

所以 $T=1213.4$K

该温度下，黑体辐射力 $E_b=5.67\times10^{-8}\times1213.4^4=122\ 913(W/m^2)$

辐射炉的加热功率为 $4\times10^{-4}\times122\ 913=49.2(W)$

由普朗特定律得 $10^8=\dfrac{3.742\times10^{-16}\times\ (0.7\times10^{-6})^{-5}}{e^{1.438\,8\times10^{-2}/0.7\times10^{-6}T}-1}$

所以 $T=670.4$K

该温度下，黑体辐射力 $E_b=5.67\times10^{-8}\times670.4^4=11\ 453(W/m^2)$

辐射炉的加热功率为 $4\times10^{-4}\times11\ 453=4.58(W)$

4.【提示】$q_1=\int_0^{1.4}0.9E_{b\lambda}(5800)\,d\lambda$

$$q_1/E_b(5800)=\int_0^{1.4}0.9\frac{E_{b\lambda}(5800)}{E_b(5800)}d\lambda$$

$$q_2=\int_{1.4}^{\infty}0.2E_{b\lambda}(5800)\,d\lambda$$

$$q_2/E_b(5800)=\int_0^{1.4}0.2\frac{E_{b\lambda}(5800)}{E_b(5800)}d\lambda$$

$\lambda_1 T=1.4\times5800=8120(\mu m\cdot K)$

$F_{b(0-\lambda1)}=86.08\% F_{b(\lambda1-\infty)}=1-86.08=13.92\%$

$q_1/E_b=0.9\times0.861=0.775$

$q_2/E_b = 0.2 \times 0.139 = 0.028$

$Q = 800 \times (0.775 + 0.028) = 642.4(\text{W})$

总吸收率：642.4/800=80.3%

5.【提示】$T=5800\text{K}$，$\lambda_2 T_2=2.5\times5800=14\,500(\mu\text{m}\cdot\text{K})$，$F_{b(0-\lambda2)}=96.57\%$

$\lambda_1 T_1 = 0.3 \times 5800 = 1740(\mu\text{m}\cdot\text{K})$，$F_{b(0-\lambda1)} = 3.296\%$

所以 $\tau=0.9\times(0.965\,7-0.032\,96)=83.95\%$

$T=300\text{K}$，$\lambda_2 T_2=2.5\times300=750(\mu\text{m}\cdot\text{K})$，$F_{b(0-\lambda2)}=0.024\,2\%$

$\lambda_1 T_1=0.3\times300=90(\mu\text{m}\cdot\text{K})$，$F_{b(0-\lambda1)}=0.002\,9\%$

所以 $\tau=0.9\times(0.024\,2-0.002\,9)=0.019\,2\%$

$T=3000\text{K}$，$\lambda_2 T_2=2.5\times3000=7500(\mu\text{m}\cdot\text{K})$，$F_{b(0-\lambda2)}=83.46\%$

$\lambda_1 T_1=0.3\times3000=900(\mu\text{m}\cdot\text{K})$，$F_{b(0-\lambda1)}=0.029\,07\%$

所以 $\tau=0.9\times(83.46-0.029\,07)=75.088\%$

6.【提示】$\varepsilon = \varepsilon_{\lambda1} F_{b(0-2)} + \varepsilon_{\lambda2}[1 - F_{b(0-2)}]$

$\lambda_1 T=2\times10^{-6}\text{m}\times2500\text{K}=5000(\mu\text{m}\cdot\text{K})$

$F_{b(0-2)}=0.634\,1$

$\varepsilon=0.45\times0.634\,1+0.1\times(1-0.634\,1)=0.322$

$E=\varepsilon E_b=0.322\times5.67\times\left(\dfrac{2500}{100}\right)^4=7.13\times10^5(\text{W/m}^2)$

再计算可光范围的辐射能

$\lambda_1 T_0=0.38\times2500=950(\mu\text{m}\cdot\text{K})$

$\lambda_2 T_0=0.76\times2500=1900(\mu\text{m}\cdot\text{K})$

$F_{b(0-0.38)}=0.000\,3$，$F_{b(0-0.76)}=0.052\,3$

于是可见光范围的辐射能为

$$\Delta E = (0.052\,3 - 0.000\,3) \times 0.45 \times 5.67 \times \left(\frac{2500}{100}\right)^4 = 5.18 \times 10^4(\text{W/m}^2)$$

白炽灯的发光效率

$$\eta = \frac{\Delta E}{E} = \frac{5.18 \times 10^4}{7.13 \times 10^5} = 7.27\%$$

7.【提示】$E = \int_0^\infty \varepsilon_\lambda E_{b\lambda} d\lambda = \int_0^1 \varepsilon_{\lambda(0\sim1)} E_{b\lambda} d\lambda + \int_1^3 \varepsilon_{\lambda(1\sim3)} E_{b\lambda} d\lambda + \int_3^5 \varepsilon_{\lambda(3\sim5)} E_{b\lambda} d\lambda$

$$= [\varepsilon_{\lambda(0\sim1)} F_{b(0\sim1)} + \varepsilon_{\lambda(1\sim3)} F_{b(1\sim3)} + \varepsilon_{\lambda(3\sim5)} F_{b(3\sim5)}]E_b$$

而 $\begin{cases} \lambda_0 T = 0 \times 1500 = 0 \\ \lambda_2 T = 3 \times 1500 = 4500 \\ \lambda_3 T = 5 \times 1500 = 7500 \\ \lambda_1 T = 1 \times 1500 = 1500 \end{cases} \mu\text{m}\cdot\text{K}$

查主教材表 6-1 有 $F_{b(0\sim\lambda_0)} = 0$，$F_{b(0\sim\lambda_1)} = 0.013\,8$，$F_{b(0\sim\lambda_2)} = 0.564\,1$，$F_{b(0\sim\lambda_3)} = 0.834\,4$

即 $F_{b(0\sim1)}=F_{b(0\sim\lambda_1)}-F_{b(0\sim\lambda_0)}=0.013\,8$

$F_{b(1\sim3)}=F_{b(0\sim\lambda_2)}-F_{b(0\sim\lambda_1)}=0.564\,1-0.0138=0.550\,3$

$F_{b(3\sim5)}=F_{b(0\sim\lambda_3)}-F_{b(0\sim\lambda_2)}=0.834\,4-0.5641=0.270\,3$

所以 $E=(0.1\times0.0138+0.4\times0.5503+0.2\times0.2703)\times5.67\times\left(\frac{1500}{100}\right)^4=79.22(\mathrm{kW/m^2})$

$$\varepsilon=\frac{E}{E_b}=(0.1\times0.0138+0.4\times0.5503+0.2\times0.2703)=0.276$$

8.【提示】由题可得到如下条件：

$$\alpha_{\lambda(0\sim6)}=0.2,\ \alpha_{\lambda(6\sim10)}=\frac{0.7}{4}\lambda-0.85,\ \alpha_{\lambda(10\sim\infty)}=0.9,\ G_{\lambda(0\sim6)}=\frac{400}{6}\lambda\quad \mathrm{W/(m^2\cdot\mu m)}$$

$$G_{\lambda(6\sim10)}=400\mathrm{W/(m^2\cdot\mu m)},\ G_{\lambda(10\sim12)}=2400-200\lambda\quad\mathrm{W/(m^2\cdot\mu m)}$$

$$\alpha=\frac{\int_0^\infty\alpha_\lambda G_\lambda\mathrm{d}\lambda}{\int_0^\infty G_\lambda\mathrm{d}\lambda}=\frac{\int_0^6\alpha_{\lambda(0\sim6)}G_{\lambda(0\sim6)}\mathrm{d}\lambda+\int_6^{10}\alpha_{\lambda(6\sim10)}G_{\lambda(6\sim10)}\mathrm{d}\lambda+\int_{10}^{12}\alpha_{\lambda(10\sim12)}G_{\lambda(10\sim12)}\mathrm{d}\lambda}{\int_0^6 G_{\lambda(0\sim6)}\mathrm{d}\lambda+\int_6^{10}G_{\lambda(6\sim10)}\mathrm{d}\lambda+\int_{10}^{12}G_{\lambda(10\sim12)}\mathrm{d}\lambda}=0.46$$

9.【提示】探头对表面积 A_1 的可见面积为 $A_2\cos\varphi$，距离为 $l/\cos\varphi$，$\varphi=45°$。由此可以计算得到探头对表面积 A_1 张开的空间角：

$$\mathrm{d}\tilde{\omega}=\frac{A_2\cos\varphi}{r^2}=\frac{A_2\cos\varphi}{(l/\cos\varphi)^2}=\frac{3.1416\times0.01^2\times\frac{1}{\sqrt{2}}}{2l^2}=4.443\times10^{-4}(\mathrm{Sr})$$

由兰贝特定律可知：

$$\mathrm{d}\Phi_p=I_p\mathrm{d}A_1\cos\varphi\mathrm{d}\tilde{\omega}\Rightarrow I_p=\frac{\mathrm{d}\Phi_p}{\mathrm{d}A_1\cos\varphi\mathrm{d}\tilde{\omega}}$$

而漫射表面半球空间的总辐射力与辐射强度 I_p 之间的关系为

$$I_p=\frac{E}{\pi}=\frac{\varepsilon E_b}{\pi}\Rightarrow\varepsilon=\frac{I_p\pi}{E_b}$$

已知 $E_b=\sigma T^4=5.67\times10^4(\mathrm{W/m^2})$

$$\varepsilon=\frac{\pi\mathrm{d}\Phi_p}{E_b(\mathrm{d}A_1\cos\varphi)\mathrm{d}\tilde{\omega}}=\frac{3.1416\times1.815\times10^{-3}}{5.67\times10^4\times4\times10^{-4}\times4.443\times10^{-4}/\sqrt{2}}=0.8$$

10.【提示】可以将白桦皮和铝看作灰体，则船面的热平衡方程为

$$E_{sun}=\varepsilon\sigma(T^4-T_0^4)+h(T-T_0)$$

其中，对于白桦皮 $\varepsilon=0.90$，对铝 $\varepsilon=0.09$，解得 $T_{白桦皮}=328.0\mathrm{K}$，$T_{铝}=333.3\mathrm{K}$

11.【提示】太阳辐射，波长在 0.33～2.6μm 间的份额

$T=6000\mathrm{K}$，$\lambda_1T=1980\mu\mathrm{m}\cdot\mathrm{K}$，$\lambda_2T=15600\mu\mathrm{m}\cdot\mathrm{K}$

$F_{b1}(\lambda_1-\lambda_2)=0.998-0.0638=0.9342$

$F_{b2}(\lambda_1-\lambda_2)\times0.92=0.86$

可见，有 0.86 的能量通过玻璃。

12.【提示】由已知条件知：$T=1388\mathrm{K}$

$p_{CO_2}\cdot S=0.2\times10^5\times0.95\times0.6096=0.116\times10^5(\mathrm{Pa\cdot m})$

查主教材图 6-18 得 $\varepsilon_{CO_2}=0.1$

总压 $p=0.3\times10^5\mathrm{Pa}$，查主教材图 6-19 得 $C_{CO_2}=0.7$

CO_2 气体的发射率为 $\varepsilon_{CO_2}=C_{CO_2}\cdot\varepsilon_{CO_2}=0.7\times0.1=0.07$

第 7 章　辐射换热计算

7.1　学习指导

7.1.1　学习目标与要求

(1) 角系数的定义、性质及计算方法；

(2) 被透明介质隔开的两黑体表面间的辐射换热计算；

(3) 被透明介质隔开的两漫灰表面间的辐射换热计算；

(4) 被透明介质隔开的多表面系统辐射换热的计算；

(5) 气体辐射特点及其应用。

7.1.2　学习重点

(1) 角系数的概念、性质和计算方法；

(2) 有效辐射的概念；

(3) 被透明介质隔开的两表面和三表面间辐射换热计算；

(4) 辐射换热的强化和削弱；

(5) 遮热板原理的应用。

7.2　要点归纳

7.2.1　角系数

1. 角系数的定义

表面 1 发出的辐射能落到表面 2 的百分数称为表面 1 对表面 2 的角系数，记为 $X_{1,2}$。其中角标 1 表示发射面，角标 2 表示接收面，百分数 $X_{1,2}\in[0,1]$。可以证明：当所研究的表面满足漫射表面假设时，角系数为纯粹的几何因子，与表面的温度和发射特性都没有关系。

应用角系数的概念，两黑体之间的辐射换热量可表示为

$$\Phi_{1,2}=E_{b1}A_1X_{1,2}-E_{b2}A_2X_{2,1} \tag{7-1}$$

2. 角系数的性质

(1) 相对性（互换性）。

$$A_1X_{1,2}=A_2X_{2,1} \tag{7-2}$$

(2) 完整性。对 n 个表面组成的封闭腔，有

$$X_{1,1}+X_{1,2}+X_{1,3}+\cdots+X_{1,n}=\sum_{i=1}^{n}X_{1,i}=1 \tag{7-3}$$

特别注意，$X_{1,1}$ 表示落在自身的辐射百分比。当表面 1 为非凹表面时，$X_{1,1}=0$；当表面 1 为凹表面时，$X_{1,1}\neq 0$。

此外，考虑整体时，必须注意系统的封闭性。当参与辐射的表面没有组成封闭腔时，可

以通过构造虚拟面以利用角系数的完整性。如图 7-1 所示的情况，图中表面 3 为虚拟面可以把离开这个区域的所有辐射都包括在里面，相当于一个黑体表面。

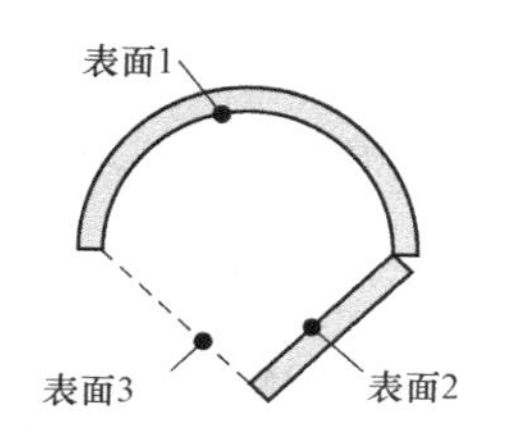

图 7-1 包含虚拟表面的封闭腔

(3) 可加性。若表面 2 由 $2a$ 和 $2b$ 两部分组成，则有

$$X_{1,2} = X_{1,2a} + X_{1,2b} \tag{7-4}$$

注意：只有对角系数符号中第二个角码是可加的。

3. 角系数的计算方法

计算角系数的方法主要有直接积分法、代数计算法、数值计算法、图线法等。工程计算多用代数法和图线法。

本课程中读者应着重掌握代数法，即利用角系数的性质，通过求解代数方程的形式获得角系数。

图 7-2 所示为两种典型的角系数代数法算例，图中表面垂直纸面方向无限长。对图 7-2 (a)，可采用下式计算角系数：

$$X_{1,2} = \frac{A_1 + A_2 - A_3}{2A_1} \text{ 或 } X_{1,2} = \frac{l_1 + l_2 - l_3}{2l_1} \tag{7-5}$$

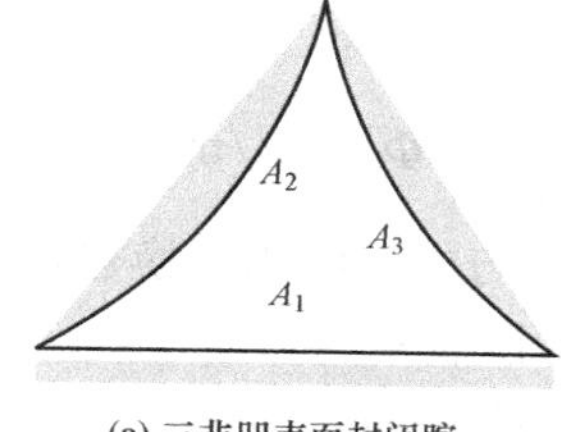

(a) 三非凹表面封闭腔

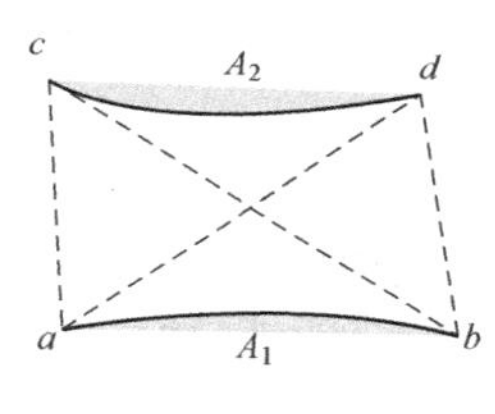

(b) 两无限长表面

图 7-2 角系数的代数分析法

对图 7-2 (b)，可采用下式计算角系数：

$$X_{1,2} = \frac{\text{交叉线之和} - \text{不交叉线之和}}{2 \times \text{表面 } A_1 \text{ 的断面长度}} = \frac{(bc + ad) - (ac + ad)}{2ab} \tag{7-6}$$

直接积分法是利用角系数的基本定义通过求解积分确定角系数的方法，能够求出一些较复杂几何体系的角系数。工程上通常将积分法获得的结果表示成图、表形式。主教材中已经附了一些典型几何体的角系数图。使用上述公式和结果时应注意，仅对漫射表面，角系数是纯粹几何量的性质才成立。

7.2.2 被透明介质隔开的两固体表面间的辐射换热

1. 封闭腔模型

进行物体的辐射换热计算之前，需首先确保所研究的表面包含在一个封闭腔中，因为热辐射是以电磁波形式传递的能量，会向空间各个方向发射或由各个方向投入，必须计及所有参与表面。若有敞口存在，应以虚拟表面将其封闭。网络分析法是求解黑体表面及/或漫灰表面之间辐射热交换的一种十分有效的方法。

2. 两黑体表面间的辐射换热

(1) 计算公式。应用角系数的概念，两黑体之间的辐射换热量可表示为

$$\Phi_{1,2} = E_{b1} A_1 X_{1,2} - E_{b2} A_2 X_{2,1} = \frac{E_{b1} - E_{b2}}{1/A_1 X_{1,2}} = \frac{E_{b1} - E_{b2}}{1/A_2 X_{2,1}} \tag{7-7}$$

(2) 辐射网络图。图 7-3 所示为两黑体表面间辐射换热的网络。其中，$1/A_1 X_{1,2}$ 为两表面辐射换热的空间热阻。空间热阻只与角系数有关，即只与空间几何分布有关。可以看出，黑体辐射换热计算的关键在于如何求得表面间的角系数。

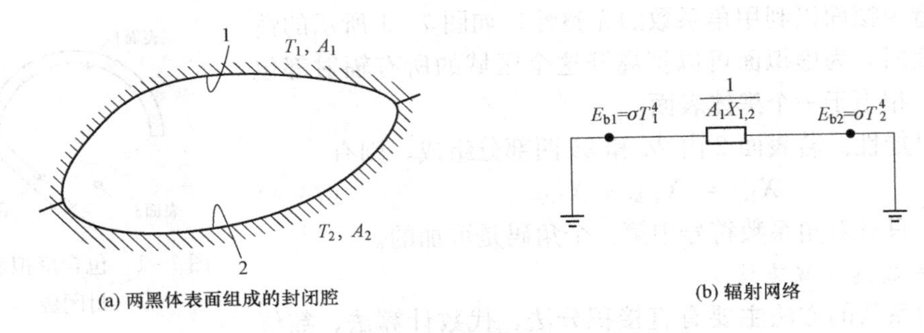

(a) 两黑体表面组成的封闭腔　　(b) 辐射网络

图 7-3　两黑体表面间的辐射网络

3. 两漫灰表面组成封闭系的辐射换热

（1）有效辐射 J。讨论漫灰表面间辐射换热的计算需引入有效辐射 J 的概念。有效辐射是指单位时间离开单位表面积的总辐射能量，它包括了表面本身辐射和反射辐射两部分，如图 7-4 所示。其计算表达式为

$$J_1 = E_1 + (1-\alpha_1)G_1 = \varepsilon_1 E_{b1} + (1-\varepsilon_1)G_1 \quad \mathrm{W/m^2} \tag{7-8}$$

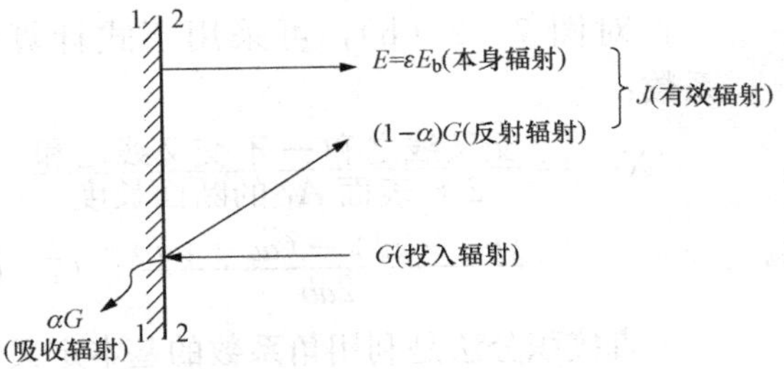

有效辐射还可以表示为表面与外界辐射换热量 Φ_1 的函数，其表达式为

$$J_1 = E_{b1} - \frac{1-\varepsilon_1}{\varepsilon_1 A_1}\Phi_1 \quad \mathrm{W/m^2} \tag{7-9}$$

式中　Φ_1——该表面与外界的辐射换热量。

式（7-9）也可以表示为

$$\Phi_1 = \frac{E_{b1} - J_1}{\dfrac{1-\varepsilon_1}{\varepsilon_1 A_1}} \tag{7-10}$$

1 2
$E=\varepsilon E_b$(本身辐射)
$(1-\alpha)G$(反射辐射)
J(有效辐射)
G(投入辐射)
αG
(吸收辐射)
1 2

图 7-4　有效辐射的定义

（2）辐射换热计算式。如图 7-5 所示，两个漫灰表面组成的封闭系统，分析可得如下公式：

1）表面 1 发射到表面 2 上的辐射能流为 $\Phi_{1\to2} = A_1 J_1 X_{1,2}$

2）表面 2 发射到表面 1 上的辐射能流为 $\Phi_{2\to1} = A_2 J_2 X_{2,1}$

则两个表面之间净辐射换热量为

$$\Phi_{1,2} = -\Phi_{2,1} = A_1 J_1 X_{1,2} - A_2 J_2 X_{2,1} = A_1 X_{1,2}(J_1 - J_2) \tag{7-11}$$

对表面 1、2 分别应用式（7-9），并代入式（7-11），最终可得

$$\Phi_{1,2} = \frac{E_{b,1} - E_{b,2}}{\dfrac{1-\varepsilon_1}{\varepsilon_1 A_1} + \dfrac{1}{A_1 X_{1,2}} + \dfrac{1-\varepsilon_2}{\varepsilon_2 A_2}} \tag{7-12}$$

由式（7-11）和式（7-12）可知：

1）漫灰表面的辐射换热采用有效辐射 J 的概念，而非自身辐射力 E。

2）$1-\varepsilon/\varepsilon A$ 称为漫灰表面的表面热阻。发射率越大，则表面热阻越小。

3）对黑体表面或面积无穷大的表面，表面热阻为 0。

（3）辐射网络图。根据式（7-12），可以绘出两漫灰表面间组成的辐射换热计算网络图，如图 7-5（b）所示。与黑体辐射换热不同，漫灰表面的辐射换热多了两个表面热阻：

$\frac{1-\varepsilon_1}{\varepsilon_1 A_1}$和$\frac{1-\varepsilon_2}{\varepsilon_2 A_2}$。

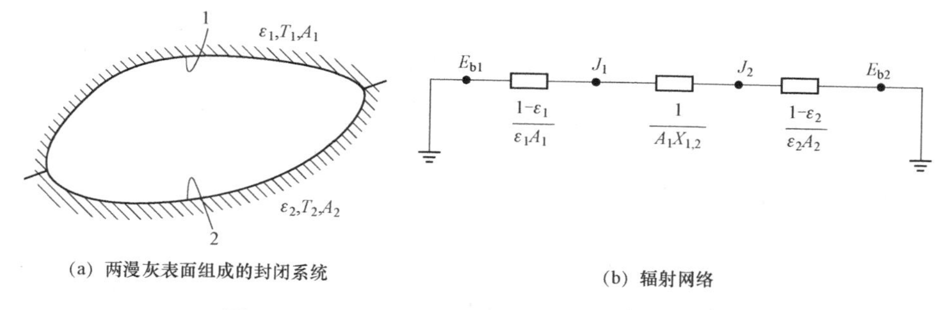

(a) 两漫灰表面组成的封闭系统 (b) 辐射网络

图 7-5 两漫灰表面组成的封闭系统和辐射网络

可以这样理解辐射换热表面辐射热阻和空间辐射热阻的含义：表面辐射热阻 $(1-\varepsilon)/\varepsilon A$ 是由于物体为非黑体表面或其表面积不是无穷大造成的；而空间辐射热阻 $1/A_1X_{1,2}$ 是由于表面的辐射能不能完全落到表面的缘故，空间辐射热阻为一几何因素。

(4) 系统黑度。式 (7-12) 可以改写为

$$\Phi_{1,2}=\varepsilon_n A_1 X_{1,2}(E_{b1}-E_{b2}) \tag{7-13}$$

其中，ε_n 为辐射换热系统的系统黑度，其计算式为

$$\varepsilon_n=\left[X_{1,2}\left(\frac{1}{\varepsilon_1}-1\right)+1+X_{2,1}\left(\frac{1}{\varepsilon_2}-1\right)\right]^{-1} \tag{7-14}$$

三种特殊情况下的系统黑度可以简化：

1) 一个非凹形漫灰表面被另一个漫灰表面包围下的两表面间的辐射换热 ($X_{1,2}=1$，$X_{2,1}=A_1/A_2$)：

$$\varepsilon_n=\left[\frac{1}{\varepsilon_1}+\frac{A_1}{A_2}\left(\frac{1}{\varepsilon_2}-1\right)\right]^{-1} \tag{7-15}$$

2) 一个凸形漫灰表面对大空间的辐射换热 ($X_{1,2}=1$，$A_1/A_2\to 0$)，如大房间中小物体，物体与环境间的散热：

$$\varepsilon_n=\varepsilon_1 \tag{7-16}$$

3) 两个紧靠的平行表面之间的辐射换热 ($X_{1,2}=1$，$A_1/A_2\approx 1$)：

$$\varepsilon_n=\left(\frac{1}{\varepsilon_1}+\frac{1}{\varepsilon_2}-1\right)^{-1} \tag{7-17}$$

此处，紧靠的意思表明，相对间隙来说，两表面可看作无限大。它们之间的辐射量通过间隙漏出去的可以忽略。这样，它们才可看作是一个封闭系统。

7.2.3 多表面系统辐射换热的计算

1. 采用辐射网络法计算辐射换热的步骤

(1) 分析封闭系统的表面组成以及各个表面的性质（黑体、漫灰、绝热）。

(2) 画出等效辐射网络图：一般情况下，每一辐射表面应有源热势 E_b 和有效辐射 J，二者之间以表面热阻 $(1-\varepsilon)/\varepsilon A$ 相连；而各表面的节点热势（即有效辐射）间以空间热阻 $1/A_1X_{1,2}$ 相连。两种基本热阻单元网络如图 7-6 所示。

(3) 确定辐射节点方程：主要依据类似电学中的基尔霍夫定律，即所有流向该节点的热流量的代数和为零。

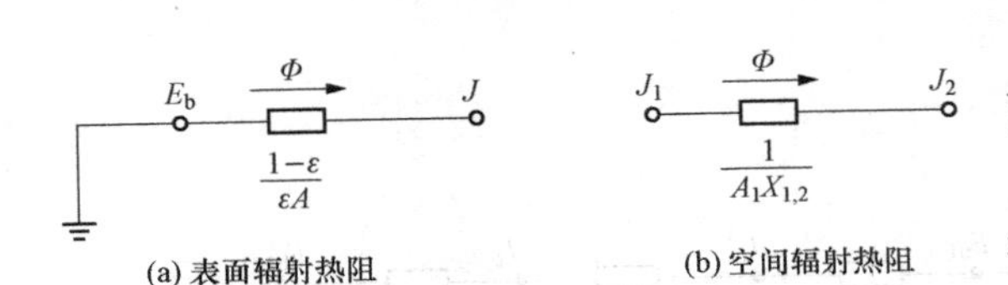

(a) 表面辐射热阻 (b) 空间辐射热阻

图 7-6 辐射换热的两种基本热阻单元网络

(4) 计算表面相应的黑体辐射力、表面辐射热阻、角系数及空间热阻。

(5) 求解节点的电流（热流量）方程，得到节点热势（即有效辐射 J），每个表面对应一个 J，N 个表面得到 $J_1 \sim J_N$。

(6) 计算每个表面的净辐射换热量 Φ_i 以及两个表面间的辐射换热量 Φ_{ij}。

2. 辐射网络图

对于三个凸形灰表面构成的封闭空腔，按照辐射热平衡关系可以画出如图 7-7 所示的辐射网络。

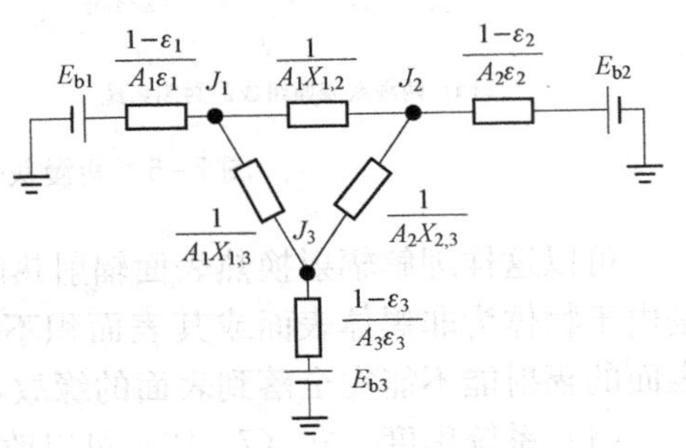

图 7-7 三个灰表面之间的辐射网络

3. 两个特例

(1) 一个表面为黑体或面积无穷大，对应的表面辐射热阻为 0，$J_i = E_{bi}$。此时可以减少一个节点方程。其网络图简化为图 7-8 (a)。

(2) 一个表面绝热，净辐射换热量 $q=0$（即为重辐射面 $J_i = E_{bi}$）。与特例 (1) 的区别在于 J_3 并不是源电势，表面温度 T_3 未知。其网络图简化为图 7-8 (b)。

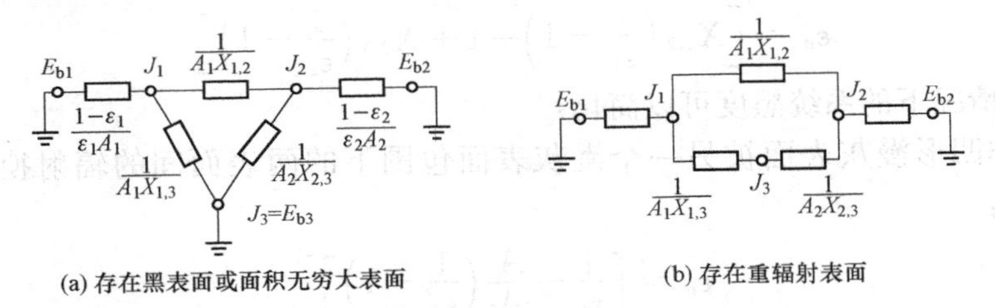

(a) 存在黑表面或面积无穷大表面 (b) 存在重辐射表面

图 7-8 简化辐射网络图的两种特例

7.2.4 辐射传热的控制

1. 控制物体表面辐射传热的方法

降低空间热阻或表面热阻可以强化辐射换热，反之则可以削弱辐射换热。具体方法包括改变辐射表面积 A、改变角系数 $X_{1,2}$、改变换热表面的发射率 ε 以及增加遮热板等。

2. 遮热板及其应用

遮热板是利用增加辐射热阻的方法来达到减小辐射热流的目的，每增加一层遮热板，相当于增加了两个表面热阻和一个空间热阻，其原理和辐射网络如图 7-9 所示。日常生活中应用遮热板来减小辐射散热的例子有很多，如主教材中提到的多层遮热板保温容器、超级隔热油管等。应熟练掌握遮热板的原理和工业应用。

影响遮热板遮热效果的两个重要因素：①遮热板数目，每次都可以增加两个表面热阻、一个空间热阻；②遮热板的发射率，例如在发射率为 0.8 的两个平行表面之间插入发射率为 0.05 的遮热板，可使辐射率下降到原来的 1/27。

3. 利用遮热板提高热电偶测温精确度

(1) 测温误差。如图 7-10 (a) 所示，应用裸露热电偶测量高温气流的温度时，高温

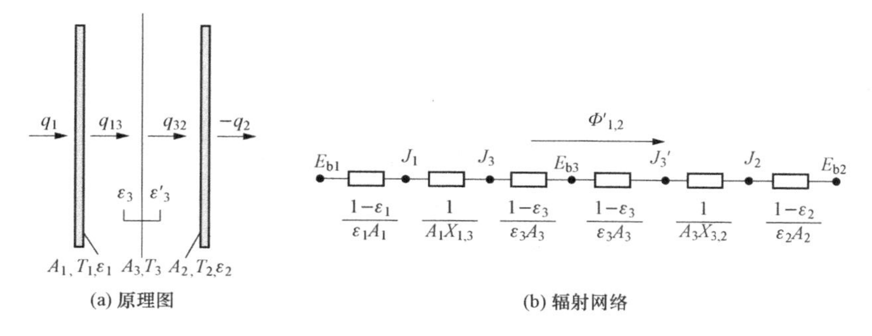

图 7-9 遮热板原理和辐射网络

气流以对流方式把热量传给热电偶，同时热电偶又以辐射方式把热量传给温度较低的容器壁。在热平衡时，热电偶温度不再变化，此温度为指示温度 t_1。列出热电偶的能量平衡方程式

$$\varepsilon_1(E_{b1}-E_{bw})=h(t_f-t_1) \tag{7-18}$$

式中 下标 1 表示热电偶，下标 w 表示水冷壁，下标 f 表示高温气流。

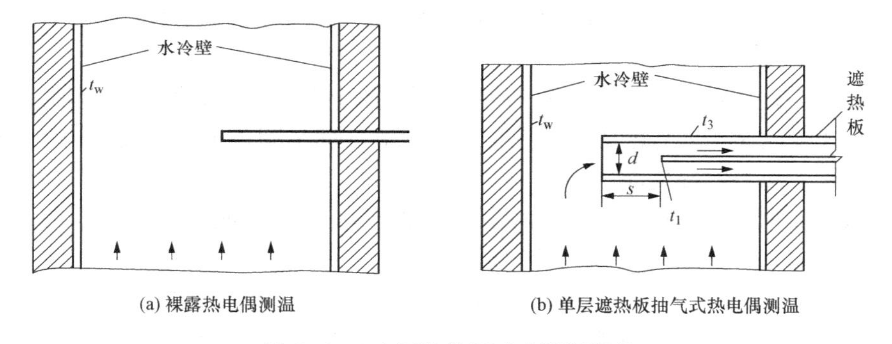

图 7-10 应用遮热板减小测温误差

由式（7-18）可导出热电偶的温度 t_1 与高温气流温度 t_f 之间的关系

$$t_f=t_1+\frac{\varepsilon_1 C_0}{h}\left[\left(\frac{T_1}{100}\right)^4-\left(\frac{T_w}{100}\right)^4\right] \tag{7-19}$$

由式（7-19）可知，t_1 必然小于 t_f，误差即为等式右侧的第二项。若取 $t_1=792℃$，$t_w=600℃$，$h=58.2W/(m^2\cdot K)$，$\varepsilon_1=0.3$，代入式（7-19）可得 $t_f=998.2℃$，绝对误差达 206℃，相对误差达 20%。

（2）应用遮热板减小误差。根据式（7-19）可知，若想减小测温误差，可采用如下措施：

1）减小热接点的发射率；

2）抽气增强表面对流传热系数；

3）在热电偶外围一层遮热板。

工程上实际采用遮热板抽气式热电偶来测量气流温度，如图 7-10（b）所示。此时热电偶不再与水冷壁 t_w 发生辐射交换，而是与遮热板发生辐射交换。设遮热板的温度为 t_s，t_1 与 t_f 之间的关系变为

$$t_f = t_1 + \frac{\varepsilon_1 C_0}{h_2}\left[\left(\frac{T_1}{100}\right)^4 - \left(\frac{T_s}{100}\right)^4\right] \tag{7-20}$$

而遮热板的热平衡表达式为

$$t_f = t_s + \frac{\varepsilon_s C_0}{h_1}\left[\left(\frac{T_s}{100}\right)^4 - \left(\frac{T_w}{100}\right)^4\right] \tag{7-21}$$

由于 $t_1>t_s>t_w$，且 h 增大，测量误差会大大降低。例如：仍取 $\varepsilon_1=0.3$，遮热板 $\varepsilon_s=0.3$，$t_w=600$℃，抽气后对流传热系数 $h_2=118\text{W}/(\text{m}\cdot\text{K})$。由遮热板热平衡得 $t_s=903$℃。再由热电偶热平衡可得 $t_1=951.2$℃。此时，误差减小到5%以下。

7.3 典 型 例 题

7.3.1 简答题

【例 7-1】 试述角系数的定义。“角系数是一个纯几何因子”的结论是在什么前提下得出的?

答：表面1发出的辐射能落到表面2上的份额称为表面1对表面2的角系数。“角系数是一个纯几何因子”的结论是在物体表面性质及表面温度均匀、物体辐射服从兰贝特定律(漫射表面)的前提下得出的。

【例 7-2】 为什么计算一个表面与外界之间的净辐射换热量时要采用封闭腔的模型?

答：因为任一表面与外界的辐射换热包括了该表面向空间各个方向发出的辐射能和从各个方向投入到该表面上的辐射能。

【例 7-3】 如图7-11所示的两无限长同心圆柱表面所组成封闭系统。已知：$A_1=1$，$A_2=10$，$\varepsilon_1=\varepsilon_2=0.5$，改善哪个表面的发射率对强化二者的辐射换热最为有利?

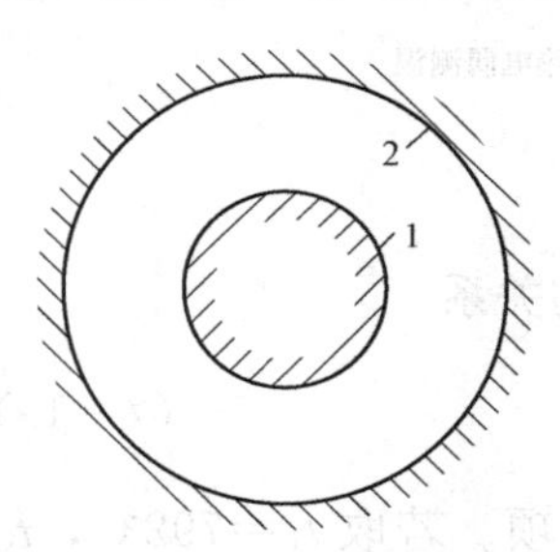

图7-11 例7-3附图

答：两表面构成封闭腔，其辐射换热网络如图7-5(b)所示。分析两表面发射率对热阻的影响可知，空间热阻不变，仅两个表面热阻变化。比较三个热阻可以发现，因为表面1的表面热阻为整个热阻环节中的短板。所以增加表面积为 A_1 的物体的发射率 ε_1 更加有效。

【讨论】①在研究如何控制辐射换热问题时，应首先绘出其辐射换热网络图；②本题再次强调了强化换热应从热阻最大的环节入手；③还可以通过代入具体数值计算来体会两者的差异。例如，当 $\varepsilon_1=\varepsilon_2=0.5$ 时，三个热阻的和为1.1；当 $\varepsilon_1=0.5$ 时，$\varepsilon_2=0.8$，三个热阻的和为1.025；当 $\varepsilon_1=0.8$，$\varepsilon_2=0.5$ 时，三个热阻的和为0.35。

【例 7-4】 如图7-12所示，两漫灰同心圆球壳之间插入一同心辐射遮热球壳，试问遮热球壳靠近外球壳还是靠近内球壳时，球壳1和球壳2表面之间的辐射散热量大?

答：插入辐射遮热球壳后，该辐射换热系统的辐射网络如图7-12所示。

显然，图7-12中热阻 R_1、R_2、R_5、R_6 在遮热球壳直径发生变化时保持不变，但 $R_3=R_4=(1-\varepsilon_3)/\varepsilon_3 A_3$ 随遮热球壳半径的增加而减小。因此，遮热球壳靠近外球壳即半径越大时辐射散热量越大。

【例 7-5】 试用所学的传热学知识说明用热电偶测量高温气体温度时，产生测量误差的

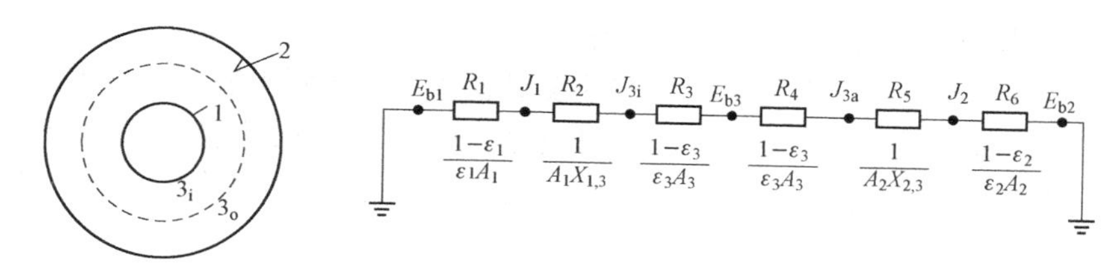

图 7-12 例 7-4 附图

原因有哪些？可以采取什么措施来减小测量误差？

答：用热电偶测温时同时存在气流对热电偶换热和热电偶向四壁的散热两种情况，热电偶的读数小于气流的实际温度产生误差。所以，引起误差的因素：①烟气与热电偶间的复合换热小；②热电偶与炉膛内壁间的辐射换热大。减小误差的措施：①减小烟气与热电偶间的换热热阻，如抽气等；②增加热电偶与炉膛间的辐射热阻，如加遮热板；③设计出计算误差的程序或装置，进行误差补偿。

7.3.2 计算题

【例 7-6】 图 7-13 所示为等温金属板上一个小孔的几何结构，试导出从小孔表面发出的辐射能落到沟槽外面的部分所占的百分比的计算式。

解： 将开口面设为虚拟面，小孔与虚拟面构成封闭系统。由于小孔表面温度等于金属板温度，可看作一个凹表面，记作表面 A_1。开口为一个表面，记作表面 A_2。则小孔表面发出的辐射能落到沟槽外面的部分所占的百分比为 $X_{1,2}$。

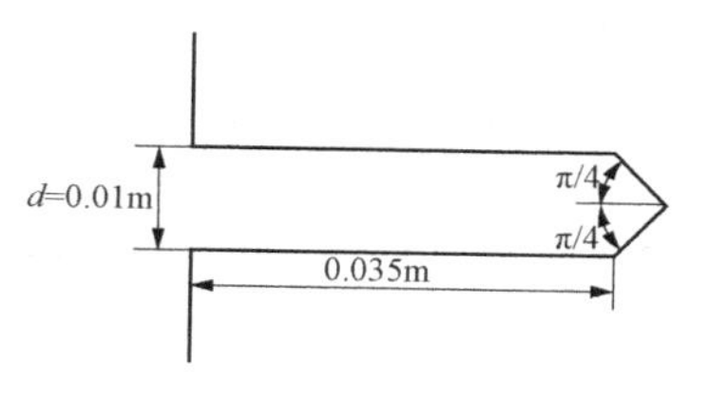

图 7-13 例 7-6 附图

利用角系数的互换性可得 $A_1X_{1,2}=A_2X_{2,1}$

虚拟表面为非凹表面，有 $X_{2,1}=1$，因此有

$$X_{1,2}=\frac{A_2X_{2,1}}{A_1}=\frac{A_2}{A_1}$$

小孔的内表面积

$$A_1=\pi\times0.01\times0.035+\frac{1}{2}\pi\times0.01\times0.005\times\sin\frac{\pi}{4}=1.21\times10^{-3}(\text{m}^2)$$

小孔的开口面积

$$A_2=\frac{\pi}{4}\times0.01^2=7.85\times10^{-5}(\text{m}^2)$$

代入可得

$$X_{1,2}=\frac{A_2X_{2,1}}{A_1}=\frac{7.85\times10^{-5}}{1.21\times10^{-3}}=0.0649$$

【讨论】注意，在辐射换热计算中，表面的划分应以热边界条件为主要依据，而不是几何边界，本例题中小孔虽然由几个几何表面组成，但因温度均匀、表面特性一致，故定为一个表面。

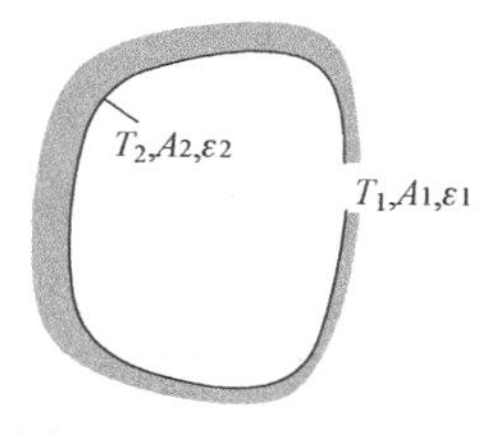

图 7-14 例 7-7 示意

【例 7-7】 如图 7-14 所示的人工黑体空腔，内表面温度 T_2，面积 A_2，发射率为 ε_2，小孔的表面积等于 A_1。试推导小孔表观发射率的计算式（表观发射率的定义：小孔在空腔表面温度

下的辐射能与相同面积、相同温度下的黑体辐射能之比）。

解： 人工黑体空腔表面可视为温度均匀的漫射表面，小孔面积远小于空腔内表面积。可以把该问题理解为两个物体之间的辐射换热。现需求解在给定参数条件下，从空腔内表面辐射出去的能量。因小孔自身不辐射能量，因此可视为0K的黑体。根据上述假设，显然有 $E_{b1}=0$，$\varepsilon_1=1$，$X_{1,2}=1$，故

$$\Phi_{2,1}=\frac{E_{b,2}-E_{b,1}}{\dfrac{1-\varepsilon_1}{\varepsilon_1 A_1}+\dfrac{1}{A_1X_{1,2}}+\dfrac{1-\varepsilon_2}{\varepsilon_2 A_2}}=\frac{E_{b,2}}{\dfrac{1-\varepsilon_2}{\varepsilon_2 A_2}+\dfrac{1}{A_1}}$$

在空腔表面温度下，小孔相应的黑体辐射能力为 A_1E_{b2}。按照表观发射率的定义

$$\varepsilon_{app}=\frac{E_{b2}}{\dfrac{1-\varepsilon_2}{\varepsilon_2 A_2}+\dfrac{1}{A_1}}\cdot\frac{1}{A_1E_{b2}}=\frac{1}{\left(\dfrac{1}{\varepsilon_2}-1\right)\dfrac{A_2}{A_1}+1}$$

【讨论】①由上述推导可知，小孔的表观发射率仅取决于两个因素，即空腔内壁的实际发射率 ε_2 和面积比 A_2/A_1；②通过代入数据计算可以发现，只要 A_2/A_1 足够大，即使 ε_2 较小，小孔的表观发射率也可以保持相当高的水平。当 $\varepsilon_2=0.8$，$A_2/A_1>250$ 时，小孔的表观发射率就可以达到0.999以上。

【例7-8】 有一暖水瓶胆，可近似看成直径为100mm，高为260mm的圆柱体，瓶胆夹层（很薄）抽成真空，其表面发射率（黑度）为0.05，盛满开水的初始瞬间，夹层两壁温度可近似取为100℃和20℃。(1) 试求此时通过瓶胆散热的热流量；(2) 计算此时暖瓶内水温的平均下降速度（℃/s）。假设瓶内热水温度时刻均匀。

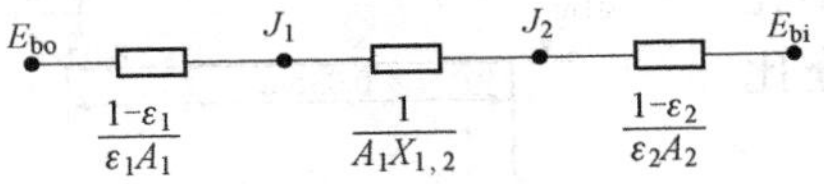

图7-15 例7-8示意

解： 因为瓶胆夹层间隙很小，可以认为属于无限大平行表面的入射传热问题。其辐射网络图见图7-15。

(1) 其中：$A_1=A_2$，$\varepsilon_1=\varepsilon_2$

$$E_{bi}=\sigma_o\times\left(\frac{273+t_i}{100}\right)^4=5.67\times\left(\frac{273+100}{100}\right)^4$$
$$=1097.535(\text{W/m}^2)$$

$$E_{bo}=\sigma_o\times\left(\frac{273+t_o}{100}\right)^4=5.67\times\left(\frac{273+20}{100}\right)^4=417.882(\text{W/m}^2)$$

$$\Phi=\frac{E_{bi}-E_{bo}}{\dfrac{1-\varepsilon_1}{A_1\varepsilon_1}+\dfrac{1}{X_{1,2}A_1}+\dfrac{1-\varepsilon_2}{A_2\varepsilon_2}}=\frac{(1097.535-417.882)\times\pi\times0.1\times0.26}{2\times\dfrac{1-0.05}{0.05}+1}=1.423(\text{W})$$

(2) 对瓶内热水列出能量平衡方程

由 $\Phi=\rho cV\dfrac{dt}{d\tau}$ 得

$$\frac{dt}{d\tau}=\frac{\Phi}{\rho cV}=\frac{1.423}{958.4\times4220\times\dfrac{\pi\times0.1^2}{4}\times0.26}=1.72\times10^{-4}(℃/\text{s})$$

【讨论】①对抽真空夹层来说，采用镀银等措施降低壁面发射率是极为有效的削弱其辐射换热手段。本题中如果令 $\varepsilon_1=\varepsilon_2=0.8$，则降温速率将大大增加。读者可尝试自行计算。②抽真空的低发射率夹层保温效果远远好于外敷保温材料的方法，读者可进行比较计算，要达到本题中的保温效果，采用导热系数0.05W/(m·K)的保温材料，保温层需要多

厚？③除降低壁面发射率外，增加遮热层也是一种有效削弱辐射换热的方法。储存液氮、液氧的容器常常采用多层遮热板的保温容器。

【例 7 - 9】 两个面积相等的黑体被置于一绝热的包壳中。温度分别为 T_1 与 T_2，且相对位置是任意的。试画出该辐射换热系统的网络图，并导出绝热包壳表面温度 T_3 的表达式。

解： 如图 7 - 16 所示，只考虑两黑体相互可见部分的辐射换热。则表面 1、2、3 组成三表面的换热系统。

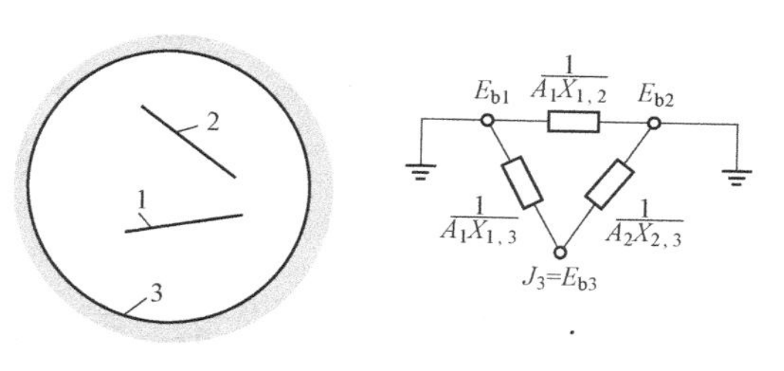

图 7 - 16　例 7 - 9 示意

由网络图可知：$\dfrac{E_{b1}-E_{b3}}{1/(A_1X_{1,3})}=\dfrac{E_{b3}-E_{b2}}{1/(A_2X_{2,3})}$

即 $A_1X_{1,3}(E_{b1}-E_{b3})=A_2X_{2,3}(E_{b3}-E_{b2})$。

因为 $A_1=A_2$ 及 $A_1X_{1,2}=A_2X_{2,1}$，所以 $X_{1,2}=X_{2,1}$

又 $X_{1,2}+X_{1,3}=1$，$X_{2,1}+X_{2,3}=1$

所以 $X_{1,3}=X_{2,3}$

这样上述平衡式转化为

$$E_{b3}=\frac{A_1X_{1,3}E_{b1}+A_2X_{2,3}E_{b2}}{A_1X_{1,3}+A_2X_{2,3}}=\frac{E_{b1}+E_{b2}}{2}$$

或 $T_3^4=\dfrac{T_1^4+T_2^4}{2}$，即 $T_3=\sqrt[4]{\dfrac{T_1^4+T_2^4}{2}}$。

【例 7 - 10】 有如图 7 - 17 所示的几何体，顶部半球表面 3 绝热；底面圆盘（直径 $d=0.2\text{m}$）分为大小相等的两半圆，其中表面 1 为灰体，温度 $T_1=550\text{K}$，黑度 $\varepsilon_1=0.35$，表面 2 为黑体，温度 $T_2=330\text{K}$。(1) 画出三个表面辐射换热的网络图；(2) 计算表面 1 的辐射热损失；(3) 计算表面 3 的温度。

解： (1) 三个表面辐射换热的网络如图 7 - 18 所示。

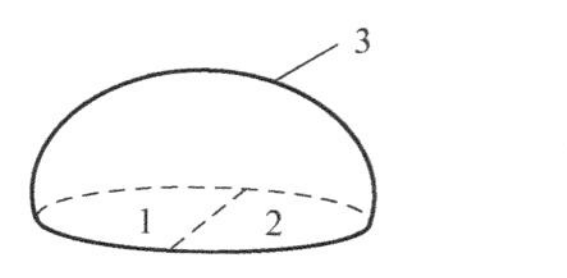

图 7 - 17　例 7 - 10 附图 1

图 7 - 18　例 7 - 10 附图 2

(2) $X_{1,3}=X_{2,3}=1$

$$A_1=A_2=\frac{\pi d^2}{8}=\frac{3.14\times0.2^2}{8}=0.0157$$

$$R_1=\frac{1-\varepsilon_1}{\varepsilon_1A_1}=\frac{1-0.35}{0.35\times0.0157}=118.3$$

$$R_2=R_3=\frac{1}{A_1\cdot X_{1,3}}=\frac{1}{0.0157\times1}=63.7$$

$$E_{b2}=\sigma T_2^4=5.67\times10^{-8}\times330^4=672.42(\text{W/m}^2)$$

$$E_{b1}=\sigma T_1^4=5.67\times10^{-8}\times550^4=5188.4(\text{W/m}^2)$$

则表面 1 的热损失 $\Phi_1=\Phi_{1,2}$

$$\Phi_{1,2}=\frac{E_{b1}-E_{b2}}{R_1+R_2+R_3}=\frac{5188.4-672.42}{118.3+63.7\times 2}=\frac{4515.98}{245.7}=18.38(\mathrm{W})$$

（3）因为表面 1 和表面 3 的换热量等于表面 3 和表面 2 的换热量，即

$$\Phi_{1,3}=\Phi_{3,2}$$

$$\frac{E_{b1}-E_{b3}}{\dfrac{1-\varepsilon_1}{A\varepsilon_1}+\dfrac{1}{X_{1,3}A_1}}=\Phi_{1,2}$$

$$E_{b3}=E_{b1}-\Phi_{1,2}\times\left(\frac{1-\varepsilon_1}{A\varepsilon_1}+\frac{1}{X_{1,3}A_1}\right)$$

$$=5.67\times\left(\frac{550}{100}\right)^4-18.38\times\left[\frac{1-0.35}{\frac{\pi}{4}\times 0.2^2\times\frac{1}{2}\times 0.35}+\frac{1}{1\times\frac{\pi}{4}\times 0.2^2\times\frac{1}{2}}\right]$$

$$=1843.226(\mathrm{W/m^2})$$

$$T_3=\sqrt[4]{\frac{E_{b3}}{\delta}}=\sqrt{\frac{1843.226}{5.67\times 10^{-8}}}=424.62(\mathrm{K})$$

【例 7 - 11】 一房间的长×宽×高＝4m×3m×2.5m，天花板绝热，地板与墙壁表面温度均匀且分别恒为 30℃与 15℃，房间所有内表面均为漫灰表面，发射率均为 0.8，如图 7 - 19 所示。假定：①可略去房内的自然对流；②地板对天花板的角系数为 0.29，求：（1）辐射网络图；（2）地板对墙壁的辐射热损；（3）天花板的内壁温。

解：（1）画出辐射网络图，如图 7 - 20 所示。

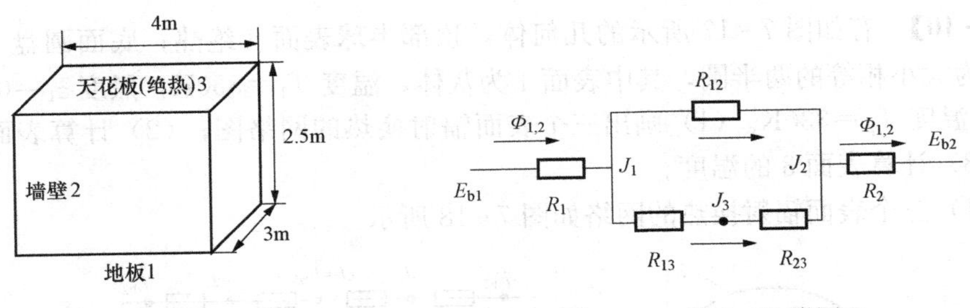

图 7 - 19 例 7 - 11 附图 1　　图 7 - 20 例 7 - 11 附图 2

（2）地板为表面 1，墙壁为表面 2，天花板为表面 3

$X_{1,3}=X_{3,1}=0.29$

$X_{1,2}=X_{3,2}=1-X_{1,3}=1-0.29=0.71$

$R_1=\dfrac{1-\varepsilon_1}{\varepsilon_1 A_1}=\dfrac{0.2}{0.8\times 12}=0.0208$

$R_{12}=\dfrac{1}{A_1\cdot X_{1,2}}=\dfrac{1}{12\times 0.71}=0.117$

$R_2=\dfrac{1-\varepsilon_2}{\varepsilon_2 A_2}=\dfrac{1-0.8}{0.8\times 35}=0.007$

$R_{1,3}=\dfrac{1}{A_1\cdot X_{1,3}}=\dfrac{1}{12\times 0.29}=0.287$

$R_{2,3}=\dfrac{1}{A_3\cdot X_{3,2}}=\dfrac{1}{12\times 0.71}=0.117$

$E_{b2}=\sigma T_2^4=5.67\times10^{-8}\times288.15^4=390.89(\mathrm{W/m^2})$

$E_{b1}=\sigma T_1^4=5.67\times10^{-8}\times303.15^4=478.87(\mathrm{W/m^2})$

$$\Phi_{1,2}=\frac{E_{b1}-E_{b2}}{R_1+R_2+\cfrac{1}{\cfrac{1}{R_{12}}+\cfrac{1}{R_{13}+R_{23}}}}=742.44(\mathrm{W})$$

(3) 由于墙壁为绝热表面，故 $\Phi_1=\Phi_{1,2}=-\Phi_2$，从 $\Phi_1=\dfrac{E_{b1}-J_1}{R_1}=\dfrac{J_2-E_{b2}}{R_2}$

可以得出 $J_1=463.4\mathrm{W/m^2}, J_2=396.08\mathrm{W/m^2}$。

又因为 $$\frac{J_1-J_3}{R_{13}}=\frac{J_3-J_2}{R_{23}}$$

可以得出 $J_3=\sigma_0T_3^4=415.58$，$T_3=292.6\mathrm{K}$。

7.4 自 学 练 习

一、单项选择题

1. 表面辐射热阻与（　　）无关。

A. 表面粗糙度　B. 表面温度　C. 表面积　D. 角系数

2. 单位时间内离开单位表面积的总辐射能为该表面的（　　）。

A. 有效辐射　B. 辐射力　C. 反射辐射　D. 黑度

3. 由表面 1 和表面 2 组成的封闭系统中，$X_{1,2}$（　　）$X_{2,1}$。

A. 等于　B. 小于

C. 可能大于、等于或小于　D. 大于

4. 削弱辐射换热的有效方法是加遮热板，而遮热板表面的黑度应（　　）。

A. 大一点好　B. 小一点好　C. 大小都一样　D. 无法判断

5. 角系数是纯几何因素，与物体的黑度（　　）。

A. 无关　B. 有关　C. 有较大关系　D. 评价关系很大

6. 有一个由四个平面组成的四边形长通道，其内表面分别以 1、2、3、4 表示，已知角系数 $X_{1,2}=0.4$，$X_{1,4}=0.25$，则 $X_{1,3}=$（　　）。

A. 0.5　B. 0.65　C. 0.15　D. 0.35

7. 由辐射物体表面因素产生的热阻称为（　　）。

A. 导热热阻　B. 对流热阻　C. 表面热阻　D. 空间热阻

8. 深秋季节，空气温度高于 0℃，树叶却会结霜，这主要是由于树叶通过如下哪种途径散失了热量？（　　）

A. 树干的热传导　B. 向天空的热辐射

C. 与空气的对流换热　D. 树叶的呼吸作用

9. 灰体表面热阻与（　　）无关。

A. 表面粗糙度　B. 表面尺寸

C. 表面材料　D. 表面位置

10. 北方深秋季节，晴朗的早晨，树叶上常常可看到结了霜，则树叶结霜表面是（　　）。

A. 上表面　　B. 下表面

C. 上、下表面　　D. 有时上表面、有时下表面

二、多项选择题

1. 在辐射换热系统中，若表面 $J=E_b$ 或 $J\approx E_b$，此表面可能为（　　）。

A. 黑体　　B. 绝热面　　C. 灰体　　D. 无限大表面

2. 空间辐射热阻与（　　）有关。

A. 表面粗糙度　　B. 表面尺寸　　C. 表面形状　　D. 表面的相对位置

3. 灰体表面热阻与（　　）无关。

A. 表面粗糙度　　B. 表面尺寸　　C. 表面材料　　D. 表面位置

4. 角系数有如下特性（　　）。

A. 互换性　　B. 完整性　　C. 可加性　　D. 可减性

三、简答题

1. 角系数有哪些特性？这些特性的物理背景是什么？

2. 实际表面系统与黑体系统相比，辐射换热计算增加了哪些复杂性？

3. 什么是一个表面的自身辐射、投入辐射及有效辐射？有效辐射的引入对于灰体表面系统辐射换热的计算有什么作用？

4. 什么是辐射表面热阻？什么是辐射空间热阻？网络法的实际作用你是怎样认识的？

5. 什么是遮热板？试根据自己的切身经历举出几个应用遮热板的例子。

6. 利用遮热板可以减少两个辐射表面之间的辐射量。若保持两侧平板温度不变，改变遮热板的位置对减弱辐射换热量的效果有无影响？若遮热板两侧的发射率（黑度）不同，正向与反向放置对减弱辐射换热量有无区别？遮热板的温度有无区别？

7. 黑体表面与重辐射面均有 $J=E_b$，这是否意味着黑体表面与重辐射面具有相同的性质？

8. 要增强物体间的辐射换热，有人提出用发射率 ε 大的材料。而根据基尔霍夫定律，对漫灰表面 $\varepsilon=\alpha$，即发射率大的物体同时其吸收率也大。有人因此得出结论：用增大发射率 ε 的方法无法增强辐射换热。请判断这种说法的正确性，并说明理由。

9. 试分析遮热板的原理及其在削弱辐射传热中的作用。

四、计算题

1. 如图 7-21 所示，一无限长的 V 形槽，其张角为 2ϕ，槽口宽度为 L，壁面温度均匀，其值为 T，壁面为漫射灰体表面，发射率为 ε。若忽略外部的投射辐射，试求单位长度槽口向外的辐射能量。

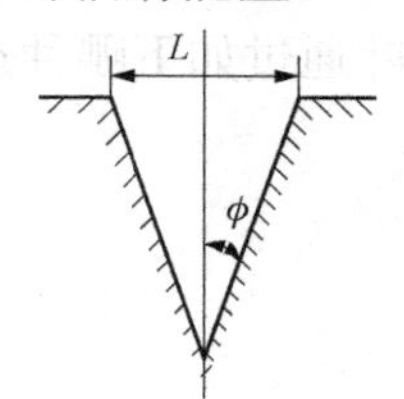

图 7-21　计算题 1 附图

2. 两块大平板中间放置第三块平板，可起到减少辐射传热的作用，故称第三块平板为遮热板。请回答下面两个问题并解释原因：遮热板的位置移动，不在正中间，遮热效果是否受影响？如果遮热板两表面发射率不同，板的朝向会不会影响遮热效果？

3. 什么是辐射表面之间的角系数？角系数具有哪三种特性？在什么条件下角系数为一个纯几何量？

4. 试求图 7-22 中从沟槽表面发出的辐射能落到沟槽外面部分所占的百分数，设在垂直于纸面方向沟槽为无限长。

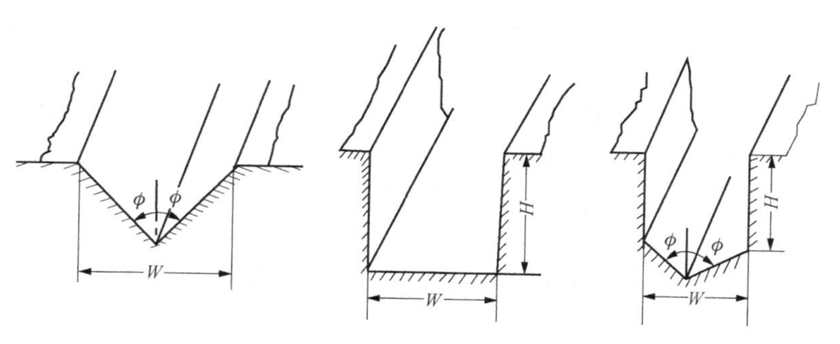

图 7-22 计算题 4 附图

5. 两块平行放置的平板，温度分别保持 $t_1=527℃$ 和 $t_2=27℃$，板的发射率 $\varepsilon_1=\varepsilon_2=0.8$，板间距离远小于板的宽度和高度。试求：(1) 板 1 的本身辐射；(2) 板 1 和板 2 之间的辐射换热量；(3) 板 1 的有效辐射；(4) 板 1 的反射辐射；(5) 对板 1 的投入辐射及板 2 的有效辐射。

6. 两个直径为 0.4m 的平行同轴圆盘相距 0.1m，两盘置于墙壁温度 $T_3=300K$ 的大房间内，一圆盘表面温度 $T_1=500K$、发射率 $\varepsilon_1=0.6$，另一圆盘绝热。若两圆盘的背面均不参与换热，求绝热盘表面的温度。已知两同轴圆盘之间的角系数 $X_{1,2}=0.62$（要求画出网络图）。

7. 两块 0.5m×1.0m 的平行平板，其间距为 0.5m，其中一块平板的温度为 1000℃，另一块平板的温度为 500℃。设两块板的黑度分别为 0.2 和 0.5，且 $X_{1,2}=X_{2,1}=0.285$。如果四周的墙壁是处于绝热状态，试计算两个平板之间辐射换热热流。如果上例中两平板之间的距离非常接近，再求两平板之间的辐射换热热流（要求画出网络图）。

8. 有一圆柱体，如图 7-23 所示，表面 1（上表面）温度 $T_1=550K$，发射率 $\varepsilon_1=0.8$，表面 2（下表面）温度 $T_2=275K$，发射率 $\varepsilon_2=0.4$，圆柱面 3 为绝热表面。已知角系数 $X_{3,1}=0.308$，求：(1) 画出辐射网络图；(2) 表面 1 的净辐射损失；(3) 绝热面 3 的温度。

9. 一电炉的电工率为 1kW，炉丝的温度为 847℃，直径为 1mm，电炉的效率（辐射功率与电功率之比）为 0.96，炉丝的发射率为 0.95，试确定炉丝应有多长？

10. 宇宙飞船上一肋片散热器的结构如图 7-24 所示，肋片的排数很多，在垂直于纸面上方向可视为限长，已知肋根部温度为 300K，肋片相当薄，且肋片材料的导热系数很大，环境是 0K 的宇宙空间，肋片表面黑度为 $\varepsilon=0.83$，试计算肋片单位面积上的净辐射热量。

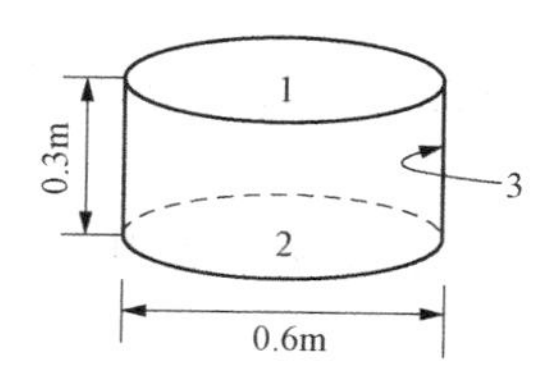

图 7-23 计算题 8 附图

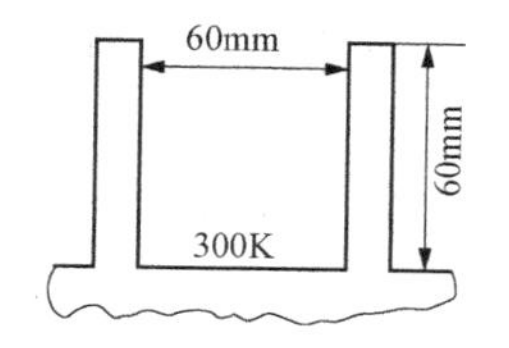

图 7-24 计算题 10 附图

11. 在 7.5cm 厚的金属板上钻一个直径为 2.5cm 的圆孔，金属板的温度为 260℃，孔的内表面加了一层发射率为 0.07 的金属箔作衬里。将一个 425℃、发射率为 0.5 的加热表面放在金属板一侧的孔上，金属板另一侧的孔仍是敞开的。425℃的表面同金属板间无导热，试计算从敞开孔中辐射出去的热量。

12. 用裸露热电阻测量圆形管道中的气流温度，热度电偶指示的温度为 $t_1=170$℃，已知圆管内壁的温度 $t_w=93$℃，气流对热接点的对流换热表面传热系数 $h=75\text{W}/(\text{m}^2\cdot℃)$，热电偶接点的发射率为 $\varepsilon=0.6$，试求流动气体的真实温度及测温误差。

7.5 自学练习解答

一、单项选择题

1. D　2. A　3. C　4. B　5. A　6. D　7. C　8. B　9. D　10. A

二、多项选择题

1. A，B，D　2. B，C，D　3. B，C，D　4. A，B，C

三、简答题

1.【提示】角系数有相对性、完整性和可加性。相对性是在两物体处于热平衡时，净辐射换热量为零的条件下导得的；完整性反映一个由几个表面组成的封闭系统中，任一表面所发生的辐射能必全部落到封闭系统的各个表面上；可加性是说明从表面 1 发出而落到表面 2 上的总能量等于落到表面 2 上各部分的辐射能之和。

2.【提示】实际表面系统的辐射换热存在表面间的多次重复反射和吸收，光谱辐射力不服从普朗克定律，光谱吸收比与波长有关，辐射能在空间的分布不服从兰贝特定律，这都给辐射换热计算带来了复杂性。

3.【提示】由物体内能转变成辐射能称为自身辐射，投向辐射表面的辐射称为投入辐射，离开辐射表面的辐射称为有效辐射，有效辐射概念的引入可以避免计算辐射换热计算时出现多次吸收和反射的复杂性。

4.【提示】由辐射表面特性引起的热阻称为辐射表面热阻，由辐射表面形状和空间位置引起的热阻称为辐射空间热阻，网络法的实际作用是为实际物体表面之间的辐射换热描述了清晰的物理概念和提供了简洁的解题方法。

5.【提示】所谓遮热板是指插入两个辐射表面之间以削弱换热的薄板。如屋顶隔热板、遮阳伞都是我们生活中应用遮热板的例子。

6.【提示】遮热板的辐射网络图略。由网络图分析可得到如下结论：

(1) 所有热阻与位置无关，因此，改变所放遮热板的位置对减弱辐射换热量的效果无影响。

(2) 由网络图知遮热板两侧的发射率不同时，遮热板正向、反向放置时对减弱辐射换热量没有区别。

(3) 由于遮热板两面的发射率不同，则两面对辐射热流的热阻不同，所以遮热板的温度有区别。

7.【提示】虽然黑体表面与重辐射面均具有 $J=E_b$ 的特点，但二者具有不同的性质。黑体表面的温度不依赖于其他参与辐射的表面，相当于源热势；而重辐射面的温度则是浮动的，取决于参与辐射的其他表面。

8.【提示】在其他条件不变时，由物体的表面热阻 $(1-\varepsilon_1)/\varepsilon_1 A_1$ 可知，当 ε 越大时，

物体的表面辐射热阻就越小，因而可以增强辐射换热。因此，上述说法不正确。

9.【提示】可从遮热板能增加系统热阻角度加以说明。遮热板的存在增大了系统中的辐射换热热阻，使辐射过程的总热阻增大，系统黑度减少，使辐射换热量减少。如在两个平行辐射表面之间插入一块同黑度的遮热板，可使辐射换热量减少为原来的1/2，若采用黑度较小的遮热板，则效果更为显著。

四、计算题

1.【提示】将V形槽内表面视为表面1，槽口视为表面2，上述问题可看作两表面间的辐射换热，单位长度的槽口向外的辐射能量为

$$Q=\frac{E_{b1}-E_{b2}}{\dfrac{1-\varepsilon}{A_1\varepsilon}+\dfrac{1}{A_2X_{2,1}}}$$

其中，$E_{b1}=\sigma T^4$，$E_{b2}=0$，$A_1=L\times1/\sin\phi$，$A_2=L\times1=L$，$X_{2,1}=1$，因此

$$Q=\frac{L\varepsilon\sigma T^4}{\varepsilon+(1-\varepsilon)\sin\phi}$$

2.【提示】(1) 不会。

设三块板的面积和发射率分别为$A_1,A_2,A_3;\varepsilon_1,\varepsilon_2,\varepsilon_3$，则板间辐射换热量为

$$Q=\frac{E_{b1}-E_{b2}}{\dfrac{1-\varepsilon_1}{A_1\varepsilon_1}+\dfrac{1}{A_1X_{1,3}}+\dfrac{2(1-\varepsilon_3)}{A_3\varepsilon_3}+\dfrac{1}{A_2X_{2,3}}+\dfrac{1-\varepsilon_2}{A_2\varepsilon_2}}$$

其中，$X_{1,3}=X_{2,3}=1$。且A、ε与两板间的距离无关。由此换热量Q也与两板间距离无关，则两板间的位置移动，遮热效果不会受到影响。

(2) 不会。

两板面发射率不同，可设两板面的发射率分别为ε_3'、ε_3''，两板面的表面辐射热阻分别为$R_3'=\dfrac{1-\varepsilon_3'}{A_3\varepsilon_3'}$，$R_3''=\dfrac{1-\varepsilon_3''}{A_3\varepsilon_3''}$，则

$$Q=\frac{E_{b1}-E_{b2}}{\dfrac{1-\varepsilon_1}{A_1\varepsilon_1}+\dfrac{1}{A_1X_{13}}+\dfrac{1-\varepsilon'_3}{A_3\varepsilon'_3}+\dfrac{1-\varepsilon''_3}{A_3\varepsilon''_3}+\dfrac{1}{A_2X_{23}}+\dfrac{1-\varepsilon_2}{A_2\varepsilon_2}}$$

由上式可知，换热量不会受到板间朝向的影响，因此不会影响到遮热效果。

3.【提示】表面1发出的辐射能中落到表面2上的百分数称为表面1对表面2的角系数，记为$X_{1,2}$。角系数具有的性质包括相对性、完整性和可加性。角系数成为纯几何因子的原因在于引入了漫射壁面的假设，也就是等强辐射的假设。

4.【提示】对三种情况，在开口处作一假想表面，设表面积为A_1，而其余沟槽表面为A_2。则$A_1X_{1,2}=A_2X_{2,1}$，因$X_{1,2}=1$，所以$X_{2,1}=A_1/A_2$，于是有

$$X_{2,1}=\frac{W}{2(W/2)/\sin\varphi}=\sin\varphi$$

$$X_{2,1}=\frac{W}{2H+W}$$

$$X_{2,1}=\frac{W}{2H+W/\sin\varphi}$$

5.【提示】(1) 板1的本身辐射$E_1=\varepsilon E_{b1}=0.8\times5.67\times10^{-8}\times(527+273)^4=18\ 579$ $(\mathrm{W/m^2})$

(2) 两板之间的辐射换热量

$$q_{1,2}=\frac{E_{b1}-E_{b2}}{1/\varepsilon_1+1/\varepsilon_2-1}=15\ 176.7(\mathrm{W/m^2})$$

(3) 板 1 的有效辐射 $J_1=E_{b1}-(1/\varepsilon_1-1)q_{1,2}=19\ 430(\mathrm{W/m^2})$

(4) 板 1 的反射辐射 $\Phi_{\rho1}=J_1-E_1=19\ 430-18\ 579=851(\mathrm{W/m^2})$

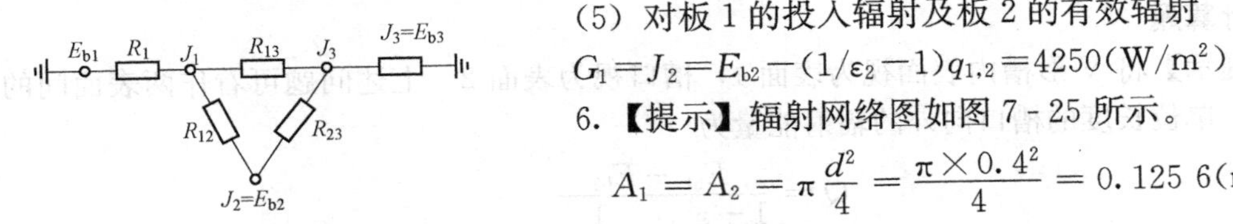

图 7-25 辐射网络图

(5) 对板 1 的投入辐射及板 2 的有效辐射

$$G_1=J_2=E_{b2}-(1/\varepsilon_2-1)q_{1,2}=4250(\mathrm{W/m^2})$$

6. 【提示】辐射网络图如图 7-25 所示。

$$A_1=A_2=\pi\frac{d^2}{4}=\frac{\pi\times0.4^2}{4}=0.125\ 6(\mathrm{m^2})$$

角系数 $X_{1,2}=0.62$，$X_{1,3}=1-X_{1,2}=0.38$

$$R_1=\frac{1-0.6}{0.6A_1}=5.3(\mathrm{m^{-2}}),R_3\to0,\ J_3=E_{b3}$$

$$R_{12}=\frac{1}{A_1X_{1,2}}=\frac{1}{0.125\ 6\times0.62}=12.84(\mathrm{m^{-2}})$$

$$R_{13}=R_{23}=\frac{1}{A_1X_{1,3}}=\frac{1}{0.125\ 6\times0.38}=20.95(\mathrm{m^{-2}})$$

$$R_{12}+R_{23}//R_{13}=\left(\frac{1}{R_{12}+R_{23}}+\frac{1}{R_{13}}\right)^{-1}=\left(\frac{1}{12.84+20.95}+\frac{1}{20.95}\right)^{-1}=12.933(\mathrm{m^{-2}})$$

$$\text{所以}\ \Phi=\frac{\sigma(T_1^4-T_3^4)}{R_1+(R_{12}+R_{23}//R_{13})}=\frac{5.67\times(5.0^4-3.0^4)}{5.31+12.933}=169.08(\mathrm{W})$$

$$J_1=E_{b1}-\Phi R_1=5.67\times5.0^4-169.08\times5.31=2645.9(\mathrm{W/m^2})$$

$$\frac{J_1-E_{b2}}{R_{12}}+\frac{E_{b3}-E_{b2}}{R_{23}}=0$$

$$E_{b2}=\frac{R_{12}E_{b3}+J_1R_{23}}{R_{12}+R_{23}}=\frac{12.84\times5.67\times3.0^4+2645.9\times20.95}{12.84+20.95}=1815(\mathrm{W/m^2})$$

$$\text{所以}\ T_2=\sqrt[4]{\frac{E_{b2}}{\sigma}}=\sqrt[4]{\frac{1815}{5.67\times10^{-8}}}=423(\mathrm{K})$$

7. 【提示】

$$\Phi_{12}=\frac{E_{b1}-E_{b2}}{\frac{1-\varepsilon_1}{\varepsilon_1A_1}+\frac{1}{A_1X_{1,2}+\frac{1}{\frac{1}{A_1X_{1,3}}+\frac{1}{A_2X_{2,3}}}}+\frac{1-\varepsilon_1}{\varepsilon_1A_1}}$$

由已知数据可以得到

$$\frac{1-\varepsilon_1}{\varepsilon_1A_1}=8.0,\ \frac{1-\varepsilon_2}{\varepsilon_2A_2}=2.0,\ \frac{1}{A_1X_{1,2}}=7.018,\ \frac{1}{A_1X_{1,3}}=2.797,\ \frac{1}{A_2X_{2,3}}=2.797$$

同时有

$$E_{b1}=\sigma_0T_1^4=148.87;\ E_{b2}=\sigma_0T_2^4=20.241$$

$$\begin{aligned}E_{b3}&=\sigma_0T_3^4=0.459\ 2(\mathrm{kW/m^2})Q_{1,2}\\&=(E_{b1}-E_{b2})/R^*\\&=(148.87-20.241)/13.112\ 8=9.809\ 4(\mathrm{kW})\end{aligned}$$

8.【提示】(1) 网络图见图 7-26。

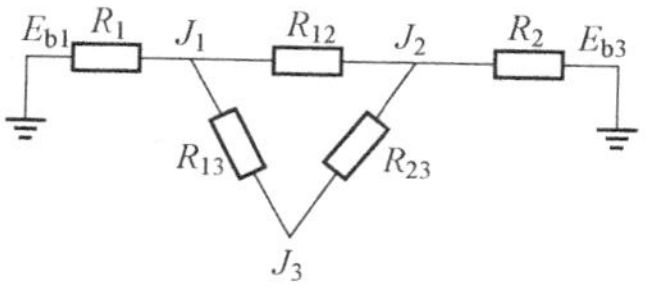

图 7-26　辐射网络图

(2) $A_1=A_2=\pi\times0.3^2=0.09\pi$，$A_3=\pi\times0.6\times0.3=0.18\pi$

$$X_{1,3}=\frac{A_3}{A_1}X_{3,1}=\frac{0.18\pi}{0.09\pi}\times0.308=0.616$$

$$X_{1,2}=1-0.616=0.384$$

$$R_1=\frac{1-0.8}{0.8\times0.09\pi}=\frac{1}{0.36\pi},\quad R_2=\frac{1-0.4}{0.4\times0.09\pi}=\frac{1}{0.06\pi}$$

$$R_{12}=\frac{1}{A_1X_{12}}=\frac{1}{0.09\pi\times0.384}=\frac{28.9}{\pi}R_{13}$$

$$=R_{23}=\frac{1}{0.09\pi\times0.616}=\frac{18.0}{\pi}$$

$$(R_{13}+R_{23})/R_{12}=\frac{1}{\frac{\pi}{28.9}+\frac{\pi}{18.0\times2}}=\frac{16.0}{\pi}$$

$$\Phi_1=\frac{5.67\times(5.5^4-2.75^4)\pi}{\frac{1}{0.36}+\frac{1}{0.06}+16.0}=4.31\times10^2\ (\mathrm{W})$$

(3) $J_1=E_{b1}-\Phi_1\cdot R_1=5.67\times5.5^4-4.31\times10^2\times\frac{1}{0.36\pi}=4.81\times10^3(\mathrm{W/m^2})$

$J_2=E_{b2}+\Phi_1\cdot R_2=5.67\times2.75^4+4.31\times10^2\times\frac{1}{0.06\pi}=2.61\times10^3(\mathrm{W/m^2})$

$J_3=\frac{1}{2}(J_1+J_2)=\frac{1}{2}(4.81\times10^3+2.61\times10^3)=3.71\times10^3(\mathrm{W/m^2})$

$J_3=E_{b3}$，可得

$$T_3=\sqrt[4]{\frac{J_3}{\sigma}}=\sqrt[4]{\frac{3.71\times10^3}{5.67\times10^{-8}}}=506(\mathrm{K})$$

9.【提示】由题意知：$L=\frac{\eta Q_{电}}{\varepsilon\sigma_0T^4\cdot\pi\cdot d}=3.875$

10.【提示】由图可知，肋片对宇宙空间的角系数 $X_{1,0}=1/3$，由题意知整个肋片的温度为 300K，故肋片单位面积的换热量

$$q=\frac{\sigma_0(T_1^4-T_0^4)}{\frac{1-\varepsilon}{\varepsilon}+\frac{1}{X_{1,0}}}$$

11.【提示】由题意知 $D/X=2.5/7.5=1/3$，查图知 $X_{1,2}=0.08$，$X_{2,3}=-X_{2,1}+1=0.92$

由角系数的相对性原理得：$X_{3,2}=\frac{A_2}{A_3}\cdot X_{2,3}=\frac{X_{2,3}}{12}=0.08$

故由敞开孔中辐射出去的热量

$$\Phi=A_2\cdot X_{2,3}\cdot\varepsilon_3\sigma_0T_3^4+A_1\cdot X_{1,2}\cdot\varepsilon_1\cdot\sigma_0T_1^4=0.4(\mathrm{W})$$

12.【提示】假定流体的真实温度为 T，根据热电偶的热平衡方程

$$h[T-(t_1+273)]=\varepsilon\sigma_0[(t_1+273)^4-(t_w+273)^4]$$

解方程有 $T=452.3\mathrm{K}$

测量温度误差 $E_{rr}=\frac{9.3}{179.3}\times100\%=5.2\%$

第8章　传热过程和换热器

8.1　学习指导

8.1.1　学习目标与要求

（1）掌握通过平壁、圆筒壁和肋壁的传热过程；

（2）掌握简单换热器的基本结构及其传热计算方法。

8.1.2　学习重点

（1）通过平壁、圆筒壁和肋壁的传热过程；

（2）换热器的分类；

（3）采用对数平均温差法和效能-传热单元数法进行换热器的传热计算。

8.2　要点归纳

8.2.1　传热过程的分析与计算

1. 传热过程

传热方程式及传热系数。传热过程是热量由壁面一侧的流体通过壁面把热量传给壁面另一侧流体的综合热量传递过程，其传热量可由传热方程式计算，即

$$\Phi = kA(t_{f1} - t_{f2}) = Ak\Delta t \tag{8-1}$$

式中　k——传热过程的传热系数，W/(m²·℃)。

在传热过程分析中，传热系数 k 和冷热流体的平均温差 Δt 是传热过程分析的关键。

2. 典型传热过程的传热系数

（1）通过平壁的传热过程。对于通过平壁的稳态传热过程，有

$$\Phi = \frac{(t_{f1} - t_{f2})}{\dfrac{1}{h_1 A} + \dfrac{\delta}{\lambda A} + \dfrac{1}{h_2 A}} = kA(t_{f1} - t_{f2}) \tag{8-2}$$

其中

$$k = (1/h_1 + \delta/\lambda + 1/h_1)^{-1} \tag{8-3}$$

上述公式中，h_1 和 h_2 的计算采用对流换热表面传热系数计算公式。当计及辐射时，对流传热系数采用复合换热表面传热系数，即

$$h_t = h_c + h_r \tag{8-4}$$

其中，h_r 为辐射表面传热系数，计算公式为

$$h_r = \frac{\varepsilon\sigma(T_1^4 - T_2^4)}{T_1 - T_2} \tag{8-5}$$

对大容器膜态沸腾，复合换热表面传热系数的计算公式为

$$h_t^{\frac{4}{3}} = h_c^{\frac{4}{3}} + h_r^{\frac{4}{3}} \tag{8-6}$$

（2）通过圆筒壁的传热系数。一维、稳态、无内热源可以采用热阻分析法。对单根圆筒壁的传热，传热量的计算公式为

$$\Phi=\frac{t_{fi}-t_{fo}}{\dfrac{1}{\pi d_i l h_i}+\dfrac{1}{2\pi\lambda l}\ln\dfrac{d_o}{d_i}+\dfrac{1}{\pi d_o l h_o}}=k_oA_o(t_{fi}-t_{fo})=k_iA_i(t_{fi}-t_{fo}) \tag{8-7}$$

式中 k_o——以圆筒壁外壁面为计算依据的传热系数；

k_i——以圆筒壁内壁面为计算依据的传热系数。

k_o 和 k_i 的计算公式分别为

$$k_o=\frac{1}{\dfrac{1}{h_i}\dfrac{d_o}{d_i}+\dfrac{d_o}{2\lambda}\ln\dfrac{d_o}{d_i}+\dfrac{1}{h_o}} \tag{8-8}$$

$$k_i=\frac{1}{\dfrac{1}{h_i}+\dfrac{d_i}{2\lambda}\ln\dfrac{d_o}{d_i}+\dfrac{1}{h_o}\dfrac{d_i}{d_o}} \tag{8-9}$$

对多根同样尺寸的圆管束，可采用将 n 根长 l 的圆管当成一根长为 nl 的圆管，代入式（8-7）。

（3）通过肋壁的传热。对肋化侧传热有

$$\Phi=A_bh_o(t_{wo}-t_{fo})+\eta_fA_fh_o(t_{wo}-t_{fo})=\eta_oA_oh_o(t_{wo}-t_{fo}) \tag{8-10}$$

其中，η_o 为肋面总效率，计算表达式为

$$\eta_o=\frac{A_b+\eta_fA_f}{A_o} \tag{8-11}$$

式中 A_b——肋基面积；

A_f——肋面面积；

A_o——肋侧总面积 $A_o=A_b+A_f$。

由热阻分析可知，通过肋壁的传热量（见图8-1）计算关系式为

$$\Phi=\frac{t_{fi}-t_{fo}}{\dfrac{1}{A_ih_i}+\dfrac{\delta}{A_i\lambda}+\dfrac{1}{\eta_oA_oh_o}} \tag{8-12}$$

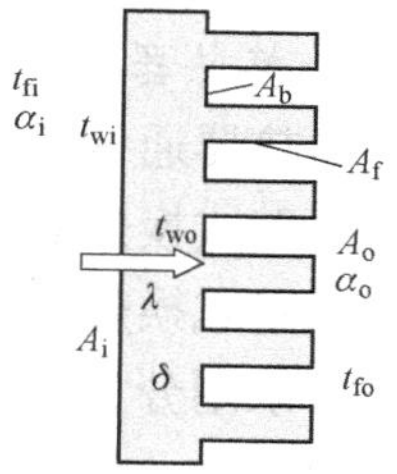

基于无肋侧面积的传热系数为

$$k_i=\frac{1}{\dfrac{1}{h_i}+\dfrac{\delta}{\lambda}+\dfrac{1}{\eta_o\beta h_o}} \tag{8-13}$$

图8-1 通过肋壁的传热

基于肋化侧面积的传热系数为

$$k_o=\frac{1}{\dfrac{\beta}{h_i}+\dfrac{\beta\delta}{\lambda}+\dfrac{1}{\eta_oh_o}} \tag{8-14}$$

式中 β——肋化系数，它表示表面装肋以后总表面积扩大的倍数，$\beta=\dfrac{A_o}{A_i}$其值常常远大于1。

肋片强化传热机理：传热面积增加，β值增大，肋侧热阻降低：$\dfrac{1}{h_o\eta_o\beta}\ll\dfrac{1}{h_o}$。设计肋片时应注意，综合考虑 $h_o\eta_o\beta$。一些情况下，β值的增加伴随着 h_o 的显著下降，比如肋间距减小时导致$\dfrac{1}{h_o\eta_o\beta}$增大。

3. 临界热绝缘直径

在平的传热表面加上保温层能够起到减少传热的作用。但在圆筒壁面上增加保温层，则可能导致传热量增大。这是因为，圆管外加保温层，一方面增大了外表面积，减小了对流换热热阻，另一方面增加了导热热阻。因此，圆管外加保温层后是强化了还是削弱了换热，取决于减小的对流换热热阻与增加的导热热阻的平衡。对保温层和外侧对流换热进行热阻分析，有

$$\Phi=\frac{\pi l(t_{wi}-t_{fo})}{R_\lambda+R_h}=\frac{\pi l(t_{wi}-t_{fo})}{\dfrac{1}{2\lambda}\ln\left(\dfrac{d_o}{d_i}\right)+\dfrac{1}{h_o d_o}} \tag{8-15}$$

式中 R_λ——保温层导热热阻；

R_h——保温层外侧对流换热热阻。

令 $R=R_\lambda+R_h$，则三者随保温层外径 d_o 的变化如图 8-2 所示。

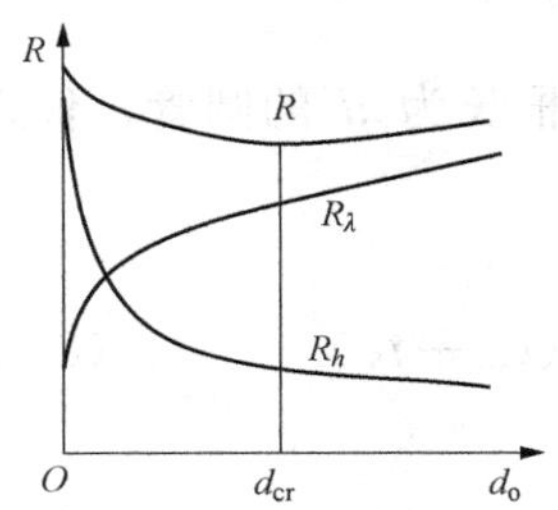

图 8-2 临界绝缘直径示意

由图 8-2 可知，圆筒壁传热过程的总热阻会存在一个极小值，此时的传热量对应为最大值。对应总热阻极小值的外直径 d_o 被称为临界热绝缘直径，记为 d_{cr}。

将 Φ 的方程对保温层外直径 d_o 求导，并令其为零，即 $\dfrac{d\Phi}{dd_o}=0$。可得临界热绝缘直径的计算表达式，即

$$d_{cr}=\frac{2\lambda}{h_o} \tag{8-16}$$

式（8-16）表明：圆管外加保温层后如果外径 d_o 大于 d_{cr}，则散热量随 d_o 的增加而减小（一般动力管道）；如果 d_o 小于 d_{cr}，则散热量随 d_o 的增加而增加（如电线）。

8.2.2 换热器

1. 换热器的类型

换热器通常分为间壁式、回热式（蓄热式）、混合式和热管式四类。在本课程中，主要讨论间壁式换热器。

间壁式换热器中冷、热流体介质由壁面隔开，通过间壁实现换热。间壁式换热器按流动特征可以划分为顺流式、逆流式和岔流式换热器；按其几何结构可划分为套管式换热器、管壳式换热器、板式换热器以及板翅、管翅等紧凑式换热器。

2. 换热器传热计算的基本方程式

（1）传热方程

$$\Phi=kA\Delta t_m \tag{8-17}$$

式中 k——传热系数；

A——传热面积；

Δt_m——传热过程的平均温差。

（2）热平衡方程

$$\Phi=m_1c_{p1}(t_1'-t_1'')=m_2c_{p2}(t_2''-t_2') \tag{8-18}$$

式中 t_1'、t_1''——换热器的热流体进、出口温度；

t_2'、t_2''——冷流体进、出口温度；

m_1、m_2——热、冷流体的质量流量；

c_{p1}、c_{p2}——热、冷流体的比热容。

3. 换热器中传热过程的平均温差

（1）引入平均温差的原因。换热器内流体的温度分布如图 8-3 所示。由图可知，冷热流体温度沿换热面是不断变化的，其局部的换热温差也是沿程变化的，而利用牛顿冷却公式计算换热量时用总面积的平均温差 Δt_m，它与换热器的型式和冷热流体的流动方向均有关。

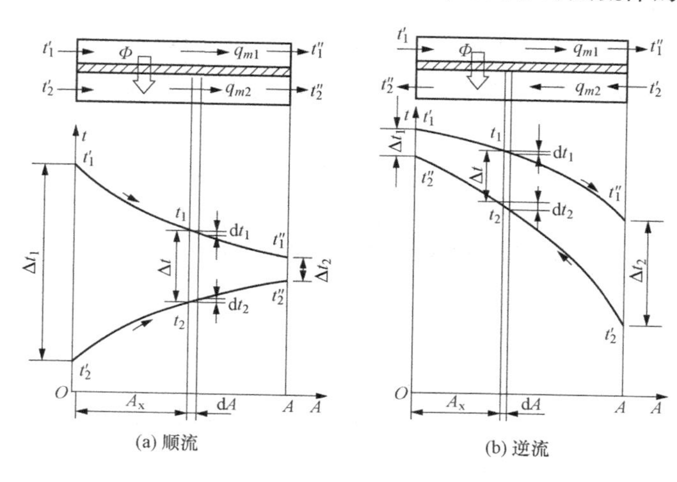

图 8-3 换热器的流体温度分布

（2）对数平均温差的推导。假设：①整个换热器的传热系数 k 为一常数；②冷热流体的流动均是稳定的；③冷热流体的比热容和密度均为定值；④没有沸腾和凝结现象；⑤忽略换热器对环境的损失。

推导思路如下：列出当地温差随局部换热面积的变化：$\Delta t_x = f(A_x)$，然后沿整个换热面积进行积分平均

$$\Delta t_m = \frac{1}{A}\int_0^A \Delta t_x \mathrm{d}A_x \tag{8-19}$$

以图 8-3（a）所示的顺流换热器为例，对 x 处的微元面积分别列出传热方程和热平衡方程，可以导出

$$\frac{\mathrm{d}(t_1 - t_2)}{t_1 - t_2} = -\mu k \mathrm{d}A \Rightarrow \frac{\mathrm{d}(\Delta t_x)}{\Delta t_x} = -\mu k \mathrm{d}A$$

其中，$\mu = \left(\frac{1}{m_1 c_{p1}} + \frac{1}{m_2 c_{p2}}\right) = \frac{\Delta t_1 - \Delta t_2}{\Phi}$。积分可得

$$\ln \frac{\Delta t_2}{\Delta t_1} = -\mu k A = -\frac{\Delta t_1 - \Delta t_2}{\Phi} kA$$

上述推导中，$\Delta t_1 = t_1' - t_2'$，$\Delta t_2 = t_1'' - t_2''$。

将 $\Phi = kA\Delta t_m$ 代入上式，可知顺流换热器的平均温差为

$$\Delta t_m = \frac{\Delta t_1 - \Delta t_2}{\ln \frac{\Delta t_1}{\Delta t_2}} \tag{8-20}$$

逆流换热器的温度沿传热面的分布如图 8-3（b）所示。其推导过程与顺流完全相同，

只是进出口温度差不同，即 $\Delta t_1 = t_1' - t_2''$，$\Delta t_2 = t_1'' - t_2'$。

可以证明，无论顺流还是逆流，均可按下式计算对数平均温差：

$$\Delta t_{\mathrm{m}} = \frac{\Delta t_{\max} - \Delta t_{\min}}{\ln \dfrac{\Delta t_{\max}}{\Delta t_{\min}}} \tag{8-21}$$

推导对数平均温差时引入的四个假定，对一般的工业换热器基本成立，因此对数平均温差在换热器设计中得到广泛应用。

(3) 其他流动类型间壁式换热器的对数平均温差计算。对于交叉流或者由顺流、逆流和交叉流组合起来的流动，其对数平均温差的计算式可按统一形式表示，即

$$\Delta t_{\mathrm{m}} = \psi (\Delta t_{\mathrm{m}})_{ctf} \tag{8-22}$$

式中 ψ——小于1的修正系数，表示某种流动型式接近逆流的程度，一般设计要求 $\psi > 0.9$；

$(\Delta t_{\mathrm{m}})_{\mathrm{ctf}}$——逆流布置时的对数平均温差。

其中 ψ 可根据两个无量纲数 P 和 R 查修正图表得到

$$P = \frac{t_2'' - t_2'}{t_1' - t_2'} \tag{8-23}$$

$$R = \frac{t_1' - t_1''}{t_2'' - t_2'} \tag{8-24}$$

(4) 算术平均与对数平均比较。由上述推导可见，对数平均温差实际上是在整个换热器面积上的积分平均值，如图 8-4 所示。

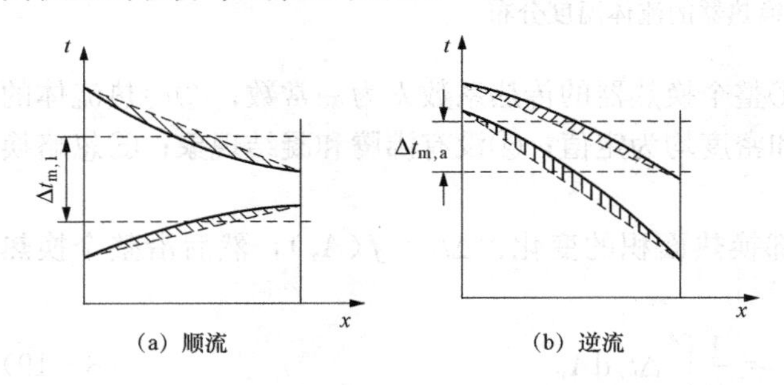

图 8-4 算术平均与对数平均的比较

算术平均温差则是指 $\Delta t_{\mathrm{m}} = 1/2(\Delta t_{\max} + \Delta t_{\min})$，相当于假定冷热流体的温度都按照线性变化时的平均温差。显然，其值总是大于相应的对数平均温差：对顺流，相当于多出了图 8-4 (a) 中阴影线所示面积，对逆流多出图 8-4 (b) 中两月牙形面积之差。只有当 $\Delta t_{\max}/\Delta t_{\min}$ 之值趋近于1时，两者的差别才不断缩小。当 $\Delta t_{\max}/\Delta t_{\min} \leqslant 2.0$ 时，两者的差别小于4%；当 $\Delta t_{\max}/\Delta t_{\min} \leqslant 1.7$ 时，差别小于2.3%。

(5) 各种流型换热器的比较。顺流和逆流是两种极端布置。在相同的进出口温度条件下，逆流的平均温差最大，顺流最小。顺流时总有冷流体出口温度 t_2'' 小于热流体出口温度 t_1''，逆流时可有冷流体出口温度 t_2'' 大于热流体出口温度 t_1''。

从传热角度考虑，逆流最有利。但逆流也有缺点：冷热流体的最高温度集中在换热器的同一端，使该处壁温特别高。高温换热器应避免这样，解决的方法是改为顺流。

在蒸发器或冷凝器中，冷热流体之一发生相变。相变时流体在整个换热面积上的温度为饱和温度（忽略压力沿程变化）。图 8-5 给出了冷凝器中温度变化示例。这类换热器无逆流和顺流之分。

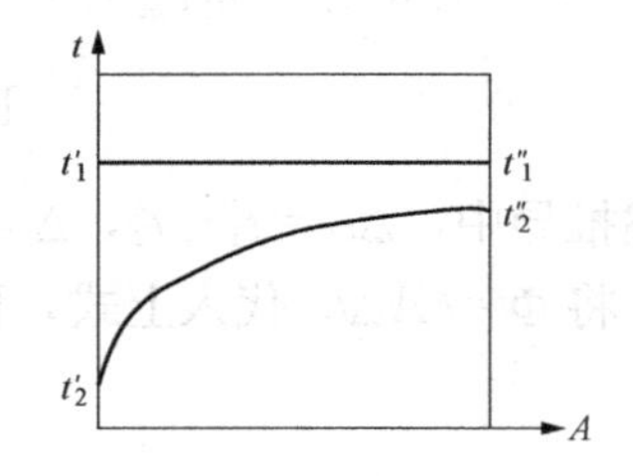

图 8-5 一侧流体发生相变时的温度变化

流经蛇形管束的传热，只要管束的弯曲次数超过4，

就可以按纯逆流或纯顺流处理。其他各种流动型式都可以看作是介于顺、逆流之间，总有 $\psi<1$。ψ 值表示特定流动型式接近逆流的程度。设计时，除非出于降低壁温的目的，否则应使 $\psi>0.9$，至少使 $\psi>0.8$。若达不到这一要求，就应选其他流动型式。

8.2.3 间壁式换热器的热计算

1. 计算类型及计算公式

换热器的热计算类型包括设计计算和校核计算。二者最大的区别是设计计算往往要确定的是换热面积，即换热器是从无到有的过程；而校核设计则一般是针对已有的换热器，计算目的是确认某换热器是否能够完成所要求的换热任务。

换热器的热计算方法包括对数平均温差法（LMTD）和效能-传热单元数法（ε-NTU）。

换热器计算的基本方程式：

（1）传热方程式 $\Phi=kA\Delta t_m$

（2）热平衡方程式 $\Phi=m_1c_{p1}(t'_1-t''_1)=m_2c_{p2}(t''_2-t'_2)$

（3）对数平均温差 $\Delta t_m=\psi\dfrac{\Delta t_{max}-\Delta t_{min}}{\ln\dfrac{\Delta t_{max}}{\Delta t_{min}}}$

上面几个方程，共含有 9 个变量：Φ、kA、Δt_m、m_1c_{p1}、m_2c_{p2} 和 4 个进出口温度。因此，必须给定 9 个变量中的 5 个，才能确定剩余的 4 个。这是换热器设计计算及校核设计的前提。

2. 平均温差法（LMTD）的计算步骤

（1）设计计算（以求换热器面积为例）。已知 m_1c_{p1}、m_2c_{p2}、t'_1、t''_1、t'_2、t''_2 6 个变量中的 5 个，求 kA。计算步骤如下：

1）选择换热器型式，初步布置换热面，并计算总传热系数 k；

2）根据给的条件，由热平衡方程式求出 6 个变量中未知的 1 个以及传热量；

3）计算所选型式换热器的对数平均温差 $\Delta t_m(\psi>0.8)$；

4）利用传热方程式计算传热面积 A；

5）校核流动阻力。

（2）校核计算（以校核出口温度为例）。已知 m_1c_{p1}、m_2c_{p2}、kA，（t'_1，t'_2）两者之一，（t''_1，t''_2）两者之一，求另外两个温度。计算步骤如下：

1）假设其中一个未知温度，由热平衡方程式计算另外一个未知温度及传热量；

2）计算所选型式换热器的对数平均温差；

3）利用传热方程式计算新的传热量；

4）步骤 1）得到的传热量≠计算步骤 4）的传热量，重新假定温度迭代；

5）步骤 1）、4）传热量偏差<2%～5%时，迭代结束。

3. 利用效能-传热单元数法进行换热器热计算

（1）效能的定义。极限条件下，kA 无限大，传热热阻为零。顺流时，冷热流体出口温度相等。逆流时，若热水当量小，热流体出口温度可等于冷流体进口温度；若冷水当量小，冷流体出口温度可等于热流体进口温度。因此，无论顺流还是逆流，换热器理想最大可能传热量都可以用下式计算：$\Phi_{max}=(mc_p)_{min}\ (t'_1-t'_2)$。

定义换热器的效能为换热器实际的传热量与最大可能的传热量之比，即

$$\varepsilon=\frac{\Phi}{\Phi_{\max}}=\frac{m_1c_{p1}(t_1'-t_1'')}{(mc_p)_{\min}(t_1'-t_2')}=\frac{m_2c_{p2}(t_2''-t_2')}{(mc_p)_{\min}(t_1'-t_2')}=\frac{(t'-t'')_{\max}}{t_1'-t_2'} \tag{8-25}$$

基于 ε-NTU 法的实际换热量可以采用下式计算：

$$\Phi=\varepsilon(mc_p)_{\min}(t_1'-t_2') \tag{8-26}$$

式（8-26）表明，当效能 ε 可以获得时，只需要冷热流体的进口温差，就可以计算出传热量。

（2）效能 ε 的计算。单流程逆流换热器的效能为

$$\varepsilon=\frac{1-\exp\left[\mathrm{NTU}\left(\frac{C_{\min}}{C_{\max}}-1\right)\right]}{1-\frac{C_{\min}}{C_{\max}}\exp\left[\mathrm{NTU}\left(\frac{C_{\min}}{C_{\max}}-1\right)\right]} \tag{8-27}$$

单流程顺流换热器的效能为

$$\varepsilon=\frac{1-\exp\left[-\mathrm{NTU}\left(1+\frac{C_{\min}}{C_{\max}}\right)\right]}{1+\frac{C_{\min}}{C_{\max}}} \tag{8-28}$$

$$\mathrm{NTU}=\frac{kA}{C_{\min}} \tag{8-29}$$

式中 NTU——传热单元数，表征了换热器的传热性能与其热传送（对流）性能的对比关系。

下面两种情况可使 ε 简化：

1）当冷热流体之一发生相变，即 $C_{\max}\rightarrow\infty$ 时：$\varepsilon=1-\exp(-\mathrm{NTU})$

2）当冷热流体的水当量相等时：对顺流，有 $\varepsilon=\frac{1-\exp(-2\mathrm{NTU})}{2}$；对逆流，有 $\varepsilon=\frac{\mathrm{NTU}}{1+\mathrm{NTU}}$。

为便于工程计算，常用的换热器效能计算公式已经绘制成相应的线算图，使用时可以方便地查出。

（3）ε-NTU 法与 LTMD 法的比较。

1）校核计算中均需要假设温度。ε-NTU 法假设的出口温度对传热量 Φ 的影响不是直接的，而是通过定性温度，影响总传热系数，从而影响 NTU，并最终影响 Φ 值。而平均温差法的假设温度直接用于计算 Φ 值，显然 ε-NTU 法对假设温度没有平均温差法敏感，这是该方法的优势。

2）LMTD 法可以计算温差修正系数 ψ，从而简便有效地评估换热器不同流动型式的优劣。

3）制冷低温行业一般用 ε-NTU 法，电站锅炉行业一般用 LMTD 法。

4. 换热器的结垢与污垢热阻

换热器长期运行后换热面覆盖污垢层使得传热系数减小，效能下降。污垢的热阻可通过下式定义：

$$R_f=\frac{1}{k}-\frac{1}{k_0} \tag{8-30}$$

式中 k——有污垢后的换热面的传热系数；

k_0——洁净换热面的传热系数。

壳管式换热器单侧污垢热阻可以通过实测或查表确定。考虑管壳式换热器双侧污垢后总传热系数（以外表面积 A_o 为基准）

$$k=\frac{1}{\left(\frac{1}{h_i}+R_{fi}\right)\frac{A_o}{A_i}+R_{wall}+\left(\frac{1}{h_o}+R_{fo}\right)\frac{1}{\eta_o}} \tag{8-31}$$

8.2.4 热量传递过程的控制（强化与削弱）

研究传热学的重要目的就是对热量传递过程进行控制，包括强化与削弱。因此，在学习本部分内容时，读者一定要与前面学习的传热过程分析相结合，把握一些基本原则，如强化或削弱传热均需要针对热阻最大的环节采取措施，需要综合考虑流动与传热等；其次是把握几种传热方式的控制原则，如对流换热中对边界层的控制，辐射换热对空间热阻和表面热阻的控制等。

1. 传热强化的原则

（1）传热方程 $\Phi=kA_1\Delta t_m$ 是强化传热的重要依据。根据方程，增大传热量可采用的方式包括：①增大传热系数 k；②增加传热面积（如肋片）；③增加温差（逆流布置）。其中，增大 kA 是比较实用有效的方法。

（2）强化传热需要对传热过程的各个环节进行分析，抓住其中的主要矛盾即热阻大的一侧进行强化。当传热过程两侧流体的 Ah 接近且数值较小时，可对两侧同时强化，如制冷行业中氟利昂卧式冷凝器采用的双侧强化管。

（3）强化传热主要集中在对流换热过程。对单相换热而言，可以减薄或破坏边界层或增加流体的扰动；对凝结换热来说，可以减薄或破坏液膜、减小不凝性气体含量或加速液膜的排泄；从沸腾换热的角度，则可以设法增加汽化核心的数目。

（4）传热强化的同时，往往伴随着流动阻力的增加。因此，强化传热措施需综合考虑强化传热的效果、流动阻力、经济性成本和运行费用等。

（5）强化传热的手段分为主动式和被动式两种。主动式需要外加力场作用，又称有源技术，如对换热介质做机械搅拌、使换热表面振动、使换热流体振动、将电磁场作用于流体以促使换热表面附近流体的混合等。被动式不需要消耗外加动力，又称无源技术，包括涂层表面、粗糙表面、扩展表面、扰流元件、涡流发生器、螺旋管、添加物、射流冲击换热等。

2. 传热的削弱

传热的削弱常常与隔热保温技术联系在一起，一般主要通过控制导热和辐射来进行。削弱传热的具体措施：采用导热系数很小的绝热材料，增加导热热阻；采用抽真空的方法减小对流换热的同时，采用遮热罩或减小表面发射率 ε 等方法增加辐射热阻。

8.3 典型例题

8.3.1 简答题

【例 8-1】 为什么工业换热器中冷、热流体的相对流向大多采用逆流操作？

答：当冷热流体的进出口温度都一定时，逆流的温差比其他流动形式的大。因此，在相同传热系数的条件下，为了完成同样的热负荷，采用逆流操作，可以节省传热面积；或在传热面积相同时，采用逆流操作可以提高热流量。

【例 8-2】 在换热器的流体温度变化图中，冷、热流体中热容量小的流体其温度变化大还是热容量大的流体变化大？为什么？

答：换热器中，热流体放出的热量与冷流体吸收的热量相等，即 $\Phi_1=m_1c_{p1}(t_1'-t_1'')=m_2c_{p2}(t_2''-t_2')=\Phi_2$。设 $m_1c_{p1}>m_2c_{p2}$，则 $t_1'-t_1''<t_2''-t_2'$，即热容量小的流体温度变化大。

【例 8-3】 画出在下述条件下，换热器中冷、热流体沿换热面的沿程温度变化曲线：(1) 逆流式换热器（$m_1c_{p1}>m_2c_{p2}$）；(2) 顺流式换热器（$m_1c_{p1}=m_2c_{p2}$）。下标 1 表示热流体，下标 2 表示冷流体。

(1) 对逆流，因为 $\Phi=m_1c_{p1}(t'_1-t''_1)=m_2c_{p2}(t''_2-t'_2)$，且 $m_1c_{p1}>m_2c_{p2}$，可以判断：$t_1'-t_2''<t_1''-t_2'$。所以 $\Delta t_{\min}=t_1'-t_2''$，$\Delta t_{\max}=t_1''-t_2'$。设在热流体进口和出口分别取 dA_1 和 dA_2，且令 $dA_1=dA_2$。由传热方程式，进、出口处换热器 $d\Phi_1=kdA_1\Delta t_{\min}$，$d\Phi_2=kdA_2\Delta t_{\max}$，显然 $d\Phi_1<d\Phi_2$。而由热平衡式，$d\Phi_1=m_1c_{p1}dt_1'$，$d\Phi_2=m_1c_{p1}dt_1''$，因此$dt_1'<dt_1''$。考虑到 dt_1'和 dt_1''分别是 $dA_1=dA_2=dA$ 上的温度变化，则显然沿换热面积上，热流体进口处的温度变化率要小于出口处，即图 8-6(a) 所示。

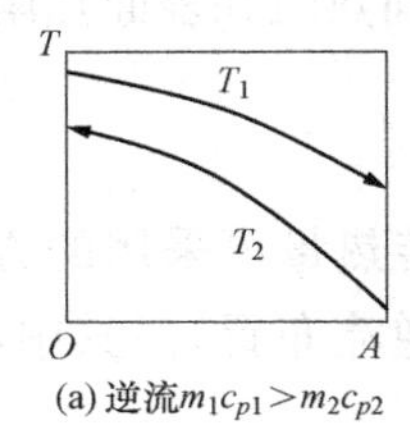

(a) 逆流$m_1c_{p1}>m_2c_{p2}$

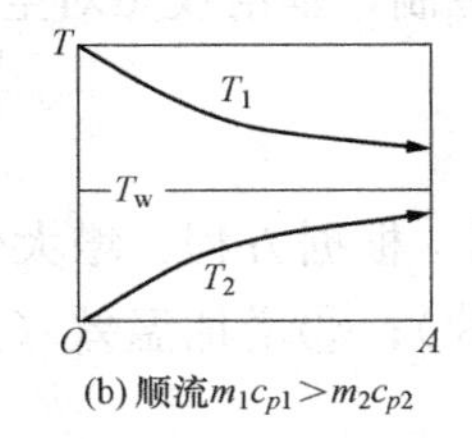

(b) 顺流$m_1c_{p1}>m_2c_{p2}$

图 8-6 例 8-3 附图

(2) 按题 (1) 的分析方法，可以得到图 8-6 (b) 的温度分布。

【讨论】 (1) 此类题目需要判断最大温差和最小温差的位置，以及流体温度沿程变化曲线的凹向。(2) 采用例题中的分析方法，可以得到一个普遍的结论：在套管换热器中，凡是换热温差 $\Delta t_{\max}$所在的一侧，流体换热比较剧烈，温度梯度比较大。这一结论无论对顺流还是逆流都是适用的。

【例 8-4】 为了简化工程计算，将实际的复合换热突出一个主要矛盾来反映，将其次要因素加以适当考虑或忽略掉，试简述多孔建筑材料导热、房屋外墙内表面的总传热系数、锅炉炉膛高温烟气与水冷壁之间的换热三种具体情况的主次矛盾。

答：①通过多孔建筑物材料的导热，孔隙内虽有对流和辐射，但导热是主要的，所以热量传递按导热过程进行计算，孔隙中的对流和辐射的因素在导热系数中加以考虑。②房屋外墙内表面的总传热系数是考虑了对流和辐射两因素的复合，两者所起作用相当，因对流换热计算简便，将辐射的因素折算在对流传热系数中较方便些。③锅炉炉膛高温烟气与水冷壁之间的换热。由于火焰温度高达 1000℃以上，辐射换热量很大，而炉膛烟气流速很小，对流换热相对较小，所以一般忽略对流换热部分，而把火焰与水冷壁之间的换热按辐射换热计算。

【例 8-5】 肋片间距的大小对肋壁的换热有何影响？

答：当肋片间距减小时，肋片的数量增多，肋壁的表面积相应增大，故肋化系数 β 值增大，这对减小热阻有利。此外，适当减小肋片间距可以增强肋片间流体的扰动，使传热系数 h 相应提高。但是减小肋片的间距是有限的，一般肋片的间距不小于边界层厚度的两倍，以免肋片间流体的温度升高，降低传热的温差。

【例 8-6】 热水在两根相同的管内以相同流速流动，管外分别采用空气和水进行冷却。

经过一段时间后，两管内产生相同厚度的水垢。试问水垢的产生对采用空冷还是水冷的管道的传热系数影响较大？为什么？

答：采用水冷时，管道内外均为换热较强的水，两侧流体的换热热阻较小，因而水垢的产生在总热阻中所占的比例较大。而空气冷却时，气侧的热阻较大，这时，水垢的产生对总热阻影响不大。故水垢产生对采用水冷的管道的传热系数影响较大。

【例 8-7】 有一台钢管换热器，热水在管内流动，空气在管束间作多次折流横向冲刷管束，以冷却管内热水。有人提出，为提高冷却效果，采用管外加装肋片并将钢管换成铜管的办法。请评价这一方案的合理性。

答：该换热器管内为水的对流换热，管外为空气的对流换热，主要热阻在管外空气侧，因而在管外加装肋片可强化传热。注意到钢的导热系数虽然小于铜的，但该换热器中管壁导热热阻不是传热过程的主要热阻，因而无需将钢管换成铜管。

【例 8-8】 为强化一台冷油器的传热，有人采用提高冷却水流速的方法，但发现效果并不显著。试分析原因。

答：强化传热的原则：强化传热系数小、热阻大的一侧。冷油器中由于油的黏度较大，对流换热表面传热系数较小，占整个传热过程中热阻的主要部分，而冷却水的对流换热热阻较小，不占主导地位，因而用提高水流速的方法，只能减小不占主导地位的水侧热阻，故效果不显著。

8.3.2 计算题

【例 8-9】 外径为 200mm 的采暖热水输送保温管道，水平架空铺设于空气温度为-5℃的室外，周围墙壁表面平均温度近似为 0℃，管道采用某种保温瓦保温，其导热系数为 $\lambda[\mathrm{W/(m\cdot ^\circ C)}]=0.081+0.000\ 51t(^\circ\mathrm{C})$。管内热水平均温度为 100℃，由接触式温度计测得保温层外表面平均温度为 45℃，表面发射率为 0.9，若忽略管壁的导热热阻，试确定管道散热损失、保温层外表面复合传热系数及保温层的厚度。

解： 管道散热损失包括自然对流散热损失和辐射散热损失两部分。

（1）确定自然对流散热损失

定性温度
$$t_m=\frac{t_w+t_f}{2}=\frac{45+(-5)}{2}=20(^\circ\mathrm{C})$$

$$(GrPr)_m=\frac{\beta g(t_w-t_f)d^3}{\nu^2}Pr$$

$$=\frac{\dfrac{1}{273+20}\times 9.81\times[45-(-5)]\times 0.2^3}{(15.06\times 10^{-6})^2}\times 0.703=4.151\times 10^7$$

则
$$Nu_m=0.125(GrPr)_m^{1/3}=0.125\times(4.151\times 10^7)^{1/3}=43.28$$

$$h=Nu_m\frac{\lambda}{d}=43.28\times\frac{2.59\times 10^{-2}}{0.2}=5.605[\mathrm{W/(m^2\cdot K)}]$$

$$\Phi_{l,c}=\pi dh(t_w-t_f)=\pi\times 0.2\times 5.605\times[45-(-5)]=176.08(\mathrm{W/m})。$$

（2）确定辐射散热损失

属空腔（A_2）与内包壁（A_1）之间的辐射换热问题，且 $A_2\gg A_1$。

$$\Phi_{l,R}=\pi d\varepsilon(E_{bw1}-E_{bw2})=\pi\times 0.2\times 0.9\times 5.67\times 10^{-8}\times[(45+273)^4-(0+273)^4]$$
$$=149.8(\mathrm{W/m})$$

单位管长管道散热损失 $\Phi_l=\Phi_{l,c}+\Phi_{l,R}=325.88(\mathrm{W/m})$

确定保温层外表面复合换热系数：

$$h_r=\frac{\Phi_l}{\pi d(t_w-t_f)}=\frac{325.88}{\pi\times0.2\times(45+5)}=10.378[\mathrm{W/(m^2\cdot ℃)}]$$

（3）确定保温层的厚度。由傅里叶定律积分方法获得

$$\Phi_l=-2\pi r\lambda\frac{\mathrm{d}t}{\mathrm{d}r}$$

分离变量得 $\int_{R_1}^{R_2}\Phi_l\frac{1}{2\pi r}\mathrm{d}r=-\int_{t_f}^{t_w}(0.027+0.00017t)\mathrm{d}t$

即

$$\frac{\Phi_l}{2\pi}\ln\frac{R_2}{R_1}=\frac{\Phi_l}{2\pi}\ln\frac{d_2}{d_1}=-\left[0.027\times(t_w-t_f)+\frac{1}{2}\times0.00017(t_w^2-t_f^2)\right]$$

$$\frac{325.88}{2\pi}\ln\frac{0.2}{d_1}=-\left[0.027\times(45-100)+\frac{1}{2}\times0.00017(45^2-100^2)\right]$$

得管道外径 $d_1=0.176\mathrm{m}$

保温层的厚度为 $\delta=\frac{d_2-d_1}{2}=\frac{0.2-0.176}{2}=0.012(\mathrm{m})$

【例 8-10】 某冷油器采用 1-2 型壳管式结构，流量为 $39\mathrm{m^3/h}$ 的 30 号透平油从 $t_1'=56.9℃$冷却到 $t_1''=45℃$，冷却水的进口温度 $t_2'=33℃$，流量 $m_2=12.25\mathrm{kg/s}$，水在管侧流过，油在壳侧。传热系数 $k=312\mathrm{W/(m^2\cdot ℃)}$，已知 30 号透平油在运行温度下的 $\rho_1=879\mathrm{kg/m^3}$，$c_{p1}=1.95\mathrm{kJ/(kg\cdot ℃)}$。试求所需面积。

解：此题为设计计算

透平油的放热量为

$$\Phi=m_1c_{p1}(t_1'-t_1'')=\frac{39\times879\times1.95\times10^3\times(56.9-45)}{3600}=2.21\times10^5(\mathrm{W})$$

冷却水的出口温度为

$$t_2''=t_2'+\frac{\Phi}{m_2c_{p2}}=33+\frac{2.21\times10^5}{13.25\times4.19\times10^3}=37(℃)$$

按逆流布置的对数平均温差为

$$\Delta t_{m逆}=\frac{\Delta t_{max}-\Delta t_{min}}{\ln\frac{\Delta t_{max}}{\Delta t_{min}}}=\frac{(56.9-37)-(45-33)}{\ln\frac{56.9-37}{45-33}}=15.62(℃)$$

查主教材图 8-13 得到参数 P 和 R 为

$$P=\frac{t_2''-t_2'}{t_1'-t_2'}=\frac{37-33}{56.9-33}=0.17$$

$$R=\frac{t_1'-t_1''}{t_2''-t_2'}=\frac{56.9-45}{37-33}=3$$

查得 $\psi=0.97$，$\Delta t_m=\psi\Delta t_{m逆}=0.97\times15.62=15.1(℃)$

冷油器的计算面积为

$$A=\frac{\Phi}{K\Delta t_m}=\frac{2.21\times10^5}{313\times15.1}=46.8(\mathrm{m^2})$$

【例 8-11】 一所平顶屋，屋面材料厚 $\delta=0.2\mathrm{m}$，导热系数 $\lambda_w=0.6\mathrm{W/(m\cdot K)}$，屋面两

侧的材料发射率ε均为0.9。冬初，室内温度维持$t_{f1}=18℃$，室内四周墙壁也为18℃，且它的面积远大于顶棚面积。天空有效辐射温度为−60℃。室内顶棚表面对流表面传热系数$h_1=0.529W/(m^2\cdot K)$，屋顶对流表面传热系数$h_2=21.1W/(m^2\cdot K)$，问当室外气温降到多少度时，屋面即开始结霜（$t_{w2}=0℃$），此时室内顶棚温度为多少？此题是否可算出复合换热表面传热系数及其传热系数？

解：(1) 求室内顶棚温度t_{w1}

稳态时由热平衡，应有如下关系式成立：

室内复合换热量Φ'=导热量Φ=室外复合换热量Φ''

$$\Phi' = h_1(t_{f1}-t_{w1})A_1+\varepsilon_1 A_1\sigma_b(T_{w0}^4-T_{w1}^4)$$

$$\Phi = \frac{\lambda}{\delta}A_1(t_{w1}-t_{w2})$$

因$\Phi'=\Phi$，且结霜时$t_{w2}=0℃$，可得$h_1(t_{f1}-t_{w1})+\varepsilon_1\sigma_b(T_{w0}^4-T_{w1}^4)=\frac{\lambda}{\delta}(t_{w1}-0)$

即$0.529\times(18-t_{w1})+0.9\times5.67\times10^{-8}\times(291^4-T_{w1}^4)=\frac{0.6}{0.2}t_{w1}$

解得$t_{w1}=11.6℃$。

(2) 求室外气温t_{f2}

$$\Phi'' = h_2(t_{w2}-t_{f2})A_1+\varepsilon_2 A_1\sigma_b(T_{w2}^4-T_{sky}^4)$$

因$\Phi''=\Phi$，可得$\frac{\lambda}{\delta}(t_{w1}-t_{w2})=h_2(t_{w2}-t_{f2})+\varepsilon_2\sigma_b(T_{w2}^4-T_{sky}^4)$

即$t_{f2}=0-\frac{0.6}{0.2\times21.1}\times(11.6-0)+\frac{0.9\times5.67\times10^{-8}}{21.1}\times(273^4-213^4)=6.8\ (℃)$

(3) 注意到传热方向，可以求出复合换热系数h_{f1}、h_{f2}

依据$q_r'=\varepsilon_1\sigma_b(T_{w0}^4-T_{w1}^4)=h_r'(t_{f1}-t_{w1})$

得$h_r'=4.687[W/(m^2\cdot K)]$

$$h_{f1}=h_1+h_r'=0.529+4.687=5.396[W/(m^2\cdot K)]$$

依据$q''_r=\varepsilon_2\sigma_b(T_{w2}^4-T_{sky}^4)=h''_r(t_{w1}-t_{f2})$，得$h_r''=-26.237[W/(m^2\cdot K)]$

$$h_{f2}=h_2+h_r''=21.1-26.237=-5.137[W/(m^2\cdot K)]$$

(4) 求传热系数k

$$k=\frac{1}{\frac{1}{h_{f1}}+\frac{\delta}{\lambda}+\frac{1}{h_{f2}}}=\frac{1}{\frac{1}{5.396}+\frac{0.2}{0.6}+\frac{1}{-5.137}}=3.078[W/(m^2\cdot K)]$$

【例8-12】 一蒸汽冷凝器，内侧为$t_s=110℃$的干饱和蒸汽，汽化潜热$r=2230kJ/kg$，外侧为冷却水，进出口水温分别为30℃和80℃，已知内外侧换热系数分别为$104W/(m^2\cdot K)$，及$3000W/(m^2\cdot K)$，该冷凝器面积$A=2m^2$，现为了强化传热在外侧加肋，肋壁面积为原面积的4倍，肋壁总效率$\eta=0.9$，若忽略冷凝器本身导热热阻，求单位时间冷凝蒸汽量。

解：由题意可知：$\Delta t'=110-30=80(℃)$，$\Delta t''=110-80=30(℃)$

可求得对数平均温差：

$$\Delta t_m=\frac{\Delta t_{max}-\Delta t_{min}}{\ln\frac{\Delta t_{max}}{\Delta t_{min}}}=\frac{\Delta t'-\Delta t''}{\ln\frac{\Delta t'}{\Delta t''}}=\frac{80-30}{\ln\frac{80}{30}}=50.98(℃)$$

根据内、外传热系数计算传热系数：

$$k_1=\frac{1}{\frac{1}{h_1}+\frac{1}{h_2\beta\eta}}=\frac{1}{\frac{1}{10\ 000}+\frac{1}{3000\times4\times0.9}}=5192.3[\mathrm{W/(m^2\cdot K)}]$$

由传热系数计算热流量：

$$\Phi=k_1A_1\Delta t_{\mathrm{m}}=5129.3\times2\times50.98=5.294\times10^5(\mathrm{W})$$

则单位时间冷凝蒸汽量为 $M=\frac{\Phi}{r}=\frac{5.294\times10^5}{2230\times10^3}=0.237(\mathrm{kg/s})$

【例 8-13】 用进口温度为 12℃、质量流量为 18×10^3kg/h 的水冷却从分馏器中得到的 80℃的饱和苯蒸气。使用顺流换热器，冷凝段和过冷段的传热系数均为 980W/(m^2·K)。已知苯的汽化潜热为 395×10^3J/kg，比热容为 1758J/(kg·K)。试确定将质量流量为 3600kg/h 的苯蒸气凝结并过冷到 40℃所需的换热面积。

解：本题属换热器设计计算问题，因为苯蒸气侧既有相变的换热，又有单相流动，故需对冷凝段和过冷段分段计算。温度分布示意如图 8-7 所示。

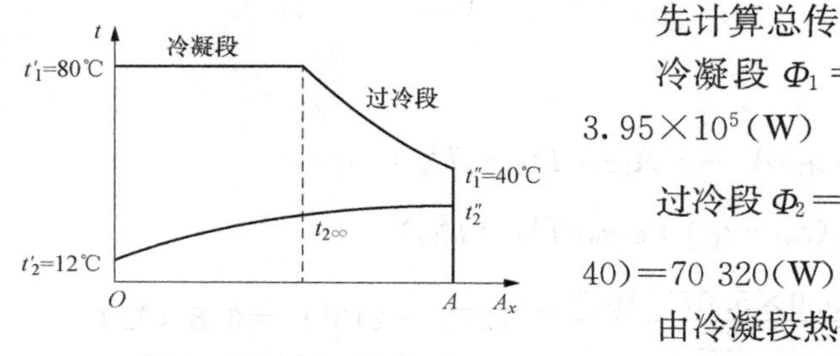

图 8-7 例 8-13 图

先计算总传热量：

冷凝段 $\Phi_1=m_1r=3.6\times10^3/3600\times395\times10^3=3.95\times10^5(\mathrm{W})$

过冷段 $\Phi_2=m_1c_{p1}(t_1'-t_1'')=\frac{3.6\times10^3}{3600}\times1758\times(80-40)=70\ 320(\mathrm{W})$

由冷凝段热平衡，有 $\Phi_1=m_2c_{p2}(t_{2\mathrm{m}}-t'_2)$，其中取水的比定压热容 $c_{p2}=4183\mathrm{J/(kg\cdot K)}$

所以 $t_{2\mathrm{m}}=t_2'+\frac{\Phi_1}{m_2c_{p2}}=12+\frac{3.95\times10^5}{\frac{18\times10^3}{3600}\times4183}=30.9(℃)$

冷凝段对数平均温差 $\Delta t_{\mathrm{m1}}=\frac{(80-12)-(80-30.9)}{\ln\frac{80-12}{80-30.9}}=58(℃)$

冷凝段换热面积 $A_1=\frac{\Phi_1}{k\Delta t_{\mathrm{m1}}}=\frac{3.95\times10^5}{980\times58}=6.95(\mathrm{m^2})$

由过冷段热平衡 $\Phi_2=m_2c_{p2}(t''_2-t_{2\mathrm{m}})$

得 $t_2''=t_{2\mathrm{m}}+\frac{\Phi_2}{m_2c_{p2}}=30.9+\frac{70\ 320}{\frac{18\times10^3}{3600}\times4183}=34.3(℃)$

过冷段对数平均温差 $\Delta t_{\mathrm{m2}}=\frac{(80-30.9)-(40-34.3)}{\ln\frac{80-30.9}{40-34.3}}=20.2(℃)$

故过冷段换热面积 $A_2=\frac{\Phi_2}{k\Delta t_{\mathrm{m2}}}=\frac{70\ 320}{980\times20.2}=3.55(\mathrm{m^2})$

该顺流换热器总换热面积为 $A=A_1+A_2=6.95+3.55=10.5(\mathrm{m^2})$

注：(1) 读者可以计算当按逆流布置时的换热面积，并将计算结果与顺流相比较；

(2) 题中取水的比定压热容为 $c_{p2}=4183\mathrm{J/(kg\cdot K)}$，严格地讲，在 $t_{2\mathrm{m}}$ 及 t_2 未知时，c_{p2}

未知，因此应该采用迭代方法。考虑到水在12～34.3℃之间变化时，比定压热容c_{p2}的变化很小，因而可近似取$c_{p2}=4183\text{J}/(\text{kg}\cdot\text{K})$。

【例8-14】 设计一台给水加热器，将水从15℃加热到80℃，水在管内受迫流动，质量流量为2kg/s，比热容为4.1868kJ/(kg·℃)。管内径为0.0116m，外径0.019m，用110℃的饱和蒸汽加热，再加热器为饱和液体。已知管内外的对流传热系数分别为4306W/(m²·℃)和7153W/(m²·℃)；汽化潜热$r=2229.9\text{kJ/kg}$；且忽略管壁的导热热阻，试利用ε-NTU法确定所需传热面积。该换热器运行一段时间后，在冷热流体流量及进口温度不变的条件下，只能将水加热到60℃，试采用对数平均温差法确定运行中产生的污垢热阻。提示：一侧流体有相变时，$\varepsilon=1-e^{-\text{NTU}}$。

解： 利用ε-NTU法确定所需传热面积。

换热器效能为$\varepsilon=\dfrac{t_2''-t_2'}{t_1'-t_2'}=\dfrac{80-15}{110-15}=0.684\ 2$

传热单元数为$\text{NTU}=-\ln(1-\varepsilon)=-\ln(1-0.684\ 2)=1.152\ 7$

$$C_{\min}=M_1c_1=2\times4186.8=8373.6(\text{W/℃})$$

传热系数为$k_o=\dfrac{1}{\dfrac{1}{h_1}+\dfrac{1}{h_2}}=\dfrac{1}{\dfrac{1}{4306}+\dfrac{1}{7153}}=2687.9[\text{W}/(\text{m}^2\cdot\text{K})]$

需说明因为管内径为0.0116m，外径0.019m，即管壁较薄，可视为平壁的传热过程。

由$\text{NTU}=\dfrac{k_oA}{C_{\min}}$，得

换热器面积为$A=\text{NTU}\dfrac{C_{\min}}{K}=1.1527\times\dfrac{8373.6}{2687.9}=3.6(\text{m}^2)$

采用对数平均温差法确定运行中产生的污垢热阻。

对数平均温差$\Delta t'=110-15=95℃$，$\Delta t''=110-60=50(℃)$

$$\Delta t_m=\frac{\Delta t'-\Delta t''}{\ln\dfrac{\Delta t'}{\Delta t''}}=\frac{95-50}{\ln\dfrac{95}{50}}=70.1(℃)$$

$$\Phi=C_2(t_2''-t_2')=8373.6\times(60-15)=376812(\text{W})$$

$$k'=\frac{\Phi}{A\Delta t_m}=\frac{376812}{3.6\times70.1}=1493.2[\text{W}/(\text{m}^2\cdot℃)]$$

运行中产生的污垢热阻为

$$r=\frac{1}{k}-\frac{1}{k_o}=\frac{1}{1493.2}-\frac{1}{2687.9}=0.0003(\text{m}^2\cdot℃/\text{W})$$

【例8-15】 一台逆流式换热器刚投入工作时，测得的运行参数如下：热流体的进出口温度分别为$t_1'=360℃$和$t_1''=300℃$，冷流体的进出口温度分别为$t_2'=30℃$和$t_2''=200℃$，热流体的热容量$q_{m1}c=2500\text{W/K}_1$，换热器的面积为0.892m²。

(1) 计算该换热器在刚投入工作时的传热系数；

(2) 若运行一年后，在冷、热流体的进口温度（t_1'，t_2''）及热容量（$q_{m1}c_1$，$q_{m2}c_2$）保持不变的情况下，测得冷流体只能被加热到162℃，计算此时该换热器的传热系数；

(3) 一年后换热器的污垢热阻为多少？

解：(1) 由能量平衡方程$q_{m1}c_1(t'_1-t''_1)=q_{m2}c_2(t''_2-t'_2)$得

$$q_{m2}c_2=\frac{q_{m1}c_1(t'_1-t''_1)}{t''_2-t'_2}=\frac{2500\times(360-300)}{200-30}=882.35(\text{W/K})$$

换热量 $\Phi=q_{m1}c_1\Delta t_1=q_{m1}c_1(t'_1-t''_1)=2500\times(360-300)=1.5\times10^5(\text{W})$

对数平均温差

$$\Delta t_{\mathrm{m}}=\frac{\Delta t_{\max}-\Delta t_{\min}}{\ln\frac{\Delta t_{\max}}{\Delta t_{\min}}}=\frac{(t''_1-t'_2)-(t'_1-t''_2)}{\ln\frac{t''_1-t'_2}{t'_1-t''_2}}=\frac{(300-30)-(360-200)}{\ln\frac{300-30}{360-200}}=210.325(℃)$$

由 $Ak\Delta t_{\mathrm{m}}=q_{m1}c_1\Delta t_1$ 得

$$k_{\mathrm{o}}=\frac{q_{m1}c_1\Delta t_1}{A\Delta t_{\mathrm{m}}}=\frac{2500\times60}{0.892\times210.325}=799.53[\text{W/(m}^2\cdot\text{K)}]$$

(2) 由题知：$t'_1=360℃$，$t'_2=30℃$，$t''_2=162℃$

由能量平衡方程 $q_{m1}c_1(t'_1-t''_1)=q_{m2}c_2(t'_2-t''_2)$ 得

$$t''_1=t'_1-\frac{q_{m2}c_2(t''_2-t'_2)}{q_{m1}c_1}=360-\frac{882.35\times(162-30)}{2500}=313.41(℃)$$

$$\Delta t_{\mathrm{m}}=\frac{\Delta t_{\max}-\Delta t_{\min}}{\ln\frac{\Delta t_{\max}}{\Delta t_{\min}}}=\frac{(t''_1-t'_2)-(t'_1-t''_2)}{\ln\frac{t''_1-t'_2}{t'_1-t''_2}}=\frac{(313.41-30)-(360-162)}{\ln\frac{313.41-30}{360-162}}=237.91(℃)$$

由 $Ak\Delta t_{\mathrm{m}}=q_{m1}c_1\Delta t_1$ 得

$$k=\frac{q_{m1}c_1\Delta t_1}{A\Delta t_{\mathrm{m}}}=\frac{2500\times46.59}{0.892\times237.91}=548.85[\text{W/(m}^2\cdot\text{K)}]$$

(3) 污垢热阻为 $R_{\mathrm{f}}=\frac{1}{k}-\frac{1}{k_{\mathrm{o}}}=\frac{1}{548.85}-\frac{1}{799.53}=0.000\ 571(\text{m}^2\cdot\text{K/W})$

8.4 自 学 练 习

一、单项选择题

1. 下述哪个参数表示传热过程的强烈程度？（　　）

A. k　　B. λ　　C. a　　D. h

2. 下列各种方法中，属于削弱传热的方法是（　　）。

A. 增加流体流速　　B. 管内插入物增加流体扰动

C. 设置肋片　　D. 采用导热系数的材料使导热热阻增加

3. 对于过热器中，高温烟气→外壁→内壁→过热的传热过程次序为（　　）。

A. 复合换热、导热、对流换热　　B. 导热、对流换热、复合换热

C. 对流换热、复合换热、导热　　D. 复合换热、对流换热、导热

4. 当采用加肋片的方法增强换热时，将肋片加在（　　）会最有效。

A. 换热系数较大一侧　　B. 热流体一侧

C. 换热系数较小一侧　　D. 冷流体一次

5. 在相同的进出口温度条件下，逆流和顺流的平均温差的关系为（　　）。

A. 逆流大于顺流　　B. 顺流大于逆流

C. 两者相等　　D. 无法比较

6. 五种具有实际意义换热过程为导热、对流换热、复合换热、传热过程和（　　）。

A. 辐射换热　B. 热辐射　C. 热对流　D. 无法确定

7. 冷热流体的温度给定，换热器热流体侧结垢会使传热壁面的温度（　　）。

A. 增加　B. 减小

C. 不变　D. 有时增加，有时减小

8. 下列哪种设备不属于间壁式换热器？（　　）

A. 1-2型管壳式换热器　B. 2-4型管壳式换热器

C. 套管式换热器　D. 回转式空气预热器

9. 壳管式换热器归类于（　　）。

A. 间壁式　B. 回热式　C. 混合式　D. 再生式

10. 在一般换热器设计中，考虑表面污染情况用（　　）。

A. 利用系数　B. 污垢系数　C. 传热系数　D. 表面传热系数

11. 已知一顺流布置的换热器的热流体出口温度分别为300℃和150℃，冷流体进出口温度分别为50℃和100℃，则其对数平均温差约为（　　）。

A. 100℃　B. 124℃　C. 150℃　D. 225℃

12. 一台按照逆流流动方式设计的套管换热器在实际使用过程中被安装成顺流流动方式，那么将（　　）。

A. 流动阻力增加　B. 传热系数减小

C. 换热量不足　D. 流动阻力减小

13. 两台相同的散热器是按串联的连接方式设计的，但是实际使用过程中被安装成并联形式，以下哪种现象将不可能？（　　）

A. 散热量不足　B. 传热系数减小

C. 散热量增大　D. 流动阻力减小

14. 在同一冰箱储存相同的物质时，耗电量大的是（　　）。

A. 结霜的冰箱　B. 未结霜的冰箱

C. 结霜的冰箱和未结霜的冰箱相同　D. 不确定

15. 翅片式换热器一般用于（　　）。

A. 两侧均为液体　B. 两侧均为气体

C. 一侧为气体，一侧为蒸汽冷凝　D. 一侧沸腾，一侧冷凝

16. 用ε-NTU法进行换热器的校核计算比较方便是由于下述哪个理由？（　　）

A. 流体出口温度可以查图得到　B. 不需要计算传热系数

C. 不需要计算对数平均温差　D. 不需要进行试算

17. 临界热绝缘直径是指（　　）。

A. 管道热损失最大时的热绝缘直径

B. 管道热损失最小时的热绝缘直径

C. 管道完全没有热损失时的热绝缘直径

D. 管道热阻最大时的热绝缘直径

18. 下列（　　）不是间壁式换热器。

A. 板翅式换热器　B. 套管式换热器

C. 回转式换热器　D. 螺旋板式换热器

二、多项选择题

1. 对于换热器的顺流与逆流布置，下述哪些说法是正确的？（　　）

A. 逆流的平均温差大于等于顺流

B. 逆流的流动阻力大于等于顺流

C. 冷流体出口温度逆流可大于顺流

D. 换热器最高壁温逆流大于等于顺流

2. 下述哪些是增强传热的有效措施？（　　）

A. 波纹管　　B. 逆流

C. 板翅式换热器　　D. 在对流传热系数较大侧安装肋片

3. 下述关于换热设备的热负荷及传热速率说法中正确的是？（　　）

A. 热负荷取决于化工工艺的热量衡算

B. 传热速率取决于换热设备、操作条件及换热介质

C. 热负荷是选择换热设备应有的生产能力的依据

D. 换热设备应有的生产能力由传热速率确定

4. 下列关于流体在换热器中走管程或走壳程的安排中正确的论述是？（　　）

A. 流量较小的流体宜走壳程　　B. 饱和蒸汽宜安排走壳程

C. 腐蚀性流体宜安排走管程　　D. 压强高的流体宜安排走壳程

5. 管壳式换热器常采用的热补偿方法有（　　）。

A. 膨胀圈　　B. U 形管　　C. 浮头程　　D. 错流

6. 壳管式换热器中下列哪种流体宜走管程？（　　）

A. 易结垢的流体　　B. 腐蚀性的流体

C. 压力高的流体　　D. 被冷却的流体

7. 换热器中热流体出口温度升高，可能引起的原因是（　　）。

A. 冷流体流量下降　　B. 热流体流量下降

C. 热流体进口温度升高　　D. 冷流体进口温度升高

三、简答题

1. 名词解释：①传热过程；②复合传热；③污垢系数；④肋化系数；⑤效能；⑥传热单元数；⑦临界热绝缘直径。

2. 为什么许多高效隔热材料都采用蜂窝状多孔性结构和多层隔热屏结构？

3. 对壳管式换热器来说，两种流体在下列情况下，何种走管内，何种走管外？①清洁与不清洁的；②腐蚀性大与小的；③温度高与低的；④压力大与小的；⑤流量大与小的；⑥黏度大与小的。

4. 如何考虑肋片高度 l 对肋壁传热的影响？

5. 试述对数平均温差法（LMTD 法）和效能 - 传热单元数法（ε - NTU 法）在换热器传热计算中各自的特点？

6. 试举出三个隔热保温的措施，并用传热学理论阐明其原理。

四、计算题

1. 有一个气体加热器，传热面积为 $11.5m^2$，传热面壁厚为 1mm，导热系数为 45W/(m·℃)，被加热气体的传热系数为 83W/(m²·℃)，热介质为热水，传热系数为

5300W/(m^2・℃)；热水与气体的温差为42℃，试计算该气体加热器的传热量。

2. 夏天供空调用的冷水管道的外径为76mm，管壁厚为3mm，导热系数为43.5W/(m・℃)，管内为5℃的冷水，冷水在管内的对流传热系数为3150W/(m^2・℃)，如果用导热系数为0.037W/(m・℃)的泡沫塑料保温，并使管道冷损失小于70W/m，试问保温层需要多厚？假定周围环境温度为36℃，保温层外的传热系数为11W/(m^2・℃)。

3. 有一直径为2mm的电缆，表面温度为50℃，周围空气温度为20℃，空气的传热系数为15W/(m^2・℃)。电缆表面包有厚1mm、导热系数为0.15W/(m・℃)的橡皮，试比较包橡皮与不包橡皮散热量的差别。

4. 有一块1m×1m的平板，板厚为10mm，板材的导热系数为35W/(m・℃)，板一侧为光表面；另一侧有同样材料制成的直肋片，肋高为30mm，肋厚为5mm，肋间距为25mm，光面一侧流体温度为85℃，传热系数为2500W/(m^2・℃)；肋片侧流体温度为28℃，传热系数为5W/(m^2・℃)，试计算该平板的传热量。

5. 外径为10mm，壁厚为0.6mm的钢管，管外装有厚0.25mm的钢制环形肋片，肋高为7mm，肋片间距为4mm，肋与壁的导热系数为45W/(m^2・℃)，管内流体温度为45℃，传热系数为1800W/(m^2・℃)，管外流体温度为20℃，传热系数为55W/(m^2・℃)。试计算每米管长的传热量。

6. 换热器热重油加热含水石油，重油的温度从280℃降到190℃，含水石油从20℃加热到160℃，试求两流体顺流和逆流时的对数平均温差，假设传热系数k和热流密度相同，问逆流与顺流相比加热面积减少多少？

7. 假定冷、热流体进、出换热器的温度一定，换热器为壳管式，试分析热流体在壳侧和在管侧的对数平均温差有无差别？假如冷、热流体的进出口温度分别为$t_2'=25$℃，$t_2''=80$℃，$t_1'=250$℃，$t_1''=150$℃，试计算逆流、一次交叉流（两种流体均不混合）情况下热流体在管侧和在壳侧时的对数平均温差。

8. 需要将流体A从120℃冷却到50℃，为此用10℃的水冷却，水的最终温度为24℃，假设换热器的传热系数为1000W/(m^2・℃)，传热量为14kW，试求流体顺流和逆流时需要的换热面积。

9. 在一次交叉流的换热器中，用锅炉的烟气加热水，已知烟气进、出换热器的温度分别为250℃和140℃，流量为2.5kg/s，$c=1.09$kJ/(kg・℃)；常压水的温度从20℃加热到80℃，换热器的传热系数为190W/(m^2・℃)，试用对数平均温差法和ε-NTU法计算所需的换热面积。

10. 上题中，锅炉用水量减少一半，但水和烟气的进换热器温度保持不变。试问水和烟气出换热器的温度各是多少？传热量是多少？假定传热系数和换热面积不变。

11. 在一顺流换热器中用水来冷却另一种液体，水的初温和流量分别为15℃和0.25kg/s，液体的初温和流量分别为140℃和0.07kg/s，换热器的传热系数为35W/(m^2・℃)，传热面积等于8m^2，液体的比热容为3kJ/(kg・℃)，假定热流体在换热器长度方向上的温度变化为线性，试求水和液体的终温以及传热量。

12. 在套管式换热器中，用20℃的水来冷却温度为120℃的油，已知水的流量为200kg/h，油的比热容$c_{p1}=2.1$kJ/(kg・℃)要求套管换热器的出口水温不超过99℃，油温不低于60℃，换热器传热系数为250W/(m^2・℃)，试计算被冷却的油的最大流量。

13. 流量为45 500kg/h的水在一加热器中从80℃加热到150℃，加热器为2壳程8管程的壳管式加热器，传热面积为925m²，热废气的初温为350℃，终温为175℃，假设热废气为空气，其物性参数为常数，试求此加热器的传热系数。

14. 螺旋盘管换热器中螺旋钢管一圈的直径为0.4m，其管径为57×3.5mm，流量为每小时2m³的变压器油从螺旋管中流过，油温从90℃冷至30℃，在换热器进口处冷却水的温度为15℃，流至出口处已加热到40℃，水侧传热系数为580W/(m²·℃)，钢管壁和水垢的热阻共为0.000 7(m²·℃)/W。试求：(1) 螺旋管长度；(2) 水的流量。

15. 一台逆流套管式换热器在下列条件下运行：传热系数保持不变，冷流体质量流量0.125kg/s，比定压热容为4200J/(kg·℃)，入口温度40℃，出口温度95℃。热流体质量流量0.125kg/s，比定压热容为2100J/(kg℃)，入口温度210℃，试求：(1) 该换热器最大可能的传热量及效能分别是多少？(2) 若冷、热流体侧的对流传热系数及污垢热阻分别为2000W/(m²·℃)、0.000 4(m²·℃)/W、120W/(m²·℃)、0.000 1(m²·℃)/W，且可忽略管壁的导热热阻，试利用对数平均温差法确定该套管式换热器的换热面积。

16. 已知一交叉流换热器（一侧混合）的传热面积为10m²，用流量为5kg/s、入口温度为150℃的蒸汽来加热流量为1kg/s、入口温度为20℃的油，油侧不混合、蒸汽侧混合。若换热器的传热系数为280W/(m²·K)，在运行温度下油的比定压热容为1.9kJ/(kg·K)，蒸汽的比定压热容为1.8kJ/(kg·K)。试用ε-NTU法计算油和蒸汽的出口温度。已知交叉流换热器的ε-NTU关系式为

$$C_{\max}\text{混合}: \varepsilon=\frac{C_{\max}}{C_{\min}}\left\{1-\exp\left[-\frac{C_{\min}}{C_{\max}}(1-\exp(-\mathrm{NTU}))\right]\right\}$$

$$C_{\min}\text{混合}: \varepsilon=1-\exp\left\{-\frac{C_{\max}}{C_{\min}}\left[1-\exp\left(-\mathrm{NTU}\frac{C_{\min}}{C_{\max}}\right)\right]\right\}$$

17. 压力为0.14×10⁵Pa的水蒸气在壳管式换热器的壳侧凝结，且表面传热系数为13 500W/(m²·K)。该换热器有单壳程和双管程，每个管程由130根长为2m的黄铜管组成，管子的内、外径分别为13.4mm和15.9mm。冷却水进入管道时的温度为20℃且平均流速为1.25m/s。试计算：(1) 该换热器的传热系数；(2) 冷却水的出口温度；(3) 蒸汽的凝结率。

18. 在一台逆流式换热器中，107℃的油被水冷却到30℃，油的比热容为1840J/(kg·K)，水的质量流量为1.4kg/s、比热容为4174J/(kg·K)。水的进出口温度分别为$t_2'=20$℃和$t_2''=60$℃。

(1) 换热器的总传热系数为450W/(m²·K)，计算此换热器的面积。

(2) 油的质量流量为多少？

(3) 若换热器的管壁很薄，可以近似看成是通过平壁的传热过程，且测得油侧的表面传热系数为650W/(m²·K)，水侧的表面传热系数为3500W/(m²·K)，计算换热器的总污垢热阻。

19. 某锅炉中装有一立式管式空气预热器，烟气纵向冲刷管内流动，空气横向冲刷管外流动。已知烟气的流动为35kg/s，设计情况下，入口温度为250℃，出口温度为120℃，表面传热系数为80W/(m²·K)，烟气的比热容取1200J/(kg·K)。空气的流量为30kg/s，入口温度为30℃，表面传热系数为70W/(m²·K)，空气的比热容取1000J/(kg·K)。预热器

漏风、管壁的厚度及热阻可忽略不计，空气预热器的温压修正系数取 0.9。

(1) 计算热空气的出口温度。

(2) 计算该预热器的总传热系数。

(3) 计算该预热器的面积。

(4) 锅炉运行一段时间后，由于积灰，上述工况下（烟气和空气的流量、入口温度、物性都不变）出口烟温升高了 10℃，试计算灰污热阻。

20. 蒸汽暖风器由 150 根直径为 38×3mm 的水平钢管组成，每小时 $5200m^3$ 的空气在管内流动，将空气从 2℃加热到 90℃，含湿度为 6%的水蒸气在管外加热，湿蒸汽的压力为 1.98×10^5Pa，假设水蒸气不流动，不计冷凝水的过冷度，管壁平均温度为 90℃，水蒸气的汽化潜热为 $r=2203.3$kJ/kg。试求水蒸气量和管长。

21. 一流程壳管式换热器中必需流过 m(kg/h) 的液体，在它的平均温度下其动力黏度为 μ[kg/(m·s)]，为了使传热系数达到最大值，雷诺数不小于 10^4，试问换热器中管径为 d (m) 的钢管需要多少?

22. 一台传热系数已知的套管换热器在下列条件下运行：冷流体的 $m_2=0.125$kg/s，$c_{p2}=4200$J/(kg·℃)，$t_2'=40$℃，$t_2''=95$℃；热流体的 $m_1=0.125$kg/s，$c_{p1}=2100$J/(kg·℃)，$t_1'=210$℃，试求最大可能的传热量，换热器的效能、顺、逆流时所需的面积比。

23. 在一台逆流套管换热器中用 100℃的热油将 25℃的水加热到 50℃，热油出口温度降至 65℃，换热器的传热系数为 340W/(m^2·℃)，传热量为 25kW。试求换热器的面积。换热器运行一段时间后，脏油使换热面结垢，其污垢系数为 0.004，试问在此条件下运行时，换热器的面积应是多少? 假设流体的入口温度不变，具有 0.004 的污垢系数后换热量减少多少?

24. 在进行外科心脏手术时病人的血液在手术前进行冷却，手术后血液在 0.5m 长的逆流薄壁同心管中加温。内套管直径为 55mm，热水进套管的温度为 60℃，流量为 0.10kg/s，血液的温度为 18℃、流量为 0.05kg/s，套管换热器的传热系数 $k=500$W/(m^2·℃)，血流的比热容 $c_p=3500$J/(kg·℃)，试求血液的出口温度。

25. 有一台用来生产饱和蒸汽的锅炉，其传热面是直径为 25mm 的 500 根钢管，两流体为一次交叉流动形式，传热系数 $k=50$W/(m^2·℃)，管外 1127℃的高温气体横掠管束，气体的比热容为 1120J/(kg·℃)，质量流量为 10kg/s，177℃水蒸气的汽化潜热为 $r=2014.4$kJ/kg，177℃的饱和水以 3kg/s 的质量流量在管中流过，最后获得相同温度下的饱和水蒸气。试求需要的钢管长度。

8.5 自学练习解答

一、单项选择题

1. A　2. D　3. A　4. C　5. A　6. A　7. B　8. D　9. A　10. B
11. B　12. C　13. C　14. A　15. C　16. C　17. A　18. C

二、多项选择题

1. A，C，D　2. A，B，C　3. A，B，C　4. B，C　5. A，B，C
6. A，B，C　7. A，C，D

三、简单题

1.【提示】：（1）传热过程：热量从高温流体通过壁面传向低温流体的总过程。

（2）复合传热：对流传热与辐射传热同时存在的传热过程。

（3）污垢系数：单位面积的污垢热阻。

（4）肋侧表面面积与光壁侧表面积之比。

（5）效能：换热器实际传热的热流量与最大可能传热的热流量之比。

（6）传热单元数：传热温差为1K时的热流量与热容量小的流体温度变化1K所吸收或放出的热流量之比，它反映了换热器的初投资和运行费用，是换热器的综合经济技术指标。

（7）临界热绝缘直径：对应于最小总热阻（或最大传热量）的保温层外径。

2.【提示】：从削弱导热、对流、辐射换热的途径方面来阐述。高效隔热材料都采用蜂窝状多孔性结构和多层隔热屏结构，从导热角度看，空气的导热系数远远小于固体材料，因此采用多孔结构可以显著减小保温材料的表观导热系数，阻碍了导热的进行；从对流换热角度看，多孔性材料和多层隔热屏阻隔了空气的大空间流动，使之成为尺度十分有限的微小空间。使空气的自然对流换热难以开展，有效地阻碍了对流换热的进行；从辐射换热角度分析，蜂窝状多孔材料或多层隔热屏相当于使用了多层遮热板，可以成倍地阻碍辐射换热的进行，若在隔热屏表面镀上高反射率材料，则效果更为显著。

3.【提示】①不清洁流体应在管内，因为壳侧清洗比较困难，而管内可定期拆开端盖清洗；②腐蚀性大的流体走管内，因为更换管束的代价比更换壳体要低，且如将腐蚀性强的流体置于壳侧，被腐蚀的不仅是壳体，还有管子；③温度低的流体置于壳侧，这样可以减小换热器散热损失；④压力大的流体置于管内，因为管侧耐压高，且低压流体置于壳侧时有利于减小阻力损失；⑤流量大的流体放在管外，横向冲刷管束可使表面传热系数增加；⑥黏度大的流体放在管外，可使管外侧表面传热系数增加。

4.【提示】肋高l的影响必须同时考虑它对肋片效率η_f和肋化系数β两因素的作用。l增大将使η_f降低，但能使肋面积A_2增大，从而使β增大。因此在其他条件不变的情况下，如能针对具体传热情况，综合考虑上述两项因素，合理地选取l，使$1/(h\eta_f\beta)$项达到最低值，从而获得最有利的传热系数kA值，以达到增强传热的目的。

5.【提示】LMTD法和ε-NTU法都可用于换热器的设计计算和校核计算。这两种方法的设计计算繁简程度差不多。但采用LMTD法可以从求出的温差修正系数$\varphi_{\Delta t}$的大小看出所选用的流动形式接近逆流程度，有助于流动形式的选择，这是ε-NTU法所做不到的。对于校核计算，两法都要试算传热系数，但是由于LMTD法需反复进行对数计算，故较ε-NTU法稍嫌麻烦些，校核计算时如果传热系数已知，则ε-NTU法可直接求得结果，要比LMTD法简便得多。

6.【提示】可以从导热、对流、辐射等角度举出许多隔热保温的例子。例如采用遮热板，可以显著削弱表面之间的辐射换热，从传热学原理上看，遮热板的使用成倍地增加了系统中辐射的表面热阻和空间热阻，使系统黑度减小，辐射换热量大大减少；又如采用夹层结构并抽真空，可以削弱对流换热和导热，从传热角度看，夹层结构可以使强迫对流或大空间自然对流成为有限空间自然对流，使对流传热系数大大减小，抽真空，则杜绝了空气的自然对流，同时也防止了通过空气的导热；再如表面包上高反射率材料或表面镀银，则可以减小辐射表面的吸收比和发射率（黑度），增大辐射换热的表面热阻，使辐射换热削弱，等等。

四、计算题

1.【提示】由题知：$A=11.5\text{m}^2$，$\delta=0.001\text{m}$，$\lambda=45\text{W/(m·℃)}$，$\Delta t=42℃$，$h_1=83\text{W/(m}^2\text{·℃)}$，$h_2=5300\text{W/(m}^2\text{·℃)}$，则

$$\Phi=\frac{\Delta tA}{\dfrac{1}{h_1}+\dfrac{\delta}{\lambda}+\dfrac{1}{h_2}}=393\ 99.3(\text{W})$$

2.【提示】由题知：$t_1=5℃$，$t_0=36℃$，$q_1=70\text{W/m}$，$d_1=0.07\text{m}$，$d_2=0.076\text{m}$ $h_1=3150\text{W/(m}^2\text{·℃)}$，$h_0=11\text{W/(m}^2\text{·℃)}$，$\lambda_1=43.5\text{W/(m·℃)}$，$\lambda_2=0.037\text{W/(m·℃)}$，则

$$q_1=\frac{t_1-t_0}{\dfrac{1}{\pi d_1h_1}+\dfrac{1}{2\pi\lambda_1}\ln\dfrac{d_2}{d_1}+\dfrac{1}{2\pi\lambda_2}\ln\dfrac{d_3}{d_2}+\dfrac{1}{\pi d_3h_0}}$$

$$70=\frac{36-5}{\dfrac{1}{\pi\times0.07\times3150}+\dfrac{1}{2\pi\times43.5}\ln\dfrac{76}{70}+\dfrac{1}{2\pi\times0.037}\ln\dfrac{d_3}{0.076}+\dfrac{1}{\pi d_3\times11}}$$

整理上式得

$$4.3\ln d_3=-10.643\ 91-\frac{0.028\ 9}{d_3}$$

上式可用试算法求解得

$$d_3=0.077\ 17(\text{m})$$

3.【提示】不包橡皮时的散热

$$q_1=2\pi d\Delta t=15\times\pi\times0.002\times30=2.827(\text{W/m})$$

包橡皮时的散热

$$q_1=\frac{\pi\Delta t}{\dfrac{1}{2\lambda}\ln\dfrac{d_2}{d_1}+\dfrac{1}{h_0d_0}}=4.966(\text{W/m})$$

4.【提示】已知 $A_1=1\text{m}^2$，$\delta_0=0.01\text{m}$，$\lambda=35\text{W/(m·℃)}$，$t_1=85℃$，$h_1=2500\text{W/(m}^2\text{·℃)}$，$t_0=28℃$，$h_0=5\text{W/(m}^2\text{·℃)}$，肋半厚 $\delta_f=0.002\ 5\text{m}$，肋间距 $S=0.025\text{m}$ 肋片数 $n=40$，肋高 $H=0.03\text{m}$，则

$$m=\sqrt{\frac{h}{\lambda\delta_f}}=7.56$$

$$H_C=0.032\ 5\text{m}$$

$$mH_C=0.245\ 7,\ \text{th}(mH_C)=0.240\ 9$$

$$\eta_f=\frac{1}{mH_C}\text{th}(mH_C)=0.980\ 4$$

$$A_b=0.02\times1\times40=0.8(\text{m}^2)$$

$$A_\delta=2\times0.03\times1\times40+0.005\times1\times40=2.6(\text{m}^2)$$

$$A_o=A_b+A_\delta=3.4(\text{m}^2)$$

$$\eta_0=\frac{A_b+\eta_f+A_\delta}{A_o}=\frac{0.8\times0.980\ 4\times2.6}{3.4}=0.985$$

$$\Phi=\frac{t_2-t_0}{\dfrac{1}{h_1A_1}+\dfrac{\delta_0}{\lambda A_1}+\dfrac{1}{h_0A_0\eta_0}}=943.6(\text{W})$$

5.【提示】$d_i=0.008\text{m}$，$r_i=0.004\ 4\text{m}$，$d_1=0.04\text{m}$，$r_1=0.005\text{m}$，$H=0.007\text{m}$

$r_2=r_1+H=0.005+0.007=0.012\text{m}$，$\delta=0.000\ 125\text{m}$　$H_C=H+\delta=0.007\ 125\text{m}$，

$S_1=0.004\text{m}$，$n=250$，$\lambda=45\text{W/(m}^2\cdot℃)$，$h_i=1800\text{W/(m}^2\cdot℃)$，

$t_1=45℃$，$h=55\text{W/(m}^2\cdot℃)$，$t_0=20℃$

$r_{2C}=r_2+\delta=0.012\ 125\text{m}$

$$\frac{r_{2C}}{r_1}=\frac{0.012\ 125}{0.005}=2.425$$

$$A_m=2\delta\cdot(r_{2C}-r_1)=2\times0.000\ 125\times(0.012\ 125-0.005)=3.562\ 5\times10^{-6}(\text{m}^2)$$

$$\sqrt{\frac{h_0}{\lambda A_m}}\cdot H_C^{\frac{3}{2}}=0.352\ 2\text{ 可得 }\eta_f=0.87$$

$$A_i=\pi d_i 1=\pi\times0.008\ 8\times1=0.027\ 6(\text{m}^2)$$

$$A_b=\pi d_0 1_1=\pi\times0.01\times250\times(0.004-0.000\ 25)=0.029\ 45(\text{m}^2)$$

$$\begin{aligned}A_f&=n[2\pi(r_2^2-r_1^2)+2\pi r_2\times2\delta]\\&=250[2\times\pi\times(0.012^2-0.005^2)+2\pi\times0.012\times0.000\ 25]\\&=0.1915(\text{m}^2)\end{aligned}$$

$$A_0=A_b+A_f=0.221\ 1(\text{m}^2)$$

$$\eta_0=\frac{A_b+\eta_f A_f}{A_0}=0.887\ 3$$

$$\Phi=\frac{t_i-t_0}{\dfrac{1}{h_iA_i}+\dfrac{1}{2\pi\lambda_i}\ln\dfrac{d_0}{d_i}+\dfrac{1}{h_0A_0\eta_0}}=220.8(\text{W})$$

6.【提示】两流体顺流时，$\Delta t'=260℃$，$\Delta t''=30℃$，所以

$$\Delta t_{m,S}=\frac{260-30}{\ln\dfrac{260}{30}}=\frac{230}{2.16}=106.5(℃)$$

逆流时，$\Delta t'=120℃$，$\Delta t''=170℃$，所以

$$\Delta t_{m,N}=\frac{120-170}{\ln\dfrac{120}{170}}=\frac{-50}{-0.348\ 3}=143.6(℃)$$

当传热系数 k 和热流密度相同时，逆流加热面积减少，即

$$\frac{\Delta t_{n,S}}{\Delta t_{m,N}}=\frac{106.5}{143.6}=0.741\ 6$$

$$(1-0.741\ 6)\times100=25.84\%$$

答：$\Delta t_{m,S}=106.5℃$，$\Delta t_{m,N}=143.6℃$，传热系数 k 和热流密度相同时，逆流加热面积减少 25.84%。

7.【提示】从计算管壳式换热器平均温差的公式可以看出：其大小只与四个温度有关，与流体流动方式有关，与流体的配置无关，因此热流体在管侧还是在壳侧对平均温差无影响。

逆流：$\Delta t'=170℃$，$\Delta t''=125℃$，所以

$$\Delta t_{m,N}=\frac{170-125}{\ln\dfrac{170}{125}}=\frac{45}{0.307\ 5}=146.4(℃)$$

交叉流：$P=\frac{80-25}{250-25}=\frac{55}{225}=0.24$，$R=\frac{80-25}{250-150}=\frac{55}{100}=0.55$

查主教材图 8-15，可得 $\varphi=0.99$，则 $\Delta t_m=0.99\times146.4=144.9(℃)$

所以，热流体在管侧和在壳侧 $\Delta t_{m\cdot N}=146.4℃$（逆流），交叉流两流体均不混合，$\Delta t_m=144.9℃$。

8.【提示】顺流时：$\Delta t'=110℃$，$\Delta t''=26℃$，所以

$$\Delta t_{m\cdot S}=\frac{110-26}{\ln\frac{110}{26}}=\frac{84}{1.442}=58.2(℃)$$

$$\text{所以 } A=\frac{Q}{k\Delta t_{m\cdot S}}=\frac{14\,000}{1000\times58.2}=0.24(m^2)$$

逆流时：$\Delta t'=96℃$，$\Delta t''=40℃$，所以

$$\Delta t_{m,N}=\frac{96-40}{\ln\frac{96}{40}}=\frac{56}{0.875\,5}=64(℃)$$

所以

$$A=\frac{\Phi}{k\Delta t_{m,N}}=\frac{14\,000}{1000\times64}=0.219(m^2)$$

9.【提示】锅炉省煤器中烟气横向混合，水在器中不混合，首先计算

$$\Delta t_{m\cdot N}\cdot\Delta t'=250-80=170(℃),\ \Delta t''=140-20=120(℃)$$

$$\text{所以 } \Delta t_{m\cdot N}=\frac{170-120}{\ln\frac{170}{120}}=143.6(℃)$$

$$P=\frac{80-20}{250-20}=0.26,\ R=\frac{250-140}{80-20}=1.83$$

查主教材图 8-15，可得 $\varphi=0.93$，则 $\Delta t_m=0.93\times143.6=133.5(℃)$

$$A=\frac{\Phi}{k\Delta t_m}=11(m^2)$$

利用 ε-NTU 法计算 A

$$2.5\times1.09\times1000(250-140)=G_2c_{p2}(80-20)$$

所以 $G_2c_{p2}=2725\times110/(80-20)=4995.8(W/℃)$

所以 $G_1c_{p1}=2725W/℃$ 为小值。

换热器效率 $\varepsilon_1=\frac{t_1'-t_1''}{t_1'-t_2'}=\frac{110}{230}=0.478$

$$R_1=\frac{60}{110}=0.55$$

查主教材图 8-19，可得 $NTU=0.77=\frac{kA}{G_1c_{p1}}$

所以 $A=\frac{0.77\times2725}{190}=11.0(m^2)$

因此，两种算法所得面积均为 $11m^2$。

10.【提示】用水量减一半，则 $G_2c_{p2}=\frac{4995.8}{2}=2497.9(W/℃)$

所以 $G_2c_{p2}=2497.9W/℃$ 为小值

所以 $NTU_2=\frac{190\times 11}{2497.9}=0.84$

$$R_2=\frac{G_2c_{p2}}{G_1c_{p1}}=2497.9/2725=0.917$$

查主教材图 8-19，可得 $\varepsilon_2=0.44$。

$$\varepsilon_2=\frac{t''_2-t'_2}{t'_1-t'_2}=0.44\Rightarrow t''_2=20+0.44\times 230=121.2(℃)$$

所以 $2725\times(250-t''_2)=2497.9\times(121.2-20)$

$$t''_2=250-0.917\times(101.2)=250-92.8=157.2(℃)$$

因此，烟气和水出换热器温度分别为 157.2、121.2℃。

11.【提示】$G_1c_{p1}=0.07\times 3\times 1000=210$（W/℃）

查主教材附录 7，可得 $c_{p2}=4.187$kJ/(kg℃)

$$G_2c_{p2}=0.25\times 4.187\times 1000=1046.75(\text{W/℃})$$

$$\Phi=kA\Delta t=35\times 8\left(\frac{140+t''_1}{2}-\frac{15+t''_2}{2}\right) \quad \text{(a)}$$

$$Q=210\times(140-t''_1)=1046.75\times(t''_2-15) \quad \text{(b)}$$

由（b）式得 $t''_2=43.09-0.2000t''_1$ （c）

由（a）、（b）两式得 $140\times(125+t''_1-t''_2)=1046.75\times(t''_2-15)$ （d）

将（c）式代入（d）式得 $t''_1=47.4$℃

代入（c）式得 $t''_2=33.6$℃

代入（d）式得 $Q=210\times(140-47.4)=19\,446$(W)。

12.【提示】逆流型传热量最大。设定套管换热器为逆流型，则

$$\Delta t'=120-99=21℃，\Delta t''=60-20=40(℃),$$

$$\Delta t_{m\cdot N}=\frac{21-40}{\ln\frac{21}{40}}=\frac{-19}{-0.644}=29.5(℃)$$

查主教材附录 7，可得 $c_{p2}=4.183$kJ/(kg·℃)

$$\Phi=G_2c_{p2}(99-20)=\frac{200}{3600}\times 4.183\times 1000\times 79=18\,358.7(\text{W})$$

$$G_1\times 2.1\times 1000\times(120-60)=18\,358.7$$

$$G_1=0.1457\text{kg/s}$$

所以，油的最大流量为 0.1457kg/s。

13.【提示】查主教材附录 7 得水的 $c_{p2}=4.254$kJ/(kg·℃)

$$\Phi_2=45\,500/3600\times 4.254\times 1000\times(150-80)=3\,763\,608(\text{W})$$

$$G_2c_{p2}=\frac{45\,500}{3600}\times 4.254\times 1000=53\,765(\text{W/℃})$$

$$G_1c_{p1}=\frac{3\,763\,608}{350-175}=21\,506(\text{W/℃})$$

因此废气的 G_1c_{p1} 为小值

$$\varepsilon_1=\frac{350-175}{350-80}=64.82\%$$

$$R_1=\frac{21\ 506}{53\ 765}=0.4$$

查主教材图 8-19，得 $NTU_1=1.25=\frac{kA}{G_1c_{p1}}$得

$$k=\frac{21\ 506\times1.25}{925}=29.1[W/(m^2\cdot℃)]$$

14.【提示】查主教材附录 9 得，变压器油的 c_p、ρ、ν、λ 的平均值为

$$c_{p1}=2.093kJ/(kg\cdot℃),\ \rho_1=842kg/m^3,\nu_1=8.7\times10^{-6}m^2/s,$$

$$\lambda_1=0.122W/(m\cdot℃),\ Pr_f=126$$

$$\Phi_1=m_1c_{p1}(t_1'-t_1'')=58\ 744\omega$$

$$m_1c_{p1}=979.1W/℃$$

查主教材附录 7 得冷水在平均温度$\frac{15+40}{2}=27.5℃$时的 $c_{p2}=4.176kJ/(kg\cdot℃)$

$\rho_2=996.3kg/m^3$ 代入

$m_2c_{p2}(t_2''-t_2')=\Phi_1,m_2=\frac{58\ 744}{4176\times(40-15)}=0.563(kg/s)$

$m_2c_{p2}=0.563\times4176=2351.1(W/℃)$

因此，m_1c_{p1}为小值。$R_1=\frac{G_1c_{p1}}{G_2c_{p2}}=0.417$

$$\varepsilon_1=\frac{90-30}{90-15}=0.8$$

设盘管换热器为逆流，查主教材图 8-18，将 NTU=2.1 代入 NTU 的定义式 $NTU=\frac{KF}{m_1c_{p1}}$，可得

$$KF=2.1\times979.1=2055.1(W/℃)$$

确定 k 值：油在管中流速 $\omega=2/\left(3600\times\frac{\pi}{4}\times0.05^2\right)=0.283(m/s)$

油的 $Re=\frac{w\cdot d}{\nu}=0.283\times0.05/8.7\times10^{-6}=1626.4$

为层流流动，选用的 Nu 计算式 $Nu_f=1.86\ (Re_fPr_f)^{0.33}\left(\frac{d}{L}\right)^{0.33}\left(\frac{\mu_5}{\mu_\omega}\right)^{0.14}\cdot C_R$

设壁面平均温度为 40℃，$\mu_f=73.16\times10^{-4}$，$\mu_\omega=142.2\times10^{-4}$

$C_R=1+10.3\left(\frac{d}{R}\right)^3=1+10.3\left(\frac{0.05}{0.4}\right)^3=1.02$，代入 $N\mu_f$计算式得

$$Nu_f=1.86(1626.4\times126)^{0.33}\times\left(\frac{0.05}{L}\right)^{0.33}\times0.91\times1.02$$

$$=1.86\times56.6\times0.91\times1.02\times0.3721\times\left(\frac{1}{L^{0.33}}\right)=36.36\frac{1}{L^{0.33}}$$

$$Nu_f=\frac{\alpha d}{\lambda}$$

所以
$$d=\frac{36.36\times0.122}{0.05}\cdot\frac{1}{L^{0.33}}=88.72\frac{1}{L^{0.33}}$$

令 $k=h$，因为垢阻 0.000 7$(m^2\cdot℃)$ /W 和水侧对流换热阻力均小

因此 $F=\frac{2056.1\cdot L^{0.33}}{88.72}=\pi\cdot d\cdot L$

所以管长 $L^{0.67}=\frac{2056.1}{88.72\times\pi\times 0.05}=147.56$

$0.67\ln L=\ln 147.56=4.994$，则 $\ln L=7.454$

$L=1726\text{m}$

代入 h 计算式，得 $h=7.59\text{W}/(\text{m}^2\cdot℃)$，热阻为 $1/h=0.1317(\text{m}^2\cdot℃)/\text{W}$，比垢阻 $0.0007(\text{m}^2\cdot℃)/\text{W}$ 和水侧热阻 0.0017 均大很多。

故 $K=h$ 的假设正确。

15.【提示】(1) 确定换热器最大可能的传热量

$$\Phi_{\max}=C_{\min}\Delta t'=(0.125\times 2100)\times(210-40)=44\,625(\text{W})$$

根据热平衡方程式 $C_1(t'_1-t''_1)=C_2(t''_2-t'_2)$ 确定热流体出口温度，即

$$t''_1=t'_1-\frac{C_2(t''_2-t'_2)}{C_1}=210-\frac{0.125\times 4200\times(95-40)}{0.125\times 2100}=110(℃)$$

(2) 确定换热器的效能

$$\varepsilon=\frac{t'_1-t''_1}{t''_2-t'_2}=\frac{210-110}{210-40}=0.588$$

(3) 确定换热器的面积

对数平均温差：$\Delta t'=210-95=115(℃)$，$\Delta t''=110-40=70(℃)$

$$\Delta t_{\text{m}}=\frac{\Delta t_{\max}-\Delta t_{\min}}{\ln\frac{\Delta t_{\max}}{\Delta t_{\min}}}=\frac{\Delta t'-\Delta t''}{\ln\frac{\Delta t'}{\Delta t''}}=\frac{115-70}{\ln\frac{115}{70}}=90.65(℃)$$

$$\Phi=C_1(t'_1-t''_1)=(0.125\times 2100)\times(210-110)=26\,250(\text{W})$$

$$k=\frac{1}{\frac{1}{h_1}+r_1+\frac{1}{h_2}+r_2}=\frac{1}{\frac{1}{2000}+0.0004+\frac{1}{120}+0.0001}=107.14[\text{W}/(\text{m}^2\cdot\text{K})]$$

$$A=\frac{\Phi}{k\Delta t_{\text{m}}}=\frac{26\,250}{107.14\times 90.65}=2.7(\text{m}^2)$$

16.【提示】：对蒸汽：$C_{\text{s}}=m_{\text{s}}c_{\text{s}}=5.0\times 1.8=9.0(\text{kW}/℃)$

对油：$C_{\text{o}}=m_{\text{o}}c_{\text{o}}=1.0\times 1.9=1.9(\text{kW}/℃)$

$$C_{\min}/C_{\max}=1.9/9.0=0.21$$

$$\text{NTU}=kA/C_{\min}=275\times 10.0/1900=1.447$$

由于蒸汽侧混合，则

$$\varepsilon=\frac{C_{\max}}{C_{\min}}\left\{1-\exp\left[-\frac{C_{\min}}{C_{\max}}(1-\exp(-\text{NTU}))\right]\right\}$$

$$=\frac{1}{0.21}\{1-\exp[-0.21(1-\exp(-1.447))]\}=0.706$$

$$\varepsilon=\frac{t'_{\text{o}}-t''_{\text{o}}}{t'_{\text{s}}-t'_{\text{o}}}$$

$$\Delta t_{\text{o}}=t'_{\text{o}}-t''_{\text{o}}=\varepsilon(t'_{\text{s}}-t'_{\text{o}})=0.706\times(150-20)=91.8(℃)$$

油的出口温度为 $t''_{\text{o}}=t'_{\text{o}}+\Delta t_{\text{o}}=20+91.8=111.8(℃)$

$$m_{\text{s}}c_{\text{s}}(t'_{\text{s}}-t''_{\text{s}})=m_{\text{o}}c_{\text{o}}\Delta t_{\text{o}}$$

蒸汽的出口温度为 $t_s''=t_s'-\frac{m_o c_o}{m_s c_s}\Delta t_o=150-0.21\times 91.8=130.6(℃)$

17.【提示】：本题属换热器的校核计算问题，因水的出口温度未知，因而采用 ε - NTU 法较方便。

因为在该法中水的出口温度仅影响传热系数 k 中的物性参数。

水蒸气物性参数：

$p_s=0.14\times 10^5\text{Pa}$，$T_s=327\text{K}$，$c_{p1}=1902\text{J/(kg·K)}$，$r_1=2377\text{kJ/kg}$。

假定水的出口温度为 $t_2''=44℃$，则平均温度 $t_{2m}=\frac{1}{2}\ (20+44)\ =32(℃)$

对应水的物性参数：

$\lambda_2=0.621\text{W/(m·K)}$，$\nu_2=0.776\times 10^{-6}\text{m}^2/\text{s}$，$Pr_2=5.2$，$c_{p2}=4174\text{J/(kg·K)}$，$\rho_2=995\text{kg/m}^3$。

黄铜导热系数：$\lambda_{cu}=117\text{W/(m·K)}$。

(1) 先求管内流体表面传热系数 h_1：

$$Re_2=\frac{ud_i}{\nu_2}-\frac{1.25\times 13.4\times 10^{-3}}{0.776\times 10^{-6}}=21\ 585$$

$$Nu_2=0.023\times Re_2^{0.8}Pr_2^{0.4}=0.023\times 21\ 585^{0.8}\times 5.2^{0.4}=130.45$$

$$h_i=\frac{Nu_2\lambda_2}{d_i}=\frac{130.45\times 0.621}{13.4\times 10^3}=6045[\text{W/(m}^2\text{·K)}]$$

故总传热系数

$$k=\frac{1}{\frac{1}{h_0}+\frac{d_0}{d_i}\frac{1}{h_i}+\frac{d_0}{2\lambda_{cu}}\ln\frac{d_0}{d_i}}$$

$$=\frac{1}{\frac{1}{13\ 500}+\frac{15.9}{13.4}\times\frac{1}{6045}+\frac{15.9\times 10^{-3}}{2\times 117}\ln\frac{15.9}{13.4}}=3540[\text{W/(m}^2\text{·K)}]$$

(2) 水侧质量流量：$q_{m2}=\rho_2 u_2\ \frac{\pi}{4}d_i^2 N=995\times 1.25\times\frac{\pi}{4}\times 0.134^2\times 130=22.8(\text{kg/s})$

因壳侧为水蒸气凝结，故 $(q_m c_p)_{max}\rightarrow\infty$

$$(q_m c_p)_{max}=q_{m2}c_{p2}=22.8\times 4174=95\ 167(\text{W/K})$$

管外换热面积 $A=2\pi d_0 lN=2\pi\times 0.015\ 9\times 2\times 130=25.975(\text{m}^2)$

所以 $\text{NTU}=(kA)/(q_m c_p)_{min}=\frac{3546\times 25.975}{95\ 167}=0.968$

而 $\frac{(q_m c_p)_{min}}{(q_m c_p)_{max}}=0$。由主教材式（8-46）计算可得，$\varepsilon=0.63$。

而 $\varepsilon=\frac{|t'-t''|_{max}}{t'_1-t''_2}=\frac{t''_2-t_2}{t'_1-t'_2}$（因 $t_1'=t_1''=t_s=327\text{K}$）

出口水温 $t_2''=t_2'+\varepsilon(t_1'-t_2')\ =20+0.63\times(54-20)=41.4(℃)$

(3) 先求换热量，由 $\Phi=kA\Delta t_m=q_{m2}c_{p2}(t''_2-t'_2)$

得 $\Phi=22.8\times 4174\times(41.4-20)=2\ 036\ 578(\text{W})$

所以蒸汽凝结率为 $q_{m1}=\frac{\Phi}{r_1}=\frac{2\ 036\ 578}{2377\times 10^3}=0.857(\text{kg/s})=3084(\text{kg/h})$

注意：

1）题中管内 $l/d_i=\frac{2000}{13.4}=149.3>60$，故不必进行管长修正。

2）由牛顿冷却公式 $\Phi=h_iA_i(t_{wi}-t_m)=h_iA_i\Delta t$，得管内流体与壁温之差

$$\Delta t=\frac{\Phi}{2h_i\pi d_ilN}=\frac{2\ 036\ 578}{2\times 6045\pi\times 0.013\ 4\times 2\times 130}=15.4℃<20℃$$

故也可不考虑温差的修正。

3）本题用于计算水的物性时所假定的 $t''_2=44℃$ 是合理的，且由于 t''_2 只影响到物性参数，故不必进行迭代计算。

18.【提示】：(1) 油的进出口温度为：$t'_1=107℃$，$t''_1=30℃$

水的进出口温度为 $t'_2=20℃$，$t''_2=60℃$

对数平均温差为 $\Delta t_m=\frac{\Delta t_{max}-\Delta t_{min}}{\ln\frac{\Delta t_{max}}{\Delta t_{min}}}=\frac{47-10}{\ln\frac{47}{10}}=23.902(℃)$

换热量为 $\Phi=q_2c_2(t''_2-t'_2)=1.4\times 4174\times(60-20)=233744(W)$

由式 $\Phi=kA\Delta t_m$ 得

$$A=\frac{\Phi}{k\Delta t_m}=\frac{233\ 744}{450\times 23.902}=21.732(m^2)$$

(2) 由能量平衡方程 $q_1c_1(t'_1-t''_1)=q_2c_2(t''_2-t'_2)$ 得

$$c_1=\frac{q_2c_2(t''_2-t'_2)}{q_1(t'_1-t''_1)}=\frac{1.4\times 4174\times(60-20)}{1840\times(107-30)}=1.65(kg/s)$$

(3) 有污垢后的传热系数为

$$k_o=\frac{1}{\frac{1}{h_i}+\frac{1}{h_o}}=\frac{1}{\frac{1}{650}+\frac{1}{3500}}=548.11(m^2\cdot K/W)$$

污垢热阻为 $R_f=\frac{1}{k}-\frac{1}{k_o}=\frac{1}{450}-\frac{1}{548.11}=0.000\ 396(m^2\cdot K/W)$

19.【提示】(1) 由能量平衡 $q_{m1}c_1\Delta t_1=q_{m2}c_2\Delta t_2$（下标 1 代表烟气参数，下标 2 代表空气参数）得

$$\Delta t_2=\frac{q_{m1}c_1\Delta t_1}{q_{m2}c_2}=\frac{35\times 1200\times(250-120)}{30\times 1000}=182(℃)$$

$$t''_2=\Delta t_2+t'_2=212(℃)$$

(2) 该空气预热器的总传热系数为

$$k=\frac{1}{\frac{1}{h_1}+\frac{1}{h_2}}=\frac{1}{\frac{1}{80}+\frac{1}{70}}=37.33[W/(m^2\cdot K)]$$

(3) 对数平均温差为

$$\Delta t_m=0.9\times\frac{\Delta t_{max}-\Delta t_{min}}{\ln\frac{\Delta t_{max}}{\Delta t_{min}}}=0.9\times\frac{90-38}{\ln\frac{90}{38}}=54.28(℃)$$

由能量守恒定律 $kA\Delta t_m=q_{m1}c_1\Delta t_1=q_{m2}c_2\Delta t_2$ 得

$$A=\frac{q_{m1}c_1\Delta t_1}{k\Delta t_m}=\frac{35\times 1200\times(250-120)}{37.33\times 54.28}=2694.6(m^2)$$

由题知：$t_1'=250℃$，$t_2''=130℃$，$t_2'=30℃$

$$q_{m1}c_1\Delta t_1 = q_{m2}c_2\Delta t_2$$

所以 $\Delta t_2=\dfrac{q_{m1}c_1\Delta t_1}{q_{m2}c_2}=\dfrac{35\times1200\times(250-130)}{30\times1000}=168(℃)$

$$t_2''=\Delta t_2+t_2'=3+168=198(℃)$$

$$\Delta t_m=0.9\times\frac{\Delta t_{max}-\Delta t_{min}}{\ln\dfrac{\Delta t_{max}}{\Delta t_{min}}}=0.9\times\frac{100-52}{\ln\dfrac{100}{52}}=66.07(℃)$$

(4) $k'A\Delta t_m=q_{m1}c_1\Delta t_1=q_{m2}c_2\Delta t_2$

$$k'=\frac{q_{m1}c_1\Delta t_1}{A\Delta t_m}=\frac{35\times1200\times(250-130)}{2694.6\times66.07}=28.31[W/(m^2\cdot K)]$$

$$R_f=\frac{1}{k'}-\frac{1}{k}=\frac{1}{28.31}-\frac{1}{37.33}=0.0085(m^2\cdot K/W)$$

20. **【提示】** 150 根管子的通流面积 $A_0=\dfrac{\pi}{4}d_i^2\times n=\dfrac{\pi}{4}(0.032)^2\times150=0.121(m^2)$

空气在管内流速 $\omega=\dfrac{5200}{3600\times0.121}=11.94(m/s)$

在空气平均温度$\dfrac{90+2}{2}=46℃$时的 $c_p=1005J/(kg\cdot℃)$，

$\nu=17.55\times10^{-6}m^2/s$，$Pr=0.698$，$\rho=1.107kg/m^3$，$\lambda=2.80\times10^{-2}W/(m\cdot℃)$

计算 $Re=\dfrac{w\cdot d}{\nu}=21\ 770$ 为紊流流动，选取公式

$$Nu_f=0.023Re_f^{0.8}Pr_f^{0.3}=0.023(21\ 770)^{0.8}\times(0.698)^{0.3}=60.99$$

$$h=\frac{60.99\times2.80}{0.032\times100}=53.36[W/(m^2\cdot℃)]$$

令 $k=h=53.36W/(m^2\cdot℃)$

查主教材附录 7 得，压力为 1.98×10^5Pa 时水蒸气的温度 $t_1=120℃$，则

$$\Delta t_m=\frac{(120-2)-(120-90)}{\ln\dfrac{118}{30}}=64.3(℃)$$

由空气侧得 $\Phi=\dfrac{5200\times1.107}{3600}\times1005\times(90-2)=141\ 416(W)$

$\Phi=kA\Delta t_m$ 得 $A=\dfrac{141\ 416}{53.36\times64.3}=41.2(m^2)$

因此可求得管长 $A=\pi\cdot d\cdot L\times n$

$$L=\frac{F}{\pi\cdot d\cdot n}=2.3(m)$$

水蒸气量 $M_1(1-0.06)\times r=\Phi$，由于 $r=2203.3kJ/kg$，故

$$M_1=\frac{141\ 416\times3600}{0.94\times2\ 203\ 300}=246(kg/h)$$

答：水蒸气量 246kg/h，管长 2.3m。

21. **【提示】** $Re=10^4=\dfrac{\omega_m\cdot d}{\mu}$ (a)

式中，ω_m 为质量流速，其单位为 kg/(m・s)。

设管壳式换热器中的钢管有 n 根，因此，其通流截面积 A_0 由下式求得：

$$A_0=\frac{\pi}{4}d^2\times n$$

所以
$$\omega_m=\frac{m\times 4}{3600\times\pi d^2\cdot n}\quad \mathrm{kg/(m^2\cdot s)}$$

代入到（a）式得

$$\frac{4md}{3600\pi d^2 n\mu}=10^4$$

所以 $n=\frac{4m}{10^4\times 3600\pi d\mu}=3.54\times 10^{-8}\frac{m}{\mu d}$

答：换热器中管径为 d(m) 的钢管需要 $3.54\times 10^{-8}m/\mu d$ 能使换热系数达到最大值。

22.【提示】最大传热量 $\Phi=0.125\times 4200\times(95-40)=28\ 875(\mathrm{W})$

代入热平衡式

$28\ 875=0.125\times 2100\ (210-t_1'')$，所以 $t_1''=210-110=100(℃)$

因 $m_1c_{p1}=262.5\mathrm{W/℃}$，$m_2c_{p2}=525(\mathrm{W/℃})$

m_1c_{p1} 为小值，所以 $E_1=\frac{210-100}{210-40}=0.65$

逆流的 $\Delta t_{m,N}=\frac{(210-95)-(100-40)}{\ln\frac{115}{60}}=84.5(℃)$

顺流的 $\Delta t_{m,S}=\frac{(210-40)-(100-95)}{\ln\frac{210-40}{100-95}}=46.9(℃)$

逆流顺流面积比 A_N/A_S

$$\frac{A_N}{A_S}=\frac{\Delta t_{m,S}}{\Delta t_{m,N}}=\frac{46.8}{84.5}=0.55$$

23. 解：计算 $\Delta t_{m,N}=\frac{(100-50)\ -(65-25)}{\ln\frac{100-50}{65-25}}=44.8(℃)$

代入传热公式 $\Phi=kA\Delta t_{m,N}$，$25\ 000=340\times 44.8\times A$

所以 $A=1.64\mathrm{m^2}$，油测结垢后 $k=\frac{1}{0.004+\frac{1}{340}}=144[\mathrm{W/(m^2\cdot ℃)}]$

此时传热 25kW 需面积 $144\times 44.8\times A=25\ 000$，得 $A=3.9\mathrm{m^2}$。若面积不变，入口温度不变，则换热量 $\Phi=144\times 1.64\times 44.8=10\ 580\mathrm{W}$，减少 $25-10.58=14.42(\mathrm{kW})$。

24.【提示】血液的 $m_2c_{p2}=0.05\times 3500=175(\mathrm{W/℃})$

查主教材附录 6 得水在 60℃的 $c_{p1}=4179\mathrm{J/(kg\cdot ℃)}$，因此

水的 $m_1c_{p1}=0.1\times 4170=417.9(\mathrm{W/℃})$

传热面积 $A=0.5\times\pi\times d=0.5\times 0.055\times\pi=0.086\ 4(\mathrm{m^2})$

因血的 m_2c_{p2} 为小值，所以 $\mathrm{NTU}_2=\frac{kA}{m_2c_{p2}}=0.2$

$$R_2 = \frac{m_2 c_{p2}}{m_1 c_{p1}} = 0.419$$

代入 $\varepsilon = \dfrac{1-\exp[\mathrm{NTU}(R-1)]}{1-R\exp[\mathrm{NTU}(R-1)]} = 0.212$

代入 $\varepsilon = \dfrac{t_2''-t_2'}{t_1'-t_2'}0.212\times(60-18) = t_2'', t_2'' = 26.9℃$

答：血液的出口温度 $t_2''=26.9℃$。

25.【提示】由题可知：

$\Phi=3\times2014.4\times1000=6\ 043\ 200(\mathrm{W})$

代入 $\Phi = m_1 c_{p1}(t_1'-t_1'')$，$6\ 043\ 200=10\times1120(1127-t_1'')$，$t_1''=587.4℃$

$$\Delta t_{\mathrm{m,N}} = \frac{(1127-177)-(587-177)}{\ln\dfrac{1127-177}{587-177}} = 642.6(℃)$$

因冷流体汽化 $t_2'=t_2''=177℃$

故 $\Delta t_{\mathrm{mj}}=\Delta t_{\mathrm{m,N}}$，所以 $A=\dfrac{\Phi}{k\Delta t_{\mathrm{m,N}}}=188(\mathrm{m}^2)$

500根钢管的 $A_{\mathrm{t}}=\pi\times0.025\times500\times L$，$L=\dfrac{188}{39.27}=4.8(\mathrm{m})$

附录 模拟测试题

模拟测试题一（32学时适用）

一、分析题（每题8分，共48分）

1. 说明得出导热微分方程所依据的基本定律。

2. 一无内热源平壁稳态导热时的温度场如附图1所示。试问平壁的导热系数是随温度增加而增加，还是随温度增加而减少？为什么？

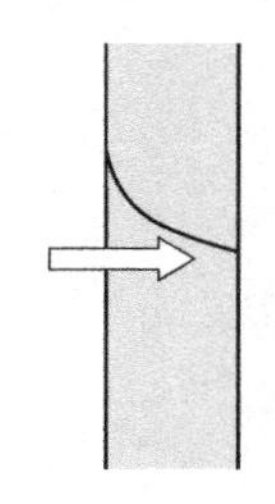

附图1 温度场

3. 什么是热边界层？能量方程在热边界层中得到简化所必须满足的条件是什么？这样的简化有何好处？

4. 写出格拉晓夫数 Gr 的定义式，解释其物理意义，并说明它一般用于计算哪种形式的换热？

5. 两块大平板中间放置第三块平板，可起到减少辐射传热的作用，故称第三块平板为遮热板。请回答下面两个问题并解释原因：

（1）遮热板的位置移动，不在正中间，遮热效果是否受影响？

（2）如果遮热板两表面发射率不同，板的朝向会不会影响遮热效果？

6. “善于发射的物体必善于吸收”，即物体辐射力越大，其吸收比也越大。你认为对吗？

二、计算题（共52分）

1. （16分）一直径为4mm、长度为1m的不锈钢导线通有200A的电流。不锈钢的导热系数 $\lambda=19\mathrm{W/(m\cdot K)}$，此导线单位长度电阻为 $0.1\Omega/\mathrm{m}$。导线与温度为110℃的流体进行对流换热，表面传热系数为 $4000\mathrm{W/(m^2\cdot K)}$。求导线中心的温度。

提示：第一类边界条件下有内热源时圆柱体内的温度分布计算公式为 $t=\dfrac{\dot{\Phi}}{4\lambda}(R^2-r^2)+t_w$。

2. （18分）一个学生在4min内匀速跑完1000m。为了估计他在跑步过程中的散热损失，可以作这样的简化：把人体看成是高1.75m、直径为0.35m的圆柱体，皮肤温度作为柱体表面温度，取为30℃；空气是静止的，温度为10℃。不计柱体两端面的散热，试据此估算本学生跑完全程后的散热量（不计出汗散失的部分）。

假定可采用如下的流体外掠圆柱体换热准则式：$Nu=0.0266Re^{0.805}Pr^{1/3}$

空气的物性参数为

10℃：$\lambda=0.0251\mathrm{W/(m\cdot ℃)}$，$\nu=14.16\times10^{-6}\mathrm{m^2/s}$，$Pr=0.705$

30℃：$\lambda=0.0267\mathrm{W/(m\cdot ℃)}$，$\nu=16.00\times10^{-6}\mathrm{m^2/s}$，$Pr=0.701$

3. （18分）一房间的长×宽×高＝4m×3m×2.5m，天花板绝热，地板与墙壁表面温度均匀且分别恒为30℃与15℃，房间所有内表面均为漫射灰表面，发射率均为0.8，如附图2所示。假定：（1）可略去房内的自然对流；（2）地板对天花板的角系数为0.29，求：（a）辐射网络图；（b）地板对墙壁的辐射热损；（c）天花板的内壁温。

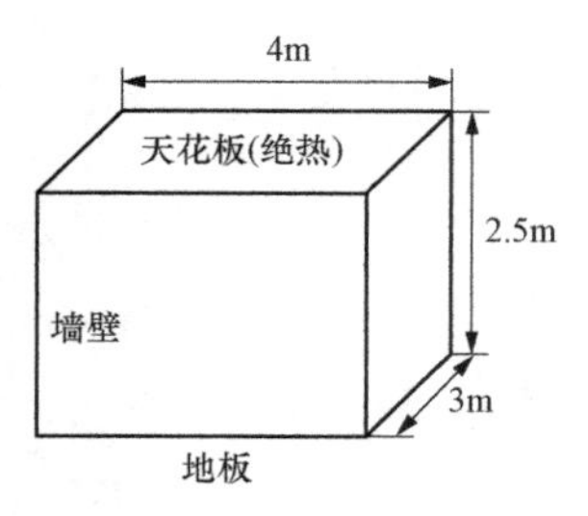

附图2 房间模型

模拟测试题一（32 学时适用）答案

一、分析题（每题 8 分，共 6 分）

1. 答：能量守恒方程和傅里叶定律。

2. 答：平壁的导热系数是随温度增加而减小。

由图可知，高温区，温度梯度大；低温区，温度梯度小。对于稳态导热过程，根据傅里叶导热定律：$q=-\lambda\dfrac{\partial t}{\partial x}$，于是高温区的导热系数小，低温区的导热系数大。因此平壁的导热系数随温度增加而减小。

3. 答：流体流过壁面时流体温度发生显著变化的一个薄层。能量方程得以在边界层中简化，必须存在足够大的贝克莱数，即 $Pe=Re\cdot Pr\gg 1$，也就是具有 $1/\Delta^2$ 的数量级，此时扩散项$\dfrac{\partial^2\Theta}{\partial X^2}$才能够被忽略。从而使能量微分方程变为抛物型偏微分方程，成为可求解的形式。

4. 答：$Gr=\dfrac{g\beta\theta_w L^3}{\nu^2}$

物理意义：反映了流体温差引起的浮升力所导致的自然对流流场中的流体惯性力与其黏性力之间的对比关系。一般用于自然对流换热。

5. 答：(1) 不会。

设三块板的面积和发射率分别为 A_1，A_2，A_3；ε_1，ε_2，ε_3

则板间辐射换热量为

$$\Phi=\frac{E_{b1}-E_{b2}}{\dfrac{1-\varepsilon_1}{A_1\varepsilon_1}+\dfrac{1}{A_1X_{13}}+\dfrac{2(1-\varepsilon_3)}{A_3\varepsilon_3}+\dfrac{1}{A_2X_{23}}+\dfrac{1-\varepsilon_2}{A_2\varepsilon_2}}，其中\ X_{13}=X_{23}=1$$

且 A、ε 与两板间的距离无关。由此换热量 Φ 也与两板间距离无关，则两板间的位置移动，遮热效果不会受到影响。

(2) 不会。

两板面发射率不同，可设两板面的发射率分别为 ε_3'、ε_3''，两板面的表面辐射热阻分别为 $R_3'=\dfrac{1-\varepsilon_3'}{A_3\varepsilon_3'}$，$R_3''=\dfrac{1-\varepsilon_3''}{A_3\varepsilon_3''}$，则

$$\Phi=\frac{E_{b1}-E_{b2}}{\dfrac{1-\varepsilon_1}{A_1\varepsilon_1}+\dfrac{1}{A_1X_{13}}+\dfrac{1-\varepsilon_3'}{A_3\varepsilon_3'}+\dfrac{1-\varepsilon_3''}{A_3\varepsilon_3''}+\dfrac{1}{A_2X_{23}}+\dfrac{1-\varepsilon_2}{A_2\varepsilon_2}}$$

由上式知换热量不会受到板间朝向的影响，因此不会影响到遮热效果。

6. 答：这句话是不对的。

“善于发射的物体必善于吸收”是基于基尔霍夫定律的。它的成立前提包括：(1) 物体表面必须处于孤立热平衡状态；(2) 辐射源是黑体。在满足上述两个条件下，才能说“物体辐射力越大，其吸收比也越大。”

二、计算题（共 52 分）

1. 解：由能量守恒

$$I^2R=hA\Delta t=hA(t_w-t_\infty)$$

解得

$$t_w = 189.6℃$$

$I^2R = \Phi \cdot V = \Phi \cdot \dfrac{\pi d^2 l}{4}$，得 $\Phi = 3.18 \times 10^8 (W/m^3)$

代入公式得 $t_0 = 206.4℃$

2. 解：此问题可以看作空气外掠圆柱体的问题，定性问题根据膜温计算

$$t_m = \frac{t_w + t_a}{2} = \frac{10+30}{2} = 20(℃)$$

空气 20℃时的物性，可依据 10℃和 30℃时的值线性插值得

$$20℃: \lambda = 0.025\ 9 W/(m \cdot ℃),\ \nu = 15.1 \times 10^{-6} m^2/s,\ Pr = 0.703$$

空气流速可根据学生跑步速度计算：

$$u = \frac{S}{t} = \frac{1000}{4 \times 60} = 4.17(m/s)$$

因 $Re = \dfrac{ud}{\nu} = \dfrac{4.17 \times 0.35}{15.1 \times 10^{-6}} = 96\ 800$

由 $Nu = 0.026\ 6 Re^{0.805} Pr^{1/3} = 0.026\ 6 \times 96\ 800^{0.805} \times 0.703^{1/3} = 244$

可得对流换热系数 $h = \dfrac{Nu\lambda}{d} = \dfrac{244 \times 0.025\ 9}{0.35} = 18.1 [W/(m^2 \cdot ℃)]$

故换热量 $\Phi = hA(t_w - t_a) = 18.1 \times 3.14 \times 0.35 \times 1.75 \times (30-10) = 694.2(W)$

全程散热量：$\Phi' = \Phi \times 240 = 166.616(kJ)$

3. 解：地板为表面 1，墙壁为表面 2，天花板为表面 3。画出辐射网络图（见附图 3）

附图 3　辐射网络图

$X_{1,3} = X_{3,1} = 0.29$

$X_{1,2} = X_{3,2} = 1 - X_{1,3} = 1 - 0.29 = 0.71$

$R_1 = \dfrac{1-\varepsilon_1}{\varepsilon_1 A_1} = \dfrac{0.2}{0.8 \times 12} = 0.020\ 8$

$R_{12} = \dfrac{1}{A_1 \cdot X_{1,2}} = \dfrac{1}{12 \times 0.71} = 0.117$

$R_2 = \dfrac{1-\varepsilon_2}{\varepsilon_2 A_2} = \dfrac{1-0.8}{0.8 \times 35} = 0.007$

$R_{1,3} = \dfrac{1}{A_1 \cdot X_{1,3}} = \dfrac{1}{12 \times 0.29} = 0.287$

$R_{2,3} = \dfrac{1}{A_3 \cdot X_{3,2}} = \dfrac{1}{12 \times 0.71} = 0.117$

$E_{b2} = \sigma T_2^4 = 5.67 \times 10^{-8} \times 288.15^4 = 390.89(W/m^2)$

$E_{b1} = \sigma T_1^4 = 5.67 \times 10^{-8} \times 303.15^4 = 478.87(W/m^2)$

$$\Phi_{1,2} = \frac{E_{b1} - E_{b2}}{R_1 + R_2 + \dfrac{1}{\dfrac{1}{R_{12}} + \dfrac{1}{R_{13} + R_{23}}}} = 742.44(W)$$

由于墙壁为绝热表面，故 $\Phi_1 = \Phi_{1,2} = -\Phi_2$，由

$$\Phi_1 = \frac{E_{b1} - J_1}{R_1} = \frac{J_2 - E_{b2}}{R_2}$$

可以得出：

$$J_1 = 463.4\text{W/m}^2, J_2 = 396.08\text{W/m}^2$$

又因为 $\dfrac{J_1 - J_3}{R_{13}} = \dfrac{J_3 - J_2}{R_{23}}$

可以得出

$$J_3 = \sigma_0 T_3^4 = 415.58\text{W/m}^2,\ T_3 = 292.6\text{K}$$

模拟测试题二（32学时适用）

一、分析题（每题8分，共48分）

1. 导热系数和热扩散系数各自从什么地方产生？它们各自反映了物质的什么特性？并指出它们的差异？

2. 一无内热源圆筒壁稳态导热，外表面温度为 t_2，内表面温度为 t_1。请画出如下两种情况下的温度分布：（1）$t_1>t_2$；（2）$t_1<t_2$。

3. 什么是速度边界层？高黏度的油类流体，沿平板做低速流动，该情况下边界层理论是否适用？为什么？

4. 流体外掠平板的层流流动中对流换热的能量微分方程如下所示，请说明方程中各项的含义，并说明在什么条件下它可以简化为导热微分方程？

$$\rho c_p\left(\frac{\partial t}{\partial \tau}+u\frac{\partial t}{\partial x}+v\frac{\partial t}{\partial y}\right)=\lambda\left(\frac{\partial^2 t}{\partial x^2}+\frac{\partial^2 t}{\partial y^2}\right)+\mu\Phi$$

5. 如附图4所示的真空辐射炉，球心处有一黑体加热元件，试分别比较球面上 a、b、c 三点处的定向辐射强度以及方向辐射力的大小。

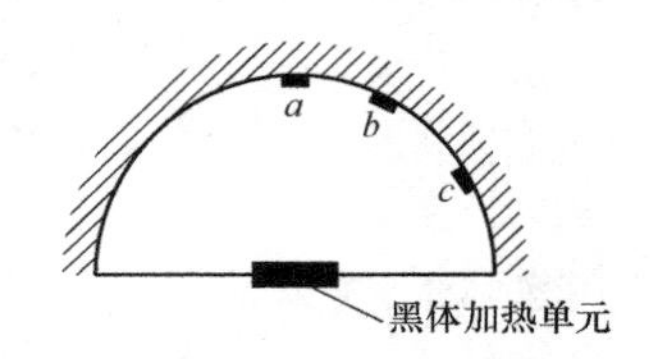

附图4　真空辐射炉

6. 解释漫灰表面所具有的辐射和吸收特性。

二、计算题（共52分）

1. （12分）一根体温计的水银泡长10mm、直径4mm，护士将它放入病人口中之前，水银温度为18℃；放入病人口中时，水银泡表面的表面传热系数为85W/(m^2·K)。如果要求测温误差不超过0.2℃，试求体温计放入口中后，至少需要多长时间，才能将它从体温为39.4℃的病人口中取出。已知水银泡的物性参数为密度 ρ=13 520kg/m^3，比热容 c=139.4J/(kg·℃)，导热系数 λ=8.14W/(m·K)。

2. （20分）水以0.4m/s的速度在壁温为20℃、内直径为20mm的管内流动，入口处水的温度为50℃，试计算要使出口处的水温达到40℃，所需要的管长（饱和水的热物理性质见附表1）。

附表1　　饱和水的热物理性质

t (℃)	ρ (kg/m^3)	c_p [kJ/(kg·K)]	$\lambda\times10^2$ [W/(m·K)]	$\mu\times10^6$ [kg/(m·s)]	$\nu\times10^6$ (m^2/s)	Pr
20	998.2	4.183	59.9	1004	1.006	7.02
30	995.7	4.174	61.8	801.5	0.805	5.42
40	992.2	4.174	63.5	653.5	0.659	4.31
50	988.1	4.174	64.8	549.4	0.556	3.54

提示：管内对流换热可选如下准则关系式计算：

管内层流：$Nu=1.86\left(RePr\,\frac{d}{l}\right)^{1/3}\left(\frac{\mu_f}{\mu_w}\right)^{0.14}$

管内紊流：$Nu=0.023Re^{0.8}Pr^{0.3}$

3.（20分）有如附图5所示的几何体，顶部半球表面3绝热；底面圆盘（直径 $d=0.2\text{m}$）分为大小相等的两半圆，其中表面1为灰体，温度 $T_1=550\text{K}$，黑度 $\varepsilon_1=0.35$，表面2为黑体，温度 $T_2=330\text{K}$。

（1）画出三个表面辐射换热的网络图；

（2）计算表面1的辐射热损失；

（3）计算表面3的温度。

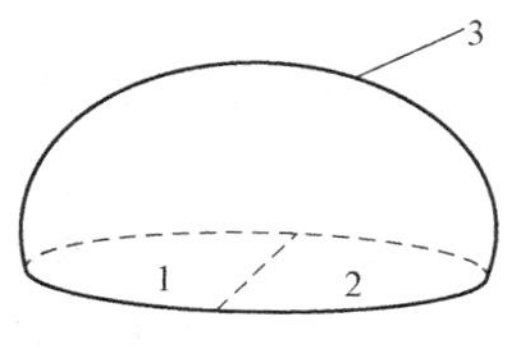

附图5　几何体

模拟测试题二（32 学时适用）答案

一、分析题（每题 8 分，共 48 分）

1. 答：导热系数是从傅里叶定律定义出来的一个物性量，它反映了物质的导热性能；热扩散系数是从导热微分方程式定义出来的一个物性量，它反映了物质的热量扩散性能，也就是热流在物体内渗透的快慢程度。两者的差异在于前者是导热过程的静态特性量，后者则是导热过程的动态特性量，因而热扩散系数反映的是非稳态导热过程的特征。

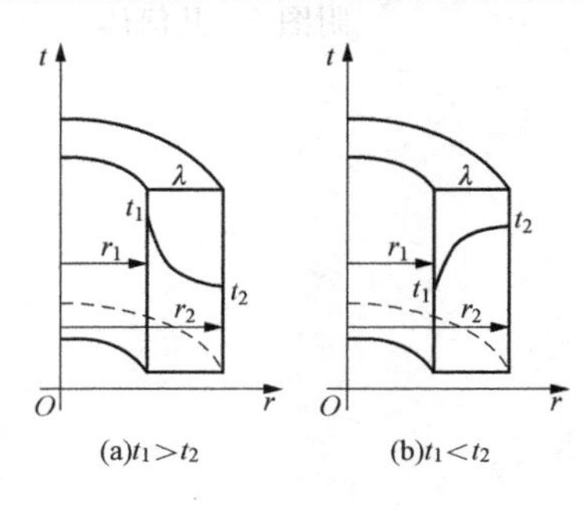

附图 6

2. 答：如附图 6 所示。

3. 答：流体流过壁面时流体速度发生显著变化的一个薄层。边界层理论适用时，需要使边界层为一个相对的薄层，必须流体黏性小、流速较大且平板有一定的大小，综合起来就是 Re 足够大。所以高黏度的油类流体，沿平板做低速流动时，边界层理论不适用。

4. 答：

$$\rho c_p\left(\frac{\partial t}{\partial \tau}+u\frac{\partial t}{\partial x}+v\frac{\partial t}{\partial y}\right)=\lambda\left(\frac{\partial^2 t}{\partial x^2}+\frac{\partial^2 t}{\partial y^2}\right)+\mu\Phi$$

流体能量随时间的变化　对流项　热传导项　热耗散项

当速度 u 和 v 为零时，可以简化为导热微分方程。

5. 答：$I_a=I_b=I_c$，$E_{\varphi a}>E_{\varphi b}>E_{\varphi c}$

6. 答：漫射表面指服从兰贝特定律（定向辐射强度与方向无关的规律）的表面。
灰体表面指光谱吸收比与波长无关的物体表面。
漫灰表面指具有漫辐射性质的灰体表面。

二、计算题（共 52 分）

1. 解：首先判断能否用集总参数法求解

$$\frac{V}{A}=\frac{\pi R^2 l}{2\pi Rl+\pi R^2}=\frac{Rl}{2(l+0.5R)}=\frac{0.002\times 0.01}{2\times(0.01+0.001)}=0.91\times 10^{-3}(\mathrm{m})$$

$$Bi_V=\frac{h(V/A)}{\lambda}=\frac{85\times 0.91\times 10^{-3}}{8.14}=9.5\times 10^{-3}<0.05$$

故可用集总参数法。根据题意

$$\frac{t-t_\infty}{t_0-t_\infty}=\exp(-Bi_V Fo_V)=\exp(-9.5\times 10^{-3}Fo_V)\leqslant\frac{-0.2}{18-39.4}=0.009\,3$$

$$\Rightarrow Fo_V>492.4,\text{即}\frac{\lambda\tau}{\rho c(V/A)^2}>492.4$$

$$\Rightarrow\tau>94.4\mathrm{s}$$

2. 解：定性温度 $t=(50+40)/2=45℃$

查 45℃水的物性参数：

$\rho=990.15\mathrm{kg/m^3}$，$c_p=4.174\mathrm{kJ/(kg\cdot K)}$，$\lambda=0.641\,5\mathrm{W/(m\cdot K)}$，$\nu=0.607\,5\times 10^{-6}\mathrm{m^2/s}$

$Pr=3.925$，$\mu=601.45\times10^{-6}\mathrm{kg/(m\cdot s)}$

$$Re=\frac{\rho ud}{\mu}=\frac{ud}{\nu}=\frac{0.4\times20\times10^{-3}}{0.6075\times10^{-6}}=1.3169\times10^{4}$$，为紊流流动。

则 $Nu=0.023Re^{0.8}Pr^{0.3}=\dfrac{hd}{\lambda}$

$$\frac{h\times20\times10^{-3}}{0.6415}=0.023\times(1.3169\times10^{4})^{0.8}\times3.925^{0.3}\Rightarrow h=2196.3\mathrm{W/(m^2\cdot K)}$$

由管内流动换热的热平衡关系式

$$h\pi dL\left[\frac{1}{2}(t_f'+t_f'')-t_w\right]=\frac{\pi d^2}{4}\rho uc_p(t_f'-t_f'')$$

代入数据，解得 $L=1.5054\mathrm{m}$

3. 解：

三个表面辐射换热的网络图如附图 7 所示。

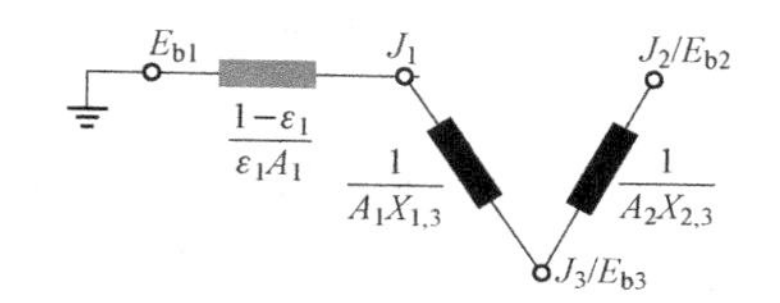

附图 7 网络图

$X_{1,3}=X_{2,3}=1$

$$A_1=A_2=\frac{\pi d^2}{8}=\frac{3.14\times0.2^2}{8}=0.0157(\mathrm{m^2})$$

$$R_1=\frac{1-\varepsilon_1}{\varepsilon_1 A_1}=\frac{1-0.35}{0.35\times0.0157}=118.3(\mathrm{m^{-2}})$$

$$R_2=R_3=\frac{1}{A_1\cdot X_{1,3}}=\frac{1}{0.0157\times1}=63.7(\mathrm{m^{-2}})$$

$$E_{b2}=\sigma T_2^4=5.67\times10^{-8}\times330^4=672.42(\mathrm{W/m^2})$$

$$E_{b1}=\sigma T_1^4=5.67\times10^{-8}\times550^4=5188.4(\mathrm{W/m^2})$$

$$\Phi_{1,2}=\frac{E_{b1}-E_{b2}}{R_1+R_2+R_3}=\frac{5188.4-672.42}{118.3+63.7\times2}=\frac{4515.98}{245.7}=18.38(\mathrm{W})$$

$$\Phi_{1,2}=\frac{J_3-E_{b2}}{R_3}=\frac{J_3-672.42}{63.7}=18.38(\mathrm{W})$$

可以得出 $J_3=1843.226\mathrm{W/m^2}$，所以 $T_3=\sqrt[4]{\dfrac{1843.226}{5.67\times10^{-8}}}=424.62(\mathrm{K})$

模拟测试题三（64学时适用）

一、分析题（每题6分，共48分）

1. 什么是集总参数系统，它用于计算什么导热问题，集总参数系统有什么特征？

2. 导热系数和热扩散系数各自从什么公式产生？它们各自反映了物质的什么特性？并指出它们的差异。

3. 在液体沸腾过程中一个球形气泡存在的条件是什么？为什么需要这样的条件？

4. 什么是速度边界层？动量方程在热边界层中得到简化所必须满足的条件是什么？这样的简化有何好处？

5. 在导热过程中产生了 Bi 数，而在对流换热过程中产生了 Nu 数，写出它们的物理量组成，并指出它们之间的差别是什么？

6. 钢锭在炉中加热，随着温度升高，钢锭的颜色依次会发生黑、红、橙、白的变化，为什么？

7. 画出如下热量传递过程中物理参数的变化曲线：(1) 逆流式换热器（$q_{m1}c_{p1}>q_{m2}c_{p2}$）冷、热流体沿换热面的温度变化。(2) 顺流式换热器（$q_{m1}c_{p1}=q_{m2}c_{p2}$）冷、热流体沿换热面的温度变化，以及壁面温度的变化。

8. 建立附图8所示大容器内沸腾时气泡生成的条件。

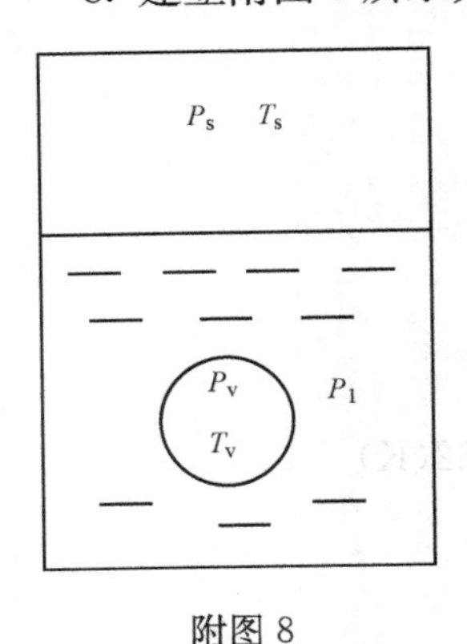

附图 8

二、计算题（共52分）

1. (12分) 压力为 $1.013\ 25\times10^5$ Pa 的饱和水蒸气在长 1.5m 的竖管外凝结，管壁平均温度为60℃。试计算凝结换热表面传热系数。若要求凝结水量不少于 36kg/h，则管子外径应为多少？

已知 (1) 压力为 $1.013\ 25\times10^5$ Pa 时，饱和水蒸气的物性参数：饱和温度 $t_s=100$℃，相变潜热 $\gamma=2257.1$kJ/kg，$\rho_v=0.586\ 2\text{kg/m}^3$

100℃时水的参数：$\rho_l=958.4\text{kg/m}^3$，$\lambda_l=0.683$W/(m·℃)，$\mu_l=282.5\times10^{-6}$kg/(m·s)

60℃时水的参数：$\rho_l=983.1\text{kg/m}^3$，$\lambda_l=0.659$W/(m·℃)，$\mu_l=469.9\times10^{-6}$kg/(m·s)

(2) 竖管外凝结换热计算关联式为

层流：$h=1.13\left[\dfrac{\rho_l(\rho_l-\rho_v)g\gamma\lambda_l^3}{\mu_l L(t_s-t_w)}\right]^{1/4}$，紊流 $h=0.007\ 43\left[\dfrac{L(t_s-t_w)}{\mu_l\gamma}\left(\dfrac{g\rho_l^2\lambda_l^3}{\mu_l^2}\right)^{5/6}\right]^{2/3}$

2. (20分) 假设把人体简化成直径为30cm，高1.75m的等温竖圆柱体，其表面温度约为34.8℃；圆柱两端面散热不予考虑，环境温度为23.6℃。试计算该模型位于静止空气中的自然对流散热量。

给定空气物性参数为 $\beta=1/T$

20℃时：$\lambda=0.025\ 9$W/(m·℃)，$\nu=18.1\times10^{-6}\text{m}^2/\text{s}$，$Pr=0.703$

30℃时：$\lambda=0.026\ 7$W/(m·℃)，$\nu=18.6\times10^{-6}\text{m}^2/\text{s}$，$Pr=0.701$

40℃时：$\lambda=0.027\ 6$W/(m·℃)，$\nu=19.1\times10^{-6}\text{m}^2/\text{s}$，$Pr=0.699$

竖圆柱体自然对流换热 $Nu=0.0292(GrPr)^{0.39}$

3. （20分）两块0.5m×1.0m的平行平板，其间距为0.5m，其中一块平板的温度为1000℃，另一块平板的温度为500℃。设两块板的黑度分别为0.2和0.5，且$X_{1,2}=X_{2,1}=0.285$。如果四周的墙壁是处于绝热状态，试计算两个平板之间辐射换热热流。如果上例中两平板之间的距离非常接近，再求两平板之间的辐射换热热流（要求画出网络图）。

模拟测试题三（64学时适用）答案

一、分析题（每题6分，共48分）

1. 答：集总参数系统就是系统的物理量仅随时间变化，而不随空间位置的改变而变化。这里所指的集总参数系统是针对系统的温度变化而言的，也就是一个空间上的均温系统。

它用于计算非稳态导热问题。

特征是系统的毕渥数 $Bi=\frac{hL}{\lambda}\ll 1$（特征尺寸 $L=V/A$，V 为系统的体积，A 为系统的边界面积，h 为系统与环境的传热系数，λ 为系统物质的导热系数）。

2. 答：导热系数是从傅里叶定律定义出来的一个物性量，它反映了物质的导热性能；热扩散系数是从导热微分方程式定义出来的一个物性量，它反映了物质的热量扩散性能，也就是热流在物体内渗透的快慢程度。两者的差异在于前者是导热过程的静态特性量，而后者则是导热过程的动态特性量，因而热扩散系数反映的是非稳态导热过程的特征。

3. 答：在液体沸腾过程中一个球形气泡存在的条件是液体必须有一定的过热度。这是因为从气泡的力平衡条件得出 $p_v-p_l=2\sigma/R$，只要气泡半径不是无穷大，蒸汽压力就大于液体压力，它们各自对应的饱和温度就不同有 $T_{vs}>T_{ls}$；又由气泡热平衡条件有 $T_v=T_l$，而气泡存在必须保持其饱和温度，那么液体温度 $T_l>T_{ls}$，即大于其对应的饱和温度，也就是液体必须过热。

4. 答：流体流过壁面时流体速度发生显著变化的一个薄层。

动量方程得以在边界层中简化，必须存在足够大的 Re 数，也就是具有 $1/\Delta^2$ 的数量级。

此时动量扩散项才能够被忽略。从而使动量微分方程变为抛物形偏微分方程，成为可求解的形式。

5. 答：$Bi=hL_s/\lambda_s$，$Nu=hL_f/\lambda_f$。从物理量的组成来看，Bi 数的导热系数 λ_s 为固体的值，而 Nu 数的 λ_f 则为流体的值；Bi 数的特征尺寸 L_s 在固体侧定义，而 Nu 数的 L_f 则在流体侧定义。从物理意义上看，前者反映了导热系统同环境之间的换热性能与其导热性能的对比关系，而后者则反映了换热系统中流体与壁面地换热性能与其自身的导热性能的对比关系。

6. 答：根据维恩位移定律，高温辐射中短波射线含量增加，所以可见光比例增大，而呈现出颜色变化。

7. 答：见附图9。

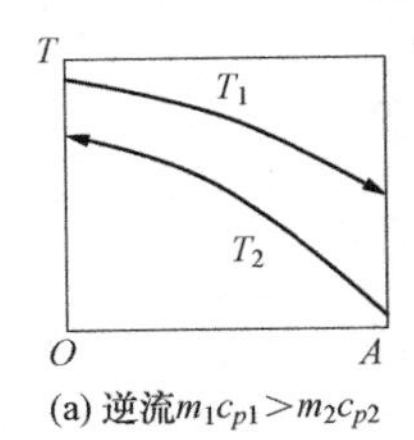

(a) 逆流$m_1c_{p1}>m_2c_{p2}$

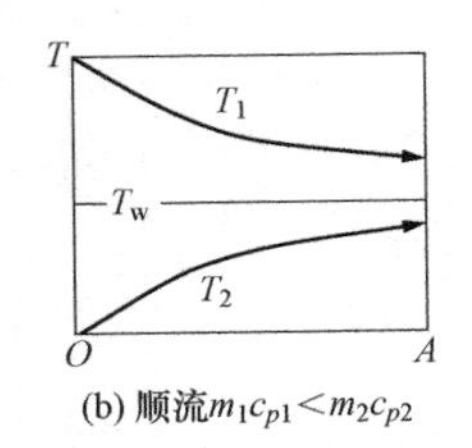

(b) 顺流$m_1c_{p1}<m_2c_{p2}$

附图9 变化曲线

8. 答：在液体沸腾过程中一个球形气泡存在的条件是液体必须有一定的过热度。这是因为从气泡的力平衡条件得出 $p_v-p_l=2\sigma/R$，只要气泡半径不是无穷大，蒸汽压力就大于液体压力，它们各自对应的饱和温度就不同有 $T_{vs}>T_{ls}$；又由气泡热平衡条件有 $T_v=T_l$，而气泡存在必须保持其饱和温度，那么液体温度 $T_l>T_{ls}$，即大于其对应的饱和温度，也就是液体必须过热。

二、计算题（共52分）

1. 解：在定性温度80℃下，水的物性参数为

$\rho_1=971.8\text{kg/m}^3$，$\lambda_1=0.674\text{W/(m·℃)}$，$\mu_1=355.1\times10^{-6}\text{kg/(m·s)}$

假定属层流，计算得 $h=4705$。核算 $Re_\delta=\frac{4hL\Delta t}{\mu_1\gamma}=1409<1600$。

由热平衡关系式 $\gamma\cdot q_m=h\cdot\pi dL\cdot(t_s-t_w)$，$d=25.5\text{mm}$

2. 解：定性温度 $t_m=(34.8+23.6)/2=29.2℃$，查物性参数表得

$\lambda=0.0267\text{W/(m·℃)}$，$\nu=16\times10^{-6}\text{m}^2/\text{s}$，$Pr=0.701$，$\beta=1/(30+273)=1/303$

$Gr=\frac{g\beta\Delta tl^3}{\nu^2}=6.771\times10^9$ 处于过渡区，则

$Nu=0.0292(GrPr)^{0.39}=173.4$

$h=2.646\text{W/(m}^2\cdot℃)$

$q=hA\Delta t=43.62(\text{W/m}^2)$

此值与每天的平均摄入热量相接近，实际上由于人体穿了衣服，自然对流散热量要小于此值。

3. 解：网络图略。

$$\Phi_{1,2}=\frac{E_{b1}-E_{b2}}{\frac{1-\varepsilon_1}{\varepsilon_1A_1}+\frac{1}{A_1X_{1,2}+\frac{1}{\frac{1}{A_1X_{1,3}}+\frac{1}{A_2X_{2,3}}}}+\frac{1-\varepsilon_1}{\varepsilon_1A_1}}$$

由已知数据可以得到

$\frac{1-\varepsilon_1}{\varepsilon_1A_1}=8.0$，$\frac{1-\varepsilon_2}{\varepsilon_2A_2}=2.0$，$\frac{1}{A_1X_{1,2}}=7.018$，$\frac{1}{A_1X_{1,3}}=2.797$，$\frac{1}{A_2X_{2,3}}=2.797$

同时有

$$E_{b1}=\sigma_0T_1^4=148.87(\text{kW/m}^2),\ E_{b2}=\sigma_0T_2^4=20.241(\text{kW/m}^2);$$
$$E_{b3}=\sigma_0T_3^4=0.4592(\text{kW/m}^2),\ \Phi_{1,2}=(E_{b1}-E_{b2})/$$
$$R^*=(148.87-20.241)/13.1128=9.8094(\text{kW})$$

模拟测试题四（64 学时适用）

一、分析题（每题 6 分，共 48 分）

1. 说明得出导热微分方程所依据的基本定律，并解释求解导热问题的三类边界条件。

2. 膜状凝结时热量传递过程的主要阻力在什么地方？据此应该如何强化膜状凝结换热？

3. 一长为 l、直径为 d 的短圆柱体，初始温度为 t_0，突然将其置于温度为 t_∞ 的环境中冷却。求圆柱体中的温度分布。已知相同材料、相同初始温度，厚度为 l 的无限大平板和直径为 d 的无限长圆柱体在此环境下冷却时的非稳态温度分布分别为 $t(x,\tau)$ 和 $t(r,\tau)$，其中 r 为柱体径向坐标，x 为柱体轴向坐标，如附图 10 所示。

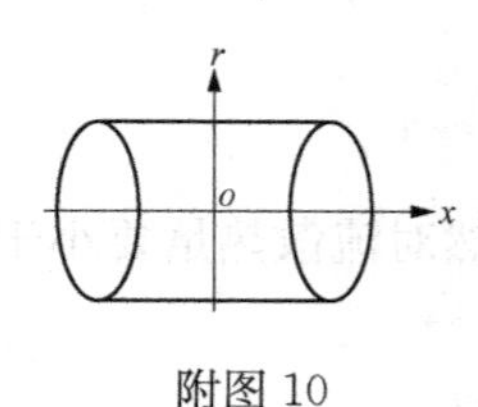

附图 10

4. 在 1 个大气压下，将同样的两滴水分别滴在温度为 120℃ 和 420℃ 的加热面上，结果 120℃ 的加热面上的水先被烧干。试解释为什么？

5. 气体的辐射有何特点？

6. 在圆管外敷设保温层，管内流体与环境之间换热的总热阻随保温层厚度如何变化？在什么情况下敷设保温层反而会使散热量增加？

7. 金属材料的导热系数很大，但是发泡金属为什么又能做保温隔热材料？

8. 二维非稳态导热问题的数值计算网格如附图 11 所示，试用控制体的热平衡法建立内节点 P 的显示差分格式方程，并指出其稳定性条件（假定网格间距 $\Delta x=\Delta y$）。

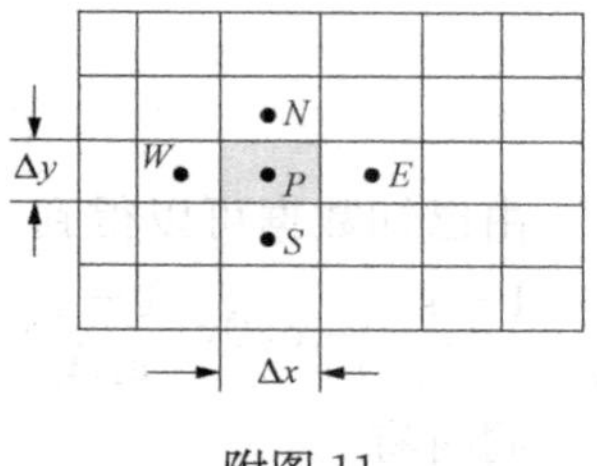

附图 11

二、计算题（共 52 分）

1. （18 分）为了测定管道内蒸汽的温度，在管道上装有测温套管。套管壁厚为 2mm、长为 70mm，导热系数为 46.5W/(m·℃)。若套管内水银温度计的指示值为 155℃，蒸汽管道的壁温为 50℃，蒸汽与套管间的表面传热系数为 116W/(m²·℃)。

（1）求蒸汽的实际温度。（肋片温度分布计算式：$\theta=\theta_0\dfrac{\mathrm{ch}[m(H-x)]}{\mathrm{ch}(mH)}$）

（2）为了使测量误差小于 1%，测温套管的长度最小应为多少？

2. （18 分）在一逆流换热器中，每小时流量为 0.5m³ 的变压器油从 95℃冷却到 40℃，冷却水温从 12℃上升到 50℃。油的密度为 837.8kg/m³，比热为 2.128kJ/(kg·℃)，表面传热系数为 200W/(m²·℃)。水的比热容为 4.174kJ/(kg·℃)，表面传热系数为 800W/(m²·℃)。钢管的导热系数为 43W/(m·℃)，内径为 16mm，厚度为 4mm，钢管内走油。试求冷却水流量和换热面积。

3. （16 分）一直径为 0.8m 的薄壁球形液氧储存容器，被另一个直径为 1.2m 的同心薄壁容器所包围。两容器表面为不透明漫灰表面，发射率均为 0.05；两容器表面之间是真空的，如果外表面的温度为 300K，内表面温度为 95K。已知液氧的蒸发潜热为 2.13×10^5J/kg，试求由于蒸发使液氧损失的质量流量（要求画出辐射换热网络图）。

模拟测试题四（64学时适用）答案

一、分析题（每题8分，共6分）

1. 答：得出导热微分方程所依据的基本定律是：（1）能量守恒定律；（2）傅里叶定律。

三类边界条件：

第一类：给定了边界上的温度分布或边界上温度分布为常数；$t_w=f(x,y,z,\tau)$ 或 $t_w=$常数。

第二类：给定了边界上的热流密度函数，$-\lambda\left(\frac{dt}{dn}\right)_w=q(x,y,z,\tau)$。

第三类：边界上物体与流体间的表面传热系数及周围流体的温度，当流体被冷却时

$$-\lambda\left(\frac{\partial t}{\partial n}\right)_w=h(t_w-t_f)$$

2. 答：主要阻力在于液膜。

因此，要强化膜状凝结换热，就应该减小液膜的厚度。

3. 答：圆柱体中的温度分布为 $\Theta=\frac{t(x,r,\tau)-t_\infty}{t_0-t_\infty}=\frac{t(x,\tau)-t_\infty}{t_0-t_\infty}\cdot\frac{t(r,\tau)-t_\infty}{t_0-t_\infty}$。

4. 答：120℃加热面上的水滴先被烧干。

因为在大气压下，加热面过热度分别为20℃和320℃，由沸腾曲线可见，前者表面发生核态沸腾，后者发生膜态沸腾，前者的热流密度比后者要大很多。

5. 答：（1）气体辐射和吸收对波长有选择性；（2）气体的辐射和吸收是在整个容积中进行。

6. 答：$R=\frac{1}{\pi d_1 l h_1}+\frac{1}{2\pi\lambda l}\ln\frac{d_2}{d_1}+\frac{1}{2\pi\lambda l}\ln\frac{d_3}{d_2}+\frac{1}{\pi d_3 l h_2}$

当 d_3 小于临界热绝缘直径时，敷设保温层反而会使散热量增加。

7. 答：虽然金属材料的导热系数很大，但发泡金属为多孔结构，其间为导热系数很小的空气，且空气不流动，故有效导热系数很小，能做保温隔热材料。

8. 答：由能量平衡关系应有 $\Phi_W+\Phi_E+\Phi_S+\Phi_N+\Phi_V=\Delta E$

Φ_W、Φ_E、Φ_S 和 Φ_N 分别为邻近节点 W、E、S 和 N 通过传导方式传给节点 P 的热流量：

$$\Phi_W=\frac{\lambda}{\Delta x}(T_W^K-T_P^K)\Delta y.1,\ \Phi_E=\frac{\lambda}{\Delta x}(T_E^K-T_P^K)\Delta y.1$$

$$\Phi_S=\frac{\lambda}{\Delta y}(T_S^K-T_P^K)\Delta x.1,\ \Phi_N=\frac{\lambda}{\Delta y}(T_N^K-T_P^K)\Delta x.1$$

单位时间控制体的发热流量 $\Phi_V=q_V\Delta x\Delta y\cdot 1$，其中 q_V 为内热源强度，ΔE 为控制体单位时间内热能的增加量。时间上的向前差分，即

$$\Delta E=\rho c\,\frac{T_P^{K+1}-T_P^K}{\Delta\tau}\Delta x\Delta y\cdot 1$$

将以上关系式一并代入，且假设 $\Delta x=\Delta y$，经整理可以得出二维非稳态导热问题的内节点的显式差分格式方程，即

$$T_P^{K+1}=\frac{a\Delta\tau}{\Delta x^2}(T_W^K+T_E^K+T_S^K+T_N^K)+\left(1-4\,\frac{a\Delta\tau}{\Delta x^2}\right)T_P^K+q_V\Delta\tau/\rho c$$

定义网格傅里叶数 $Fo_{\Delta}=\dfrac{a\Delta\tau}{\Delta x^{2}}$，其计算稳定性的条件 $Fo_{\Delta}\leqslant\dfrac{1}{4}$。

二、计算题（共 52 分）

1. 解：(1) $\theta_{\mathrm{H}}=\dfrac{\theta_{0}}{\mathrm{ch}(mH)}$，或 $t_{\mathrm{H}}-t_{\mathrm{f}}=\dfrac{t_{0}-t_{\mathrm{f}}}{\mathrm{ch}(mH)}$

套管截面面积：$A=\pi d\delta$，套管换热周长：$P=\pi d$

$$mH=\sqrt{\frac{hP}{\lambda A}}\cdot H=\sqrt{\frac{h}{\lambda\delta}}\cdot H=\sqrt{\frac{116}{46.5\times 0.002}}\times 0.07=2.472$$

$$\mathrm{ch}(2.472)=\frac{11.846+0.0844}{2}=5.965$$

由 $155-t_{\mathrm{f}}=\dfrac{50-t_{\mathrm{f}}}{5.965}$，得 $t_{\mathrm{f}}=176.15$℃

(2) $\dfrac{\theta_{\mathrm{H}}}{\theta_{0}}=\dfrac{1}{\mathrm{ch}(mH)}=0.01$，得 $\mathrm{ch}(mH)=100$，$H=141\mathrm{mm}$。

2. 解：$m_{1}c_{p1}=\dfrac{0.5}{3600}\times 837.8\times 2.128\times 1000=247.6(\mathrm{W/℃})$

$\Phi=m_{1}c_{p1}(t_{1}'-t_{1}'')=247.6\times(95-40)=13\,618.9(\mathrm{W})$

$\Phi=m_{2}c_{p2}(t_{2}''-t_{2}')=m_{2}\times 4.174\times 1000\times(50-12)=13\,618.9(\mathrm{W})$

得 $m_{2}=0.086\mathrm{kg/s}$，$\Delta t_{\mathrm{m}}=\dfrac{45-28}{\ln\dfrac{45}{28}}=17/0.0475=35.8(℃)$

$$k_{1}=\frac{1}{\dfrac{1}{h_{1}}+\dfrac{d_{1}}{2\lambda}\ln\dfrac{d_{2}}{d_{1}}+\dfrac{d_{1}}{d_{2}h_{2}}}=\frac{1}{\dfrac{1}{200}+\dfrac{0.016}{2\times 43}\ln\dfrac{0.024}{0.016}+\dfrac{0.016}{0.024\times 800}}$$

$$=\frac{1}{0.005+7.544\times 10^{-5}+8.333\times 10^{-4}}=169.24[\mathrm{W/(K\cdot m^{2})}]$$

$$A=13\,618.9/(169.24\times 35.8)=2.248(\mathrm{m}^{2})$$

3. 解：本题属两表面组成封闭系的辐射换热问题，其辐射网络图如附图 12 所示。

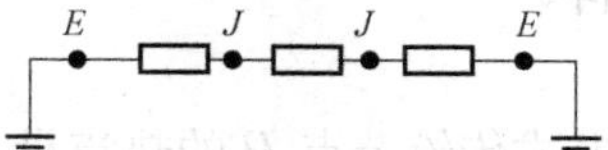

E J J E

附图 12 辐射网络图

$$E_{\mathrm{b1}}=\sigma T_{1}^{4}=5.67\times 10^{-8}\times(300)^{4}=459.27(\mathrm{W/m^{2}})$$

$$E_{\mathrm{b1}}=\sigma T_{2}^{4}=5.67\times 10^{-8}\times 95^{4}=4.62(\mathrm{W/m^{2}})$$

$$X_{2,1}=1$$

$$A_{1}=\pi d_{1}^{2}=\pi\times 1.2^{2}=4.524(\mathrm{m}^{2})$$

$$A_{2}=\pi d_{2}^{2}=\pi\times 0.8^{2}=2.0(\mathrm{m}^{2})$$

$$\Phi_{1,2}=\frac{E_{\mathrm{b1}}-E_{\mathrm{b2}}}{\dfrac{1-\varepsilon_{1}}{\varepsilon_{1}\cdot A_{1}}+\dfrac{1}{A_{2}X_{21}}+\dfrac{1-\varepsilon_{2}}{\varepsilon_{2}\cdot A_{2}}}=32.13(\mathrm{W})$$

故由于蒸发而导致液氧损失的质量流量为

$$q_{m}=\frac{\Phi_{1,2}}{\gamma}=\frac{32.13}{2.13\times 10^{5}}=1.51\times 10^{-4}(\mathrm{kg/s})=0.543(\mathrm{kg/h})$$